MATLAB® & Simulink® 工程师系列丛书

MATLAB 在遥感技术中的应用

王成墨　编著

本书程序源代码下载

北京航空航天大学出版社

内 容 简 介

从遥感领域中一些常见应用着手，以 MATLAB 为编程工具，辅以实际的案例说明，详细介绍了MATLAB中可以用到的且与遥感相关的一些常见方法。本书分为上、下两篇。上篇为 MATLAB 基础，介绍使用 MATLAB 时的一些基本概念和操作，增加对 MATLAB 本身的一些了解，主要包括：MATLAB 简介、M语言、MATLAB 代码调试和优化、MATLAB 可视化、MATLAB 文件 I/O、MATLAB 编译与调用。下篇为遥感技术的 MATLAB 应用，介绍遥感领域应用过程中需要的基本方法及其对应在 MATLAB 中的相关函数和用法，主要包括：影像灰度处理、影像几何处理、大数据影像处理、特征提取与影像匹配、非监督法学习、监督法学习、坐标转换及地图投影、数值优化、自动微分。

本书可以作为高等院校遥感学科相关课程本科生、研究生的教材或教学参考书，也可供从事数字图像处理、遥感应用相关的研究人员参考。

图书在版编目(CIP)数据

MATLAB 在遥感技术中的应用 / 王成墨编著 . -- 北京 :
北京航空航天大学出版社，2016.8
ISBN 978-7-5124-2217-9

Ⅰ. ①M… Ⅱ. ①王… Ⅲ. ①Matlab 软件—应用—遥
遥感技术 Ⅳ. ①TP7

中国版本图书馆 CIP 数据核字(2016)第 190690 号

MATLAB 在遥感技术中的应用
王成墨 编著
责任编辑 张冀青
*
北京航空航天大学出版社出版发行
北京市海淀区学院路 37 号(邮编 100191) http://www.buaapress.com.cn
发行部电话：(010)82317024 传真：(010)82328026
读者信箱：goodtextbook@126.com 邮购电话：(010)82316936
北京兴华昌盛印刷有限公司印装 各地书店经销
*
开本：787×1 092 1/16 印张：19 字数：499 千字
2016 年 9 月第 1 版 2016 年 9 月第 1 次印刷 印数：4 000 册
ISBN 978-7-5124-2217-9 定价：42.00 元

前　言

MATLAB作为一种用于科学计算的软件，其强大之处，对初学者而言，在于其精简的编程风格，可以降低学习编程的门槛；对于熟知 MATLAB 的人而言，则在于其内置了非常丰富的函数库，包含了大量的基础算法，在各个领域都可以大显身手，通过合理组合运用，借助 MATLAB,花少量的时间就能完成复杂的工作。有人说，对数表的发明减少了天文学家在计算方面所花费的时间，变相延长了天文学家的生命。MATLAB 中已有的基础算法，同样也减少了很多人重复地编程、开发、测试工作，直接拿过来就能用，也变相增加了使用 MATLAB 用于科学计算的人生命。同时，MATLAB 中各个函数的使用方法也不仅限于一种，让使用的过程变得更加简单和灵活。以矩阵为核心单元的各种操作简单、有效、快捷，更是其他软件和语言所难以比拟的。掌握了 MATLAB,科学计算将不再困难。

遥感作为一门基础的空间信息学科，其作用也是不言而喻的，基于位置信息的手机导航应用服务、谷歌地球、数字城市等，都是与遥感息息相关的产物。从当前情况来看，市面上出现的 MATLAB 书籍都偏向于其他专业性的描述，缺乏与遥感学科相关的讲解。而对于遥感学科而言，除了基本的相关专业知识需要了解外，对于编程相关的讲述也比较少。知行合一，不仅需要从专业知识上了解这门学科，在实际动手操作上，同样也需要仔细钻研琢磨。这本书就是希望通过遥感学科作为一个切入点，通过一些案例讲解，介绍 MATLAB 在其中的应用。本书分为上、下两篇，上篇为 MATLAB 基础，包括：MATLAB 简介、M 语言、MATLAB 代码调试和优化、MATLAB 可视化、MATLAB 文件 I/O、MATLAB 编译和调用。下篇为遥感技术的 MATLAB 应用，包括：影像灰度处理、影像几何处理、大数据影像处理、特征提取与影像匹配、非监督法学习、监督法学习、坐标转换及地图投影、数值优化、自动微分。其中，除了包含 MATLAB 帮助文档中介绍的一些试验外，还包含了一些基于不同需要进行算法扩展的试验和见解。

与其临渊羡鱼，不如退而结网。除了通过阅读增加必要的基本知识外，多动手试验也是 MATLAB 学习极为重要的一步。多动手实现算法，能帮助使用者快速熟悉 MATLAB 中的各个功能；试验过程中难免会犯错，通过分析、查找错误，对于 MATLAB 的理解也会变得更加深刻。勤于思考、善于总结也是一个优秀的 MATLAB 使用者所必备的条件。往往好的解决问题的想法是通过不断试验、反复思考之后的灵光一闪。当偶有发现，无论是困惑许久的问题得到解决，还是发现了新的有用函数，就应当及时记录下来。长期的积累才会保证需要用到的时候能轻松找到，并与之对应，这样才不会“书到用时方恨少”，做到“为有源头活水来”。从最初学习到慢慢熟练的过程中，会遇到很多困难，多和高手交流、取经，在比较中发现不同，从交流中增长见识。

笔者得到了MATLAB论坛版主吴鹏(rocwoods)的热心帮助。作为良师益友，从他身上我学习到了很多关于MATLAB的宝贵经验和知识。在本书的写作过程中，感谢北京航空航天大学出版社陈守平编辑的支持与鼓励，陈守平编辑和吴鹏为本书提出了宝贵的修改意见。在此，向他们表示最真诚的感谢！

最后，还要感谢我的家人，是她们在背后默默付出和支持，让我可以顺利完成这本书的写作。在此，向我的家人表示最由衷的谢意。

本书为读者免费提供程序源代码，以二维码的形式印在扉页及前言后，请扫描二维码下载。读者也可以通过网址 http://pan.baidu.com/s/1skLrpZf 从"百度云"下载全部资料。同时，北京航空航天大学出版社联合MATLAB中文论坛为本书设立了在线交流平台，网址：http://www.ilovematlab.cn/forum-257-1.html。我们希望借助这个平台实现与广大读者面对面的交流，解决大家在阅读本书过程中遇到的问题，分享彼此的学习经验，从而达到共同进步的目的。

由于作者水平有限，书中的疏漏和不当之处，欢迎广大读者和同行批评指正。本书勘误网址：http://www.ilovematlab.cn/thread-478167-1-1.html。作者邮箱：wangchengmosk@163.com。

王成墨

2016年于北京

程序源代码下载说明

二维码使用提示：手机安装有"百度云"App的用户可以扫描并保存到云盘中；未安装"百度云"App的用户建议使用QQ浏览器直接下载文件；ios系统的手机在扫描前需要打开QQ浏览器，单击"设置"，将"浏览器UA标识"一栏更改为Android；Android等其他系统手机可直接扫描、下载。

配套资料下载或与本书相关的其他问题，请咨询理工图书分社，电话：(010)82317036，(010)82317037。

目　录

上篇　MATLAB基础

下篇 遥感技术中的 MATLAB 应用

上 篇

MATLAB 基础

第1章 MATLAB简介

1.1 MATLAB的起源和发展

MATLAB是由美国MathWorks公司出品的一款商业数学软件，用于算法开发、数据可视化、数据分析以及数值计算，主要包括MATLAB和Simulink两大部分。MATLAB这个名称源自Matrix与Laboratory两个单词前三个字母的组合，意即矩阵实验室。其最重要的核心数据单元是矩阵，计算的核心思想也是矩阵。

20世纪70年代，MATLAB最初版本采用的编程语言是FORTRAN，主要用于科学运算、数值分析等领域。随着科技的发展，MATLAB逐步发展成为国际公认的标准科学计算软件，数值计算分析的功能不断强大、完善。

随着程序语言的演进，MATLAB的内核也逐步采用C、C＋＋语言进行编写，功能日渐丰富且不断扩展。它不仅具备强大的计算能力，而且拥有丰富的内置函数，其所涉及的领域和专业也越来越广，每一个工具箱(Toolbox)，基本上都涉及了一个领域的基本操作。

MATLAB还提供了便捷的数据可视化功能，将枯燥的数据用生动的图形，整体而全面地展示出来，这无疑对数据分析有着莫大的帮助，而且能从宏观上，更确切地把握数据的趋势和变化。MATLAB拥有全面易懂的帮助系统，从中能搜索到各个函数的用法和例子，能轻车熟路地模仿和学习，很快掌握其中的用法。

MATLAB也提供了自己的编译器和编程语言(后文将简写为M语言)，可以将程序编译运行成动态库、可执行文件，可以创建用户界面进行交互，也可以编写为其他高级语言程序，还能和其他语言混合编程、互相调用，包括C、C＋＋、Java、Python和FORTRAN。从软件移植上来说，MATLAB具有较好的可移植性，能很好地支持不同操作系统和平台，如32位、64位系统，以及Microsoft Windows、UNIX和Apple Mac OS X等，程序开发者不用再担忧和苦恼因为平台系统的差异而对代码产生巨大而颠覆性的改动。

Simulink部分是基于MATLAB的框图来设计环境的，因此可以对各种动态系统进行建模、分析和仿真。Simulink提供了一个可视化开发环境，常用于系统模拟、动态/嵌入式系统开发等方面。

正是MATLAB的这些优秀的功能和广泛的应用，因此它与Maple、Mathmatica并称三大数学软件。

1.2 MATLAB 8.0时代

MathWorks公司从2006年开始，每年进行两次MATLAB产品发布会，时间分别是在每年的3月和9月，释放版本以R开头加上年份，上半年版本以a结尾，下半年版本以b结尾。目前，MATLAB的释放版本已经到了R2015b。这样的更新速度，预示着MATLAB的不断更迭进步。版本发布随之而来的是每个版本的新特性、错误修复和新用法、新函数、新模块的推出。自 R2012b 推出后，版本号从 MATLAB 7.14 转换到了 MALTAB 8.0，MATLAB 界面也出现了前所未有的焕然一新，从而开启了 MATLAB 8.0 的时代。

MATLAB 8.0 时代最显著的就是界面与以往发生了巨大变化，采用了流行的 Ribbon 风格，界面更加优美简洁，数据可视化变得更加简单直接。最常用的集成开发环境（IDE，Integrated Development Environment）变化很大。原先的菜单样式，追随了如今流行的简约模块化风格，新增了单元测试函数及用例，数据容器 map 映射、table 表格，对大数据的处理，与 Hadoop 的结合使用。工具箱中增加的函数就更多了，就不在这里一一表述了。在 MathWorks 的官方网站，记录了每个工具箱在每个版本中的演变和进展。越来越多的函数将会在相应的工具箱中出现，对 MATLAB 的使用者来说，这些改变将会越来越好地融入到学习 MATLAB 的过程中，也将引领 MATLAB 8.0 时代。

1.3 MATLAB 使用介绍

打开 MATLAB 之后，可以看到一个全局的 MATLAB 显示界面。在这个全局界面中，整体分为两个层次，一个是处在上部的菜单栏，另一个是处在下部的显示部分。其中显示部分又包含了左侧的目录窗口、居中的命令窗口、右侧的工作空间。原有位于右下的命令历史窗口被默认隐藏，只有在命令窗口输入命令时才显示，根据个人习惯也可以将其手动调整到窗口的右下侧。

1.3.1 菜单栏

菜单栏中，HOME 菜单下存放了一些基本的常用菜单项，如新建文本、新建可选的文本模板（例如脚本、函数、类、例子等 m 文件模板）、打开 m 文件及最新编辑过的 m 文件、文件搜索、文件比较、导入数据、保存空间、添加变量、打开变量、清除工作空间、分析代码、运行与时间统计、清除命令等，如图 1.3.1 所示。

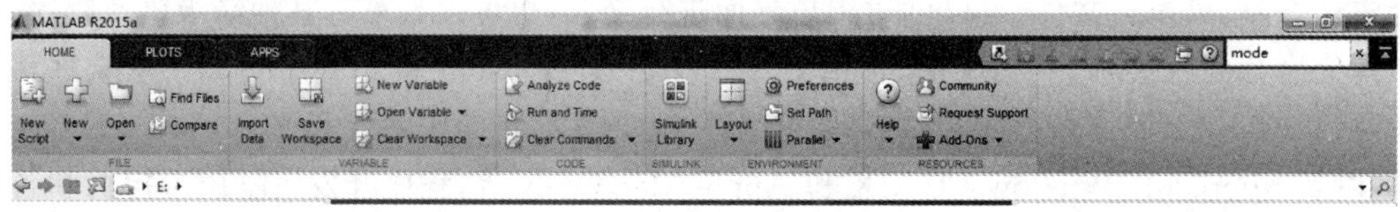

图 1.3.1 菜单栏

通常，用得比较多的还是新建文件、运行与时间统计这部分功能。位于菜单栏的功能一般都可以采用一些常用的简单命令方式完成，表 1.3.1 中列出的是命令窗口常用函数。

表 1.3.1 命令窗口常用函数

函 数	说 明
clear	清除当前工作空间的变量。默认清除所有变量。clear a 表示只清除变量 a
clc	清除当前命令窗口中的内容
save	保存当前工作空间的变量到指定 mat 文件中。默认保存所有变量。 有两种写法：save('1.mat','a')和 save 1.mat a。 都代表只保存变量 a 到当前目录下的 1.mat 文件中

续表 1.3.1

函　数	说　明
load	加载指定 mat 文件中的变量到当前工作空间中。默认加载所有变量。 有两种写法：load('1.mat','a')和 load 1.mat a。 都代表只加载当前目录下 1.mat 文件中的变量 a 到当前工作空间中
format	函数 format 需要有额外参数才能达到修改显示数字精度的效果。如： format long 表示对 double 型数据显示 15 位小数位数，对 single 型数据显示 7 位小数位数

在使用 load 函数过程中，如果 1.mat 文件不存在，那么 load 函数会提示是错误的。函数 format 也不只 format long 这一种用法，更多具体使用细则可以到 MATLAB 帮助文档中搜索。

1.3.2　当前目录窗口

当前目录窗口(Current Folder)中显示的是当前 MATLAB 搜索路径下的文件内容，如图 1.3.2 所示。

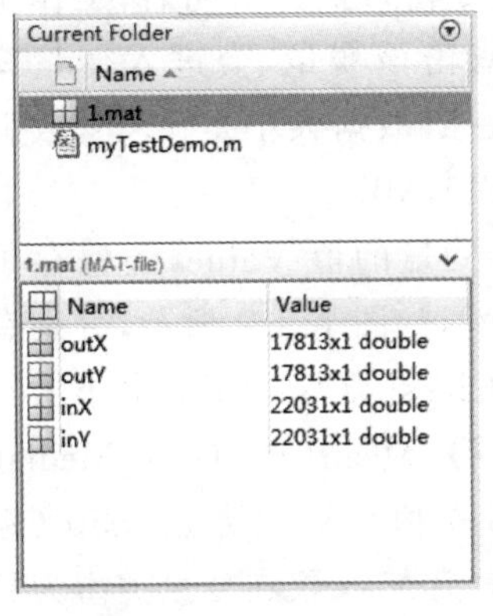

图 1.3.2　当前目录窗口

当前目录窗口中记录了所有文件，其中相关文件(如 m 文件、mat 文件等)还会在下侧的窗口中显示文件内包含的一些信息，不打开文件就能显示和查看一部分内容。

依据不同的需要，用户可以根据自己的喜好选择存放目录，进行文件存储和路径设置。如果想修改当前路径，菜单栏下面有一个文本框，可以按当前计算机文件存储结构，逐级更改文件目录。

每更改一次，左侧的当前目录窗口会及时更新显示当前更改后的目录及该目录下的文件夹、文件。此外，双击左侧当前目录窗口下的文件夹，也可以直接进入该文件夹所在目录。而双击 MATLAB 可识别的文件，则可以进入该文件中进行文件阅读状态，方便后续阅读和修改。

1.3.3　命令窗口

命令窗口(Command Window)是一个脚本命令的载体，里面输入 MATLAB 可以识别的命令，并将该命令显示在其中，用户按下回车键(Enter)后将执行该命令。上文提到的 clear、clc、save、load 等命令，都是在命令窗口中输入并完成其执行过程的。

如果需要输入多条命令，可以在每条命令后用英文分号“;”结束，并写成一行形式。如果希望输入为多行形式，可以通过 Shift+Enter 组合键进行下一行输入。

此外，当执行命令时，如果该命令结尾没有采用英文分号“;”结束，而该命令又有返回值，那么该返回值会被完整地显示在命令窗口中。图 1.3.3 表明了采用英文分号“;”结束和不采用时在显示上的区别。

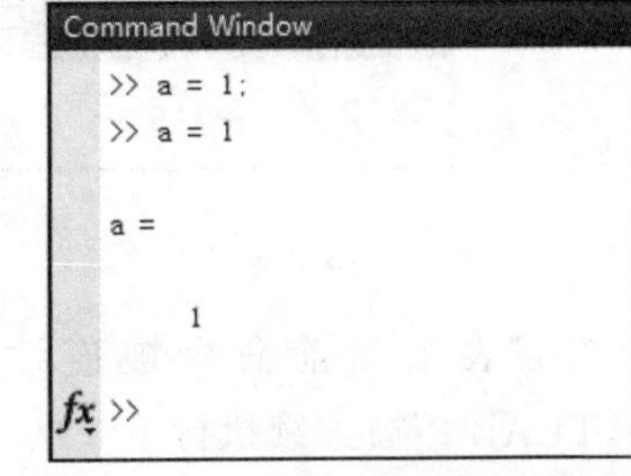

图 1.3.3　命令窗口

在显示数值时，由于存在显示精度的问题，系统会采用默认短精度的显示方式，即 format short 的显示方式。该方式将只显示到小数点后 4 位。当用户想查看更多的有效数字时，只需在命令窗口中输入 format long，按下 Enter 键后，再显示一次需要查看的变量，即可得到更多的有效数字。

需要注意，显示精度与计算精度并不是同一个概念。在计算过程中，计算精度随着计算类型的不同而不同，如果没有设置计算类型，MATLAB 会默认精确度最高的双精度(double)作为计算类型使用。显示精度是在计算精度的基础上，用于显示在命令窗口中的精度。

1.3.4 工作空间

工作空间(Workspace)是命令运行后，集中显示生成变量的窗口。每个变量由其变量名、数据类型、数据大小、值组成。当在命令窗口中执行语句时，每条语句的执行结果将被记录在当前的工作空间中。如下所示：

```
>>a = 'MATLAB'
a =
MATLAB
>>
```

上述语句的意思是将字符串 MATLAB 赋值给变量 a。在命令窗口执行语句后，工作空间就会出现一个变量 a，双击该变量，会进入变量窗口，可以看到 a 的变量名是 a，数据大小是 1×6，数据类型为 char，a 的值是 MATLAB。

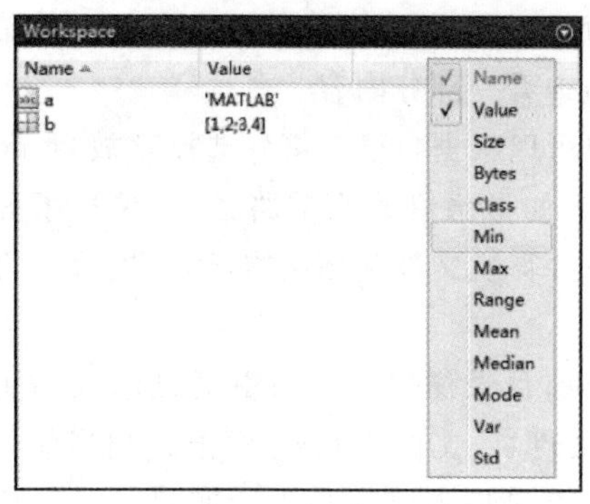

图 1.3.4 工作空间

工作空间中除了保存变量的值 Value，还保存了该记录变量的一些基本属性，如图 1.3.4 所示，分别有 Size(形状)、Bytes(大小)、Class(类型)、Min(最小值)、Max(最大值)、Range(范围)、Mean(平均值)、Median(中值)、Mode(最高出现频率值)、Var(方差)、Std(标准差)。最小值 Min 和最大值 Max 仅在变量类型为数值时起作用。

工作空间中的变量可以通过 mat 文件形式，随时保存到计算机的某个位置，也就是上文提及的 save 函数。若要从 mat 文件中读取变量，则可以用 load 函数进行加载。save、load 函数的详细用法可参见帮助文档。后续会对帮助文档的使用作更进一步的解释。

1.3.5 命令历史窗口

命令历史窗口(Command History)用于记录命令窗口中曾经存在的所有命令。如“a='MATLAB';”命令，就记录在命令历史窗口中，如图 1.3.5 所示。

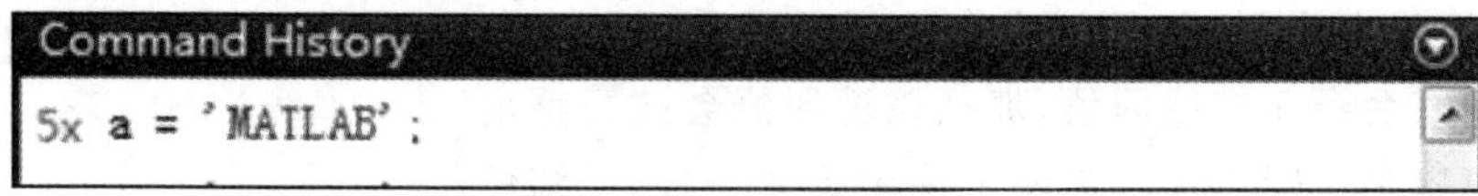

图 1.3.5 命令历史窗口

“5x”表示当前命令被连续执行的次数，执行 1 次则默认忽略。此处，命令“a='MATLAB';”被连续执行了 5 次。

用户可以查看历史命令，并复制到当前命令窗口，这样可提高输入命令的速度。通常，对于单行需要复制的历史命令，可通过单击并用鼠标拖拽的方式拉入当前命令窗口。对于多行非连续的历史命令，可以通过 Ctrl 键进行选择；对于多行连续的历史命令，可以通过单击命令第一行并按住 Shift 键后再单击最后一行的方式，进行选择。

用鼠标拖拽到当期命令窗口后的命令，可以对已有的内容进行修改，再按 Enter 键执行。

1.3.6 编辑界面

编辑界面(Editor)用于编辑执行脚本、函数或类，并将其保存在 m 文件中，方便重复调用。新建的 m 文件一般是空文件，里面依据用户需要编写不同的执行语句，组成执行命令，也可以编写为脚本形式（见图 1.3.6）、函数形式（见图 1.3.7）。

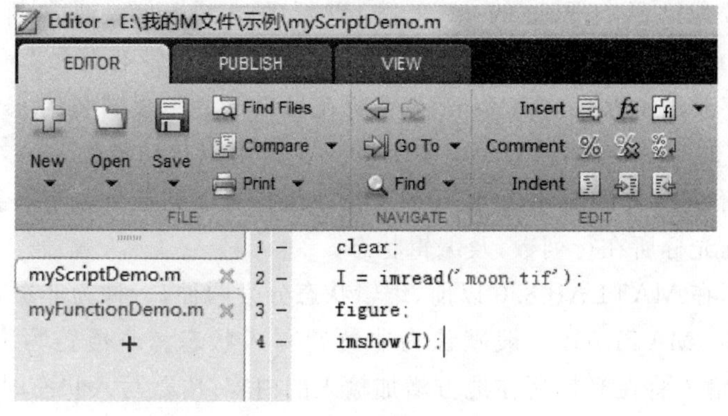

图 1.3.6 脚本编辑界面

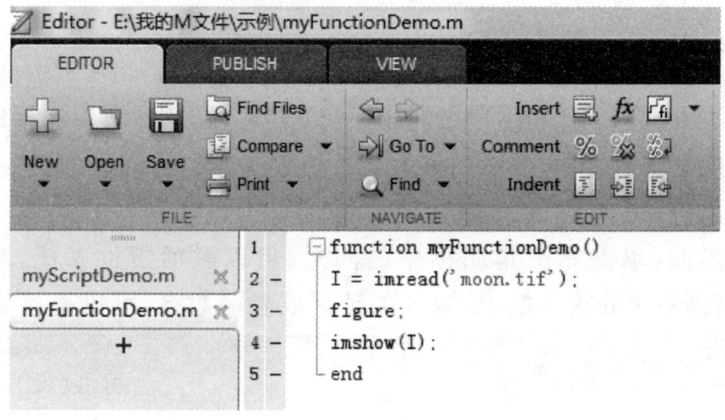

图 1.3.7 函数编辑界面

图 1.3.6 显示的是脚本，图 1.3.7 显示的是函数，两者的区别如下：

(1) 使用脚本时，直接面对的是当前工作空间。如果当前工作空间中存在变量 I，同时又没有首先执行 clear 操作，则很容易发生执行错误。所以，通常需要 clear 清除当前工作空间中的所有变量，防止干扰到后续执行语句。而使用函数则不用担心这种情况，函数执行时采用的工作空间为临时的工作空间，与当前工作空间不同，函数与函数之间调用时也会使用共用的一个临时工作空间。函数与当前工作空间之间的数据交换，是通过函数的输入和输出来完成的。

(2) 执行脚本是将脚本中的所有语句依次在命令窗口中执行，而执行函数则是只执行对应的函数语句，函数内的语句不在命令窗口中体现，在函数内部执行。

此外，还可以建立类的 m 文件。它与脚本、函数的区别在于，类作为功能相关的函数集合，它的公有成员函数都可以被调用，因此没有执行入口。函数 m 文件限定了第一个函数必须与 m 文件同名，它作为函数的执行入口首先被执行。而脚本 m 文件是将各种调用函数 m 文件的命令组合起来，以自上到下的执行顺序，作为组合命令使用。

执行语句一般以英文分号“;”结尾，以示结束，一般一句一行。若没有英文分号结尾，MATLAB将其理解为输出该语句的输出变量。若没有英文分号结尾，也没有依照一句一行的原则，则可能出现语法或其他错误和问题。

编辑界面中左侧记录了该文本中的行数，空白地方可以输入任意命令。命令中不同的类型可能会有不同颜色加以渲染，这个代码渲染的设置可以在外观(preference)里面找到并根据个人偏好进行设置。通常情况下，字符会被渲染成紫色，变量为黑色，全局变量为蓝色等。

编辑界面下部有已经打开过的 m 文件，以标签方式记录，通常新建的 m 文件以 Untitiled. m或者 Untitiled(加数字). m 的方式命名。若名称后带有符号“ * ”，则表示该文档有改动，且尚未保存改动。保存改动后，m 文件所在目录下会生成同名的 asv 文件，该文件记录了 m 文件改动前的备份，在编辑界面中关闭该 m 文件可以自动删除 asv 文件。可以单击不同的 m 文件，显示不同的文件内容，方便切换编辑。编辑界面的最下端有一行是状态栏，记录了文档的类型、当前光标所在行列数，及编辑状态。

需要提及的是，在 MATLAB 8.0 以前，编辑状态分为两种，一种为非覆盖写入状态，另一种为覆盖写入状态。MATLAB 一般默认为非覆盖写入状态。非覆盖写入状态时，右下角 OVR 将置灰，键盘输入将在光标所在地方增加输入的内容；覆盖写入状态时，右下角 OVR 将被激活，光标变为一个字符宽度，键盘输入将覆盖光标所在的字符内容，并用键盘输入的内容替换。在 MATLAB 8.0 以后，编辑状态只存在非覆盖写入状态。

1.3.7 帮助系统

帮助系统提供了 MATLAB 和用户之间相互交互的系统，用户可以在帮助系统中，通过模糊的关键字或者准确的函数名称，搜索到相关工具函数或者类的解释、用法、其他相关函数和类、案例等方式，找出所关注问题的解决方法。

在 MATLAB 界面，单击右上角图标中的问号，可以激活帮助系统，帮助系统界面如图 1.3.8 所示。在帮助系统的输入框中，输入关键字或者函数名，可以直接显示对应的内容。

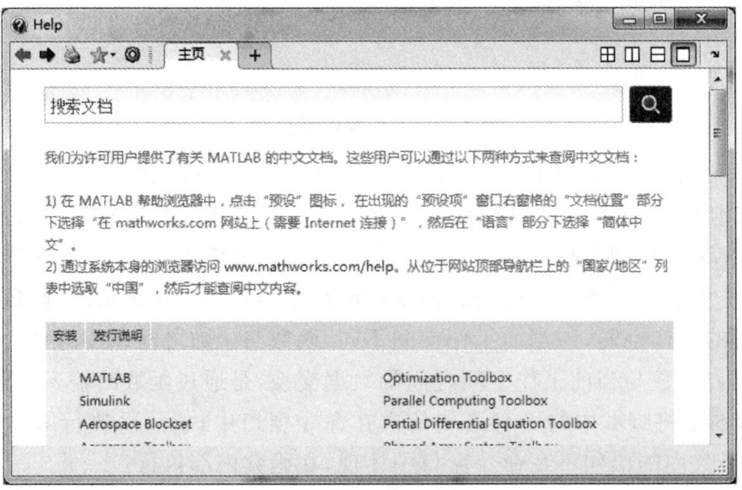

图 1.3.8　帮助系统

帮助系统中提供了基本的搜索功能，同时也可以按照工具箱名称的不同，直接进入到具体工具箱中去寻找和搜索需要的函数。MATLAB 的一些基本函数在 MATLAB 工具箱中都可以找到，其他专业相关的算法在各自工具箱中查询，如计算机视觉工具箱、影像处理工具箱等。

如果想了解 reshape 函数的用法，可以在帮助文档中搜索函数 reshape，然后单击右侧蓝色搜索按钮，如图 1.3.9 所示。

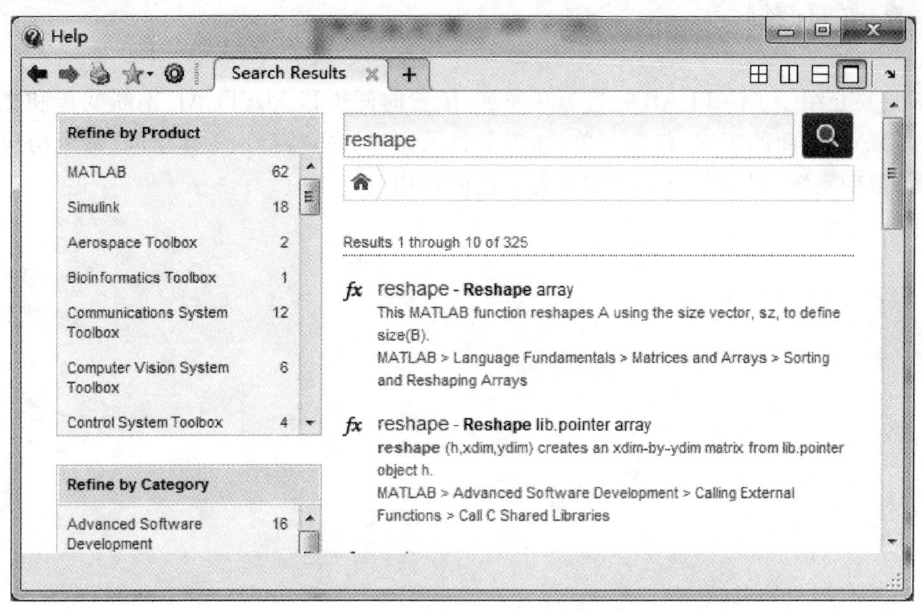

图 1.3.9　在帮助系统中查找函数

左侧会把搜索结果按照不同方式进行分类。其中，按照函数分类会以 Functions 标识，模块设计以 Blocks 标识，类说明以 System Object 标识，相互关联以 Category Pages 标识，举例和应用以 Examples and How to 标识，版本改动以 Release Notes 标识，几近全面地涵盖了搜索信息的相关内容。

当进入对应的函数后，左侧会显示函数目录，如图 1.3.10 所示。其中包含了函数所对应的各级子目录及各级目录中收录的相关函数。同时，每个函数都可以直接单击目录条目进入。

单击进入第一个函数说明的链接，函数名下方用一句话简短地说明了函数的作用。

Syntax 中提供了这个函数所有可行的语法。

Description 中介绍了每种使用方法所提到的变量的含义。

Examples 中给出了容易理解的正确使用的例子。

See Also 提供了可能相关联的其他函数名称，如果找的不是这个函数，但与它是相关联的，那么也可以尝试单击 See Also 里面的其他函数。

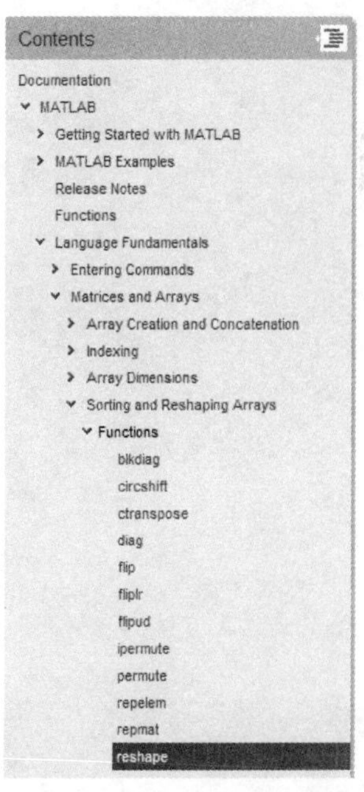

图 1.3.10　帮助系统目录列表

MATLAB的强大之处在于有丰富的函数资源提供给用户,用户不用去考虑这些函数背后的实现和策略,只需知道如何使用这些函数。另一方面,MATLAB提供了强大的帮助系统,方便搜索查找到想要的内容。只要在MATLAB已有的领域,基本上都可以很容易地找到相关内容。

1.4 本章小结

本章主要介绍了MATLAB的起源和发展,随着时间推移MATLAB不断变革和更新;介绍了MATLAB界面的组成,包含菜单栏、当前目录窗口、命令窗口、工作空间、命令历史窗口、编辑界面、帮助系统,以及各个部分的主要功能的作用。

第 2 章 M 语言

M 语言是对 MATLAB 语言的一种简称。从某种层面上说,它更像是一种强大的函数库及应用工具。任何的操作,都依赖于对 MATLAB 函数的了解和熟知程度。

如果用 MATLAB 编程,注意力应更多地集中在上层的算法设计实现上,而不是具体的底层细节,因此减少了编程所需的难度和时间。和其他任何语言一样,M 语言也需要定义与之匹配的基本数据结构和逻辑控制结构,才能应对不同的程序实现。

2.1 变 量

MATLAB 中的变量其实可以理解为,在计算机内部,需要存储即将对其进行操作的数据。而这个数据在计算机内需要开辟一个空间来进行存储,即要限定一个数据大小。用 C++编程,会有变量的预先声明,即告诉计算机这个变量的类型,依据类型的不同,给定不同的内存大小。而在 MATLAB 中,某些时候不直接声明变量类型,也可以正确执行。

在 MATLAB 中省略了变量的声明部分,通常是通过默认类型或者类型推导,确定变量内存的大小。数值计算中,变量的默认数据类型为双精度(double)类型,字符串的默认类型为字符(char)类型。MATLAB 中常见的类型推导,如果非 double 类型变量参与到数值计算过程中,那么会先转化为 double 类型,然后再参与计算。

2.1.1 数据类型

double、char 都是 MATLAB 的数据类型。粗略分,MATLAB 的数据类型可以分为两大类:简单数据类型和复合数据类型。注意,这里提到的数据类型暂时只考虑单个数据,即不考虑矩阵形式或者 C++中的数组形式。

1. 简单数据类型

简单数据类型,顾名思义,即只存在一种数据类型。简单数据类型一般用于单个数据,如"a=1;"语句,表达的意思是将 1 赋值给 a。a 的数据类型为默认的 double 类型,a 的大小为 1×1,a 的值为 1。

double 和 char 是最为常见的简单数据类型。其他简单数据类型还包括 single、uint8、uint16、int8、int16、logical 等。single 类型,也就是单精度类型,与 C++中 float 类型是一致的。uint8、uint16 类型在图像处理中较为常见,分别是无符号 8 位整型和无符号 16 位整型,对应的取值范围为$[0,2^8-1]$和$[0,2^{16}-1]$。logical 类型为逻辑型,对应 C++中的布尔类型 bool。逻辑类型中只存在两个值,即真、假,真为 true 用 1 表示,假为 false 用 0 表示,所有非 0 值均可表示为真,转换为 logical 类型后,则变为 1。

2. 复合数据类型

复合数据类型是 MATLAB 用于表示多种不同的数据类型的集合体。常用的复合数据类型为 cell 类型和 struct 类型。

cell 类型中可以存储不同类型、不同数量的数据。cell 类型的表示方法有两种。

第一种是直接初始化赋值。例如："a={1;'MATLAB'};"用大括号"{}"将需要包含的元素括起来赋值给一个变量，那么这个变量就是 cell 类型，括号内的分号表示矩阵换行，其对应的矩阵大小为 2×1。如果大括号中不采用分号而采用逗号，则 a 的大小为 1×2。

第二种是先声明再赋值。例如"a=cell(2,1)"的意思是获取一个 2×1 的 cell 变量 a。再采用逐个赋值的方式 a{1}=1，a{2}='MATLAB'，将 1 赋值给 a 的第一个元素，将字符串 MATLAB 赋值给 a 的第二个元素，也可以得到同样的 a。

a 中第一个元素 a{1}存储的是 1，大小是 1×1，数据类型为 double。a 中第二个元素 a{2}存储的是字符串 MATLAB"，大小是 1×6，数据类型为 char。虽然这两个元素存储的数据类型、大小都不一样，但还是可以同时存放在一个变量的两个不同的地方，这也是 cell 结构的优点。值得注意的是，a 不仅存在 a{1}、a{2}的用法，同时还存在 a(1)、a(2)的用法。与 a{1}、a{2}的区别是，a(1)、a(2)的数据类型为 cell 类型，与 a 的类型相同。

struct 类型是通过域(field)的方式，将不同数据类型或者不同数据大小的数据集合起来。struct 的名称和域的名称，只需满足变量命名规则即可，可以任意指定。struct 的创建可以参考函数 struct 的方式，也可以直接创建，例如：a. b=123456，a. c='MATLAB'，其中 a 为 struct 类型，b 和 c 为 a 的域；a. b 的类型为 double，大小为 1×1，值为 123456；a. c 的类型为 char，大小为 1×6，值为 MATLAB。

2.1.2 矩　阵

矩阵就是将多个相同类型的数据体集合到一个数据结构中方便使用。向量则可以看作是二维矩阵中某一维为 1 的特殊矩阵。往往具有很强的数据相关性的数据，为了方便起见，会采用矩阵的形式将其组织在一个矩阵变量中。如果平面点坐标包含了 x 和 y 两个方向，可以采用两个向量或者矩阵分别表示 x 和 y。当然也可以将其直接用一个矩阵变量保存起来，第一列为 x，第二列为 y，在使用中只需要标明 x、y 在变量中的位置次序，就可以减少变量数量，达到一定简化的目的。

值得一提的是，多个相同的简单数据类型形成的数据集合，也是简单数据类型。

例如 b= [1,1;1,1]语句，表达的意思是将矩阵[1,1;1,1]赋值给 b。b 的数据类型为默认的 double 类型，b 的大小为 2×2，b 的值为[1,1;1,1]。

同理，c='MATLAB' 中 c 的类型也是一种简单数据类型 char。

多个相同的复合数据类型形成的数据集合，也是复合数据类型。如上文提到的 a，也是 cell 类型，a 的大小为 2×1。

下面对提到过的数据类型进行有效梳理。

(1) 如果是单一数值，首先确定其所需要的类型，主要包含了 double、single、uint8、uint16、logical 等，然后根据其对应类型赋值，double 类型为默认赋值类型，可以省略。

(2) 当数据个数不为 1，且数据类型为同一种类型，每个数据大小一致时，可以采用矩阵 matrix 的形式存储，如 a = [1,1;1,1]，字符串也可以理解为字符类型 char 的矩阵 matrix 或者向量 vector 形式。

(3) 当数据个数不唯一，且类型不一致或者大小不一致时，可以采用元胞数组 cell 或者结构体 struct 的方式存储。元胞数组 cell 与结构体 struct 的区别在于，获取数据 cell 采用下标的方式，更接近矩阵 matrix 的用法，而 struct 采用域名的方式。

这里对元胞数组 cell 的使用与矩阵 matrix 的使用作一简单区分，通过一个简单的例子来说明两者的区别和联系。矩阵就好像是中药店里的大药柜，药柜里整齐排放着很多个抽屉，不同抽屉的中药可以相同也可以不同，每个抽屉里有且只有一味中药，这些药的属性都是一样的，同为中药。元胞数组就像是酒店，酒店里有很多房间，房间里可以不住人，也可以住一个人，甚至多个人，但是每个房间都有且仅有一个房间号，这一点与矩阵 matrix 很相似。所以从这一点上看，元胞数组 cell 可以做和矩阵一样的操作“()”，但仅限于对“房间号”操作。如果需要对元胞数组内的内容进行操作，就不能使用和矩阵 matrix 一样的操作，需要采用元胞数组独有的运算符“{}”。

在更新的 MATLAB 8. x 版本中，还引入了新的数据类型：map 类型容器、table 类型。map 类型容器是一种映射类型。map 中存放了一组或多组映射关系，map 中的第一个元素是 key，称为键，第二个元素为 value，称为值。一组映射关系由一对键值构成。多组映射关系中多个键相同的情况下，会取最后的值。table 类型，可以看作是对矩阵 matrix 形式的一种新的扩展，包含了矩阵中行列对应意义的信息。

综上所述，MATLAB 的数据类型是比较灵活的，可以采用简单数据类型对简单变量进行创建，也可以通过复合数据类型将不同简单数据类型、不同数据大小的数据集合到一起。新增的 map 容器，更多地是针对非数值型映射关系进行函数式编程。

2.2 符 号

MATLAB 中存在一套自成体系的符号系统，与其他语言中的符号存在一定的差异。为了更好地列举 MATLAB 中存在的基本符号，下文提到的所有符号必须与之完全匹配，才能对应其中的解释说明；否则容易引起混淆。

2.2.1 单字符

需要说明的是，单字符是指在 MATLAB 中单独使用的字符，多个单字符联合使用的情况将在 2.2.2 小节中描述。这里将 MATLAB 中所有可能的单字符一一列举在表 2.2.1 中。

表 2.2.1 MATLAB 单字符说明

字 符	意 义	用 法
+	加法运算符	a=2+3 a= 5
-	减法运算符，或取负运算符	a=-2-3 a= -5
*	乘法运算符	a=2*3 a= 6
^	乘方运算符	a=2^3 a= 8

续表 2.2.1

字 符	意 义	用 法
%	注释符	%注释说明
=	赋值运算符	a=2 表示 2 赋值给 a
;	结束符	表示左侧对应的表达式结束， 当表达式没有结束符时，将显示运算结果
~	逻辑运算符“非” 表示逻辑判断取反，可以用于单值的逻辑运算，也可以用于矩阵逻辑运算。右侧逻辑判断为真，结果为假；右侧逻辑判断为假，结果为真	~false 结果为 true，即 1， ~true 结果为 false，即 0
&	逻辑运算符“与” 矩阵逻辑运算中使用，表示左右逻辑判断。两个都为真，结果为真；至少一个为假，结果为假	a=true&true a= 1
|	逻辑运算符“或” 矩阵逻辑运算中使用。表示左右逻辑判断，至少一个为真，结果为真；两个都为假，结果为假	a=false|false a= 0
/	矩阵右除运算符 (1)表示数值除法，也可以表示矩阵除法。 (2)表示矩阵除法，如果 A、B、X 均为矩阵(可以是稀疏矩阵)，且满足 X * A=B，其中 X=B/A 为 X * A=B 的最小二乘解或最大似然解	a=3/2 a=1.5 A=[1,3;2,4]; B=[1,2;3,4]; X=B/A X = 0 0.5000 -2.0000 2.5000
\	矩阵左除运算符 如果 A、B、X 均为矩阵(可以是稀疏矩阵)，且满足 AX=B，其中 X=A\B 为 AX=B 的最小二乘解或最大似然解	A=[1,3;2,4]; B=[1,2;3,4]; X=A\B X = 2.5000 2.0000 -0.5000 0
'	矩阵转置运算符	A = [0-1i 2+1i;4+2i 0-2i] B = A' B = 0.0000 + 1.0000i 4.0000 - 2.0000i 2.0000 - 1.0000i 0.0000 + 2.0000i
<	小于运算符 结果为逻辑矩阵或逻辑值，表示左侧小于右侧	a=[1,3;2,4]; b=a<2 b = 1 0 0 0

续表 2.2.1

字　符	意　义	用　法
>	大于运算符 结果为逻辑矩阵或逻辑值,表示左侧大于右侧。	a=[1,3;2,4]; b=a>2 b = 　0　1 　0　1
,	分隔符 (1)矩阵使用中分隔多维索引; (2)函数使用中分隔多个变量名	(1) a=[1,3;2,4]; b=a(1,1) b= 1 (2) a=[1,3;2,4]; c=reshape(a,1,4) c = 　1　2　3　4
.	连接符 用于连接结构体或类对象及其成员,左侧为结构体或类对象,右侧为其成员变量或者成员函数	a=struct('b',1); a.b a.b= 1
:	省略索引符号 通常表示矩阵索引,是矩阵索引的省略形式	a=[1,2;3,4]; b=a(:) b = 1 3 2 4 表达的是 a 中所有线性索引的省略,与 b=a(1:4)含义相同。 b=a(:,1)的结果为 b = 1 3 表达的是 a 中第一维线性索引的省略,与 b=a(1:2,1)含义相同

续表 2.2.1

字　符	意　义	用　法
@	函数句柄 后接自变量和函数	a=[1,3;2,4]; f=@(x) max(x,[],2);%自变量为 x,函数为 max b=f(a) b = 3 4 fmax = @max;%省略自变量,函数为 max fmax(1,2) ans = 2
!	在 MATLAB 中输入 command 窗口的命令行参数时使用	! dir
?	多用于正则表达式中,表示单个任意字符	regexp('Jon, John, Jonathan, Joke','Joh? n\w*');

在单字符中,除了符号"!"和"?"不常见以外,其他符号都有较高的使用率。尤其是符号":"在操作矩阵的时候,能将很多烦琐的操作简单化。

2.2.2 多字符

为了方便区分多字符与单字符的使用,特将多字符与单字符使用的情况分开列举。MATLAB多字符用法如表 2.2.2 所列。

表 2.2.2 MATLAB 多字符说明

字　符	意　义	用　法
()	(1)若括号左侧对应的是运算符,则括号内的表达式为运算式,结果具有优先运算特性,与数学中的括号意义相同。 (2)若括号左侧对应的是函数名,则括号内对应函数输入变量。变量之间采用","分隔。 (3)若括号左侧对应的是矩阵名,则括号内对应该矩阵的索引,可能为线性索引,可能为逻辑索引,也可能为各维索引,结果为索引对应的矩阵元素	(1) a=[1,2;3,4]; b=(a+1)%2 b= 0　1 0　1 (2) b=reshape(a,1,4) b= 1　2　3　4 (3) b=a(1) b= 1

续表 2.2.2

<table>
<tr><th>字 符</th><th>意 义</th><th>用 法</th></tr>
<tr><td>{}</td><td>元胞矩阵操作符
括号左侧对应的为矩阵名，括号内对应该矩阵的索引，可能为线性索引，可能为逻辑索引，也可能为各维索引，结果为索引对应的元胞元素，与“()”第三种用法类似</td><td>a={3;4};
a{1}
ans=
3</td></tr>
<tr><td>[]</td><td>在函数输出时使用，括号内包含依次输出的结果</td><td>a = zeros(3,2);[row, col] = size(a);
row =
3
col =
2</td></tr>
<tr><td>&&</td><td>逻辑运算符“与”
用于单值的逻辑运算，且不返回值</td><td>a = 1;
if a > 1 && a < 2
end</td></tr>
<tr><td>||</td><td>逻辑运算符“或”
用于单值的逻辑运算，且不返回值</td><td>a = 1;
if a < 1 || a > 2
end</td></tr>
<tr><td>==</td><td>等于比较运算符
用于判断左右侧值是否相等</td><td>a = 1;
b = a==1
b =
1</td></tr>
<tr><td>~=</td><td>不等于运算符
用于判断左右侧值是否不相等</td><td>a = 1;
b = a~=1
b =
0</td></tr>
<tr><td>>=</td><td>大于或等于运算符
用于判断左侧值是否大于或等于右侧值</td><td>a = 1;
b = a>=1
b =
1</td></tr>
<tr><td><=</td><td>小于或等于运算符
用于判断左侧值是否小于或等于右侧值</td><td>a = 1;
b = a<=1
b =
1</td></tr>
<tr><td>''</td><td>字符串标识符
用于特殊标记字符串，特殊情况用于转义字符</td><td>a='MATLAB' 表示将字符串 MATLAB 赋值给 a
如果想表示一个字符“'”，则需要用 a='''' 表示，其中第一个和第四个“'”表示这是一个字符串，第二个“'”表示转义字符，第三个“'”表示需要的转义字符</td></tr>
<tr><td>.*</td><td>矩阵点乘运算符
用于矩阵和数值进行乘法</td><td>a=[1,3;2,4];
b=a.*2
b =
2 6
4 8</td></tr>
</table>

续表 2.2.2

字 符	意 义	用 法

./	矩阵点右除运算符
	用于矩阵和数值进行左除
		a=[1,3;2,4];
		b=a./2
		b =
		    0.5000 1.5000
		    0.0000 2.0000
		c=a./b
		c =
		    2 2
		    2 2

.\	矩阵点左除运算符
	用于矩阵和数值进行右除
		a=[1,2;4,8];
		b=a.\2
		b =
		    2.0000 1.0000
		    0.5000 0.2500
		c = b.\a
		c =
		    0.5000 2.0000
		    8.0000 32.0000

.^	矩阵点乘方运算符
	用于矩阵和数值进行乘方
		a=[0,1;2,3];
		b=2.^a
		b =
		    1 2
		    4 8
		c=a.^2
		c =
		    0 1
		    4 9
		d = b.^a
		d =
		    1 2
		    16 512

.'	矩阵点转置运算符 与“'”转置运算不同的是，对于复数转置，符号“'”会对虚数部分改变符号，而“.'”不改变虚数部分	a = 1 + i; b = a.' b = 1.0000 + 1.0000i

续表 2.2.2

字　符	意　义	用　法
…	表示语句太长，上一行接着下一行的，需要连在一起	a = 1; b = a > 1 & … a < 2 b= 0

多个单字符的联合在 MATLAB 中也出现了这些基本用法，在使用中需要明确使用的是单字符还是多字符，能够对这些基本符号熟练使用，能够区分出用法上的一些细微差别，那么无论是看他人代码还是自己写代码，都将得心应手。

2.3　关键字

MATLAB 关键字在代码中通常为蓝色字体渲染显示。查询一般关键字可用函数 iskeyword 查询。表 2.3.1 介绍了一些基本关键字的用法。

表 2.3.1　MATLAB 关键字说明

关键字	用　法
break	通常用于循环语句中，停止执行当前所在循环体，一般在 while 语句中出现较多
case	用于 switch-case 结构中，表示控制分支
catch	用于 try-catch 结构中，当遇到 try 部分代码执行异常时，用 catch 捕获异常，并执行 catch 部分的异常后处理代码
classdef	用于类定义结构，表示类开始定义
continue	通常用于循环语句中，停止当前循环执行，继续执行下一次循环
else	用于 if - else 结构中，表示剩余分支
elseif	用于 if 结构中，表示另一个满足条件的控制分支
end	表示结束，用于 function、if、switch、for、while 等末尾
for	表示确定循环次数的循环体，可以增设条件判断
function	函数定义关键字，表示函数开始定义
global	表示全局变量定义，通常不建议使用，会破坏变量一般的生命周期
if	表示满足条件的控制分支
otherwise	用于 switch - case 结构中，与 case 同级，表示不满足所有 case 分支情况的分支
return	表示函数返回，返回到函数输出
switch	表示多条件分支情况
try	用于 try - catch 结构中执行部分，若执行到异常，则进入 catch 部分，否则向下执行
while	用于不确定循环次数的循环体，需要增加循环终止条件
properties	用于类定义，属性值设置。权限分为获取权限 GetAccess、设置权限 SetAccess，权限类型可以分为公有、私有、保护三种
methods	用于类定义，方法设置，方法设置可以为公有、私有、保护

续表 2.3.1

关键字	用 法
parfor	用于并行方式执行循环
persistent	用于定义持续局部变量，但用 persistent 局部变量不会因为函数执行完成而引起内存销毁
spmd	用并行方式执行代码

在 MATLAB 中，还有一些特殊的变量和函数需要额外说明，详见表 2.3.2。

表 2.3.2 特殊变量和函数

变 量	说 明
ans	默认临时变量，表示式若没有赋值结果，系统会自动设置为 ans
i、j	虚数单位，不建议循环变量采用 i,j
NaN	无效值，无效值矩阵构造函数，支持 NaN、nan 两种写法
Inf	正无穷大，正无穷大矩阵构造函数，支持 Inf、inf 两种写法
varargin	函数可变输入列表，常用于函数多态情况
narargin	函数输入变量个数，常用于函数多态情况

在函数输入/输出可变的情况下，在 MATLAB 中需要通过使用 varargin 来实现整个函数的过程。

【例 2.1.1】 利用函数 varargin 生成可变输入 MATLAB 函数。

```
function c = test(a,varargin)                    %可变输入
num = length(varargin);
if num == 0                                       %输入个数为 0
    b = 1;
elseif num == 1                                   %输入个数为 1
    b = varargin{1};
else                                              %输入个数大于 1
    error('error');
end
c = a + b;
end
```

2.4 控制流

控制流作为代码执行的核心灵魂，控制程序的执行过程。控制流主要有顺序、选择和循环三种。这三种控制流，囊括了目前程序设计中的所有情况。

2.4.1 顺 序

由上至下依次执行程序代码，为顺序结构。顺序结构也是代码中最常见的一种结构。不存在特殊关键字的代码结构，均为顺序执行代码。顺序执行时，除非程序异常或报错，否则程序会按照代码一直往下执行，直至程序结束。

2.4.2 选 择

当程序需要在触发某种条件按照不同的处理方式往下执行时，需要使用选择结构。而选择结构大致又分为两种，一种为双分支选择，另一种为多分支选择。这两种选择结构在本质上

没有区别，只是在实际应用过程中可能会考虑是否便捷而使用不同的结构。

1. 双分支选择

双分支选择，为 if - else 结构。if 之后添加条件判断语句，当触发满足该条件时，进入 if 结构部分的执行体代码；当触发不满足条件时，进入 else 结构部分的执行体代码。

当采用 if - else 结构嵌套后，将形成 if - else if - else 结构，同时也可以将 else if 合并为 elseif 形成 if - elseif - else 结构。因此实现了在结构层次上将嵌套的两层结构变为一层结构，简化了代码层次。

2. 多分支选择

多分支选择，为 switch - case 结构。switch 之后添加变量，当该变量与 case 后的值相等时，进入满足该条件 case 语句后的执行体语句。若 switch - case 结构中还存在 otherwise 部分，则当不满足所有 case 情况时，进入 otherwise 语句后的执行体语句。

通常 switch 后的变量一般为数值或者字符串。与 C++不同的是，MATLAB 的 switch - case 结构执行到 case 代码部分后，不再往下执行其他可能的 case 情况。而在 C++中可以借助 break 关键字来达到该目的。

2.4.3 循环——特殊的顺序

在不考虑可行性的情况下，代码结构在具备顺序结构和选择时就基本可以胜任了，但编写和执行代码是通过与计算机交流并代替人完成计算的一种手段。如果计算执行需要多次重复的运算，那么在没有循环结构的支持下，代码势必会重复很多遍，并且这种简单的重复将由人来完成，而花费在写代码的时间将是一个巨大的开销。如果循环次数为不可预知，则代码将会失效，因为人并不知道需要重复多少次这样的代码。在这样的情况下，引入循环结构就会大大改善这种情况。尤其是在循环次数未知的情况下。若循环终止条件设置不当，则很容易引起循环体的无法停止，即死循环，这是初学者需要非常小心的问题。

1. 已知次数循环

已知次数的循环，即为 for 循环，它的特点是可以明确地知道循环历经的次数，以及每次循环变量的值。通常情况下，循环变量在整个循环过程中的变化是可预知的。针对有限次数的 for 循环，不会出现循环体无限循环执行的情况，所以在一般情况下，是不需要 continue 或者 break 来引导程序退出循环的。

2. 未知次数循环

未知次数的循环，即为 while 循环，它的特点是可以不明确循环次数，完全由循环终止条件来决定是否需要停止循环，并通过 break 进行配合使用，跳出 while 循环。由于 while 循环具有较强的未知次数特性，因此容易因为循环停止条件不合适引起 while 循环无法终止的情况。

尤其是在 MATLAB 中没有 C++中的 do - while 循环时，采用特殊的 while(true)用法，通常需要在程序设计之初，人为设定一个 while 循环的最大循环次数的经验值，并以此作为算法执行标准外的一个固定指标，来防止程序进入死循环。

2.4.4 递归——特殊的循环

MATLAB、C、C++都允许一种“偷懒”的循环方式。这种循环方式类似一种数学分形的思想，或者说是一种多米诺骨牌的方式，将一个大问题分解为与之相类似的若干个小问题，循环只解决大问题分解为小问题这一步，当在需要解决小问题时，再将小问题作为新的大问题输入，直到问题足够简单可以解决。这是一种不直接解决问题本身，而是通过反复调用函数本身，将问题分解以及判断问题是否已足够简单，并逐一完成的方式。

当一个函数通过调用自身时，这个行为称为递归，事实上是另一种层次的循环。求斐波那契数列的第 n 项、有序数列的二分查找都可以通过递归的方式获得。虽然递归可能并不十分常用，但对其足够的了解也必不可少。

2.4.5 异常捕获

常见的异常捕获采用的是 try - catch 结构方式进行的。当某段代码发生了异常报错，特别是在循环过程中，并不清楚循环到第几次才发生了错误的情况下，try - catch 可以帮助你定位问题。

具体做法是，只需在执行出错代码体之前增加 try，在其之后增加 catch。通常在 catch 之后增加异常变量，catch 语句之后增加一句肯定无法出错的代码，通常为一条简单的赋值语句，再在简单的赋值语句之后添加 end 结束。然后在简单的赋值语句上添加断点，并调试运行。运行程序后一旦出现运行错误，就会执行到 catch 后的简单赋值语句处。此时可以检测各个变量出错的运行状态，并从中查找问题的原因。

```
try
    error('Here is error.');
catch  exception
    msgString = getReport(exception);          % 获取错误信息报告
    disp(msgString);                           % 打印错误信息
    a = 1;                                     % 用于设置断点
end
```

2.5 函　数

如果把代码比作一个机器，那么函数就像是机器中的各个零部件，大的形如发动机，小的形如齿轮，各司其职，各尽所能。如果没有函数（事实上代码也可以编写），那么要面对的问题是大量的运算细节，这非常不利于代码的阅读以及编写重用。没有好的函数设计和封装，代码就像散落的沙子。相反，好的函数设计和封装，能给予读代码的人鸟瞰全局的高度，获得更广阔和清晰的视角，也更容易整体把握程序逻辑。

有人将写代码比喻为造轮子，重复性的工作居多。如果重复性地编写，那么既费时又费力。函数的出现，有效地改善了这种情况，写完之后只需验证其正确性即可。当后续再遇到这个问题时，只需将验证完成的函数在整体代码可以查询到的地方将其作为一个已知的操作，继续往下执行即可。此时代码在无形之中减少了对这个函数功能的构思和编写，简化了代码编写的工作。

函数还可以将整体代码按照一定的层次结构进行组织编写，让代码有更好的可阅读性。层次明晰的代码，对于后期的修改和重用，都将是十分必要和方便的。

2.5.1 函数类型

函数在代码中的作用十分重要，而且函数类型又非常多。常见的函数包含主函数、子函数、嵌套函数、内置函数（build - in）、匿名函数等。

前四种函数类型都需要通过关键字 function - end 来完成。函数主体将放置在 function -

end 中间，function 后将有形如：

```
[Ouput1,...,OutputN] = functionName(Input1,... , InputN)
```

值得注意的是，同一个 m 文件内不能出现函数重名的现象，大小写不一致的函数名不在函数重名的范围内，但不建议混用大小写函数名。

主函数，顾名思义是整个函数的主入口。主函数需要注意的是，主函数名称必须与 m 文件名称一致，最好位于 m 文件的开头；否则在执行过程中将会出现报错情况。其他非主函数，则必须与主函数名或 m 文件名不一致。

子函数，是所有非主函数的一种，其位置位于主函数体之后，也是由 function - end 结构组成。子函数体在 function - end 结构内部。一个主函数可以支持多个子函数。各个子函数之间是相互独立的，不会相互影响。因而子函数内部变量名相同，也不影响各自的独立运行。

嵌套函数，位于主函数内部，一般紧接着位于主函数的 function - end 结构的 end 之前。又因为其位于主函数内部，所以主函数的所有变量，作为主函数内的全局变量，均可进入嵌套函数。嵌套函数可以对这类全局变量进行修改和更新。

内置函数(build - in)，是 MATLAB 自带的函数，也是用 function - end 结构定义。这些函数数量众多，用途广泛，函数设计、接口设计、运行效率以及函数测试均达到比较成熟的程度，使用起来也十分方便。由于内置函数数量繁多，一般在 MATLAB 边学边用的过程中，需要通过大量的时间来查阅和练习，随着使用频次的增多，逐渐积累这些内置函数的基本功能和用法，完成对内置函数的了解和熟悉。

匿名函数，是一种特殊函数。它的出现，可以更简单地使用函数，而不再使用 function - end 结构，直接采用匿名方式，用法与数学表达式更为接近，也更好理解。匿名函数的调用格式如下：

@(变量名 1, … , 变量名 n) 包含变量名的表达式

2.5.2 函数调用

函数调用，通过函数名一致性检查，查找最近的函数调用。在 m 文件中，函数调用的相同接口的同名函数，优先级顺序为：当前 m 文件主函数＞当前 m 文件非主函数＞同级目录函数＞其他可见目录下函数＞内置函数。

2.5.3 函数中变量的生命周期

变量的生命周期，一般在函数内部完成后，除输出变量外，其他内置的变量均在函数执行完成后被销毁。

用 global 修饰的全局变量，在声明的函数地方，当函数结束时，全局变量也结束了其生命周期。

用 persistent 修饰的持续变量，在声明的子函数内部，当主函数结束时，持续变量也结束了其生命周期。

2.5.4 函数句柄

函数句柄，通常在匿名函数中较为常见。函数句柄，可以近似认为函数起了别名。相同接口的不同函数，可以通过函数句柄将这些函数抽象为一个统一别名，再通过这个统一别名和相同的接口调用变量，进行特定的运算。函数句柄的抽象性质，隐藏了不同函数的实现细节，使

用者将不再关心函数的具体实现,转而按照确定的接口使用函数的功能。

2.6 M语言特性

编程语言的函数式编程曾经流行了一段时间,而最新流行的编程思想为面向对象编程(OOP)。两者的区别如下:

(1) 函数式编程,更关注的是过程,具备相对固定的流程式程序,采用函数式编程更为合适。

(2) 面向对象编程,简单地说是将相互关联的参数和函数,集中存放到一个结构中,也就是对象。其中参数是对象的属性,函数是对象的方法。这些相互关联的变量和函数被封装到对象中,被对象管理。外部使用过程中只需要关心对象本身,以及其允许外部调用的参数和函数。如果将编程理解为一次地铁出行,面向过程编程的关注点是相邻站点之间的行驶过程,面向对象编程的关注点则是每个站点本身。

虽然M语言也支持面向对象的编程方法,但相对而言,M语言更偏向于函数式编程的特点。它的过程性更强,更加强调的是算法明确、过程清晰、环环相扣、配合紧密。

1. 简单易懂

一些场景下,MATLAB中变量定义可以省略,相比使用变量之前需要事先预定而言,明显简化了变量使用难度,更符合人的思维逻辑习惯。

高级语言都难以避免使用指针,而指针,在语言使用中往往最不容易把握,最容易犯错误。MATLAB巧妙地规避了大部分指针使用的情况,使指针一般不暴露在用户使用的细节之中,因此大大减少了运用时出现的各种问题。

2. 整体计算

向量化编程风格,也是MATLAB与C++有别的一大特色。例如:一个矩阵与一个数值进行运算,C++支持矩阵中每个值分别与数值进行运算,而MATLAB支持矩阵与数值直接运算,采用的是一种向量化的编程思想。

MATLAB中最核心的数据结构即为矩阵。矩阵运算的核心,就是采用整体向量化方法,解决矩阵所有的计算问题。

如果像C++,采用循环方式计算,MATLAB也能做到相同的结果,但执行效率会大打折扣。这也是很多初学者对MATLAB心存偏见的原因之一。一个普通大小的正常数据,运行完成需要动辄以小时、甚至以天计算的程序,从编程者的角度看肯定是无法接受的。笔者也曾接触过类似的程序和令人头痛的问题,通过对代码的整体分析和重构,修改后的代码从执行效率上有了很大的改观。现在回想起来,很多时候往往并非是MATLAB本身的问题,通常是对MATLAB高效用法缺乏了解,才使用了不恰当的方式来处理数据。

3. 支持面向对象编程

MATLAB也依循编程潮流的发展,支持面向对象方式的编程,采用classdef - end结构;内部采用properties - end和methods - end结构,可分别记录属性和方法。

在函数式编程和面向对象编程两种开发模式上,MATLAB两者都支持。笔者认为,它更接近于面向数据编程(OOD)的一种开发模式。其数据的流向非常明确,输入数据通过各个函数的计算逐渐转化为输出数据;每一步的输入通过计算得到输出数据;上一步的输出将作为下一步的输入,以此循环,直到输出数据计算完成。

2.7　本章小结

本章介绍了 M 语言中的变量、符号、关键字、控制流、函数及其编程风格。

(1) 变量部分介绍了常见的变量类型和使用场景。多个单一类型值,可以统一存放到矩阵类型变量;多个非单一类型值,可以存放到元胞矩阵变量。

(2) 符号和关键字部分介绍了常见的各种符号、关键字表达的意思,并提供了其应用场景。

(3) 控制流介绍了顺序、选择、循环、递归的使用情况,不同的控制语句对应不同的程序流。

(4) 函数部分是 MATLAB 比较重要的组成。函数的组织,可以实现代码分层的思想。函数的抽象,能够统一函数接口。当接口一致,但在不同条件下的实现方式存在差异时,统一的函数接口利用不同的参数可以达到不同实现的目的。设计得好的函数,能够较好地适应不同的需求变化。当需求变更之后,代码的改动会最小化;否则,问题将变得复杂,实际编码工作也会有很多重复。最重要的是,结构完全变动后的代码,对应的测试工作也将重新进行,引起一系列后续问题。因此,函数的设计和实现,将变得十分重要,每一步都需要深思熟虑地考量。M 语言的基础是函数,掌握了函数的使用和用法,使用 MATLAB 才能更得心应手,游刃有余。

(5) M 语言的主要特点,首先是简单易学,从没有接触过到有所了解会很快,但要完全掌握是需要大量时间的学习和练习;其次是整体计算的思想,不再通过更小粒度的元素操作,而是以最基本的矩阵操作进行运算,简化了思维过程和代码实现;最后,它不仅支持函数式编程,还支持面向对象编程,满足了不同编程思想在 M 语言中的使用。

第 3 章

MATLAB 代码调试和优化

代码调试和优化是代码编写后必不可少的一步。未经调试的代码,可能存在使用错误,引起一些不必要的错误检查。

常见的简单人为错误,如名称拼写错误、括号不对称等,常见的简单逻辑错误,如数据大小不一致、类型不一致、函数参数个数不一致、打开文件后忘记关闭文件等,这些错误都是可以通过仔细检查、多次练习减少或避免的。

这类错误通常是编程时不小心或考虑不周引起的,修改正确是轻而易举的事情。但代码错误,也就是程序员常常说的 bug,更多的时候不是这样简单的问题,需要更细致地排查和分析。但也无需过分害怕,犯错是在所难免的,找到改正错误的方法,才是需要了解和掌握的。

3.1 代码分析

代码分析的目的是找出代码中可能存在的语法错误,并帮助找出错误原因,进而修复代码错误的部分。代码分析除了需要借助 MATLAB 工具外,更重要的是要有足够的耐心和清晰的思维。

MATLAB 自带了一套强大的代码检查工具,在 MATLAB 主界面的菜单栏,有一项 Analyze Code,这就是 MATLAB 针对所有编写的代码做检查的工具。在通常情况下,是不用直接点击这个工具的。

在编辑窗口输入代码的时候,细心的读者会发现有一个小方块,如图 3.1.1 所示。在正常情况下,小方块是绿色的,表明代码不存在基本的语法错误和未使用的变量。如果存在错误,则小方块会变成红色;如果存在警告,则小方块会变成橙色。

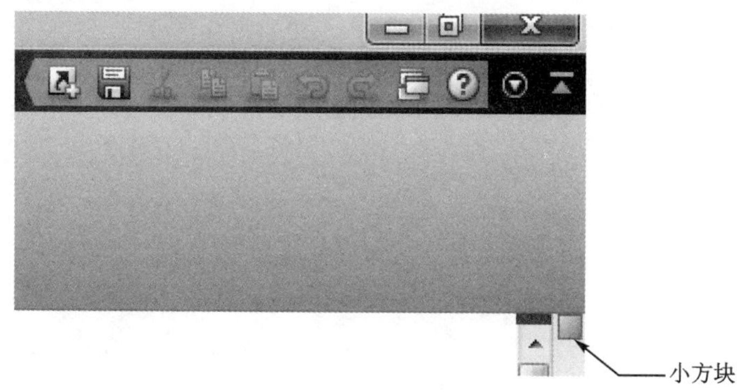

图 3.1.1　编辑窗口右侧的小方块

当存在错误或警告时,小方块下方会出现与代码行数对应的红色或橙色的小横杠。单击小横杠,可以找到对应检查有问题的代码行数及简要说明。单击 Details 按钮将有详细说明,如图 3.1.2 所示。

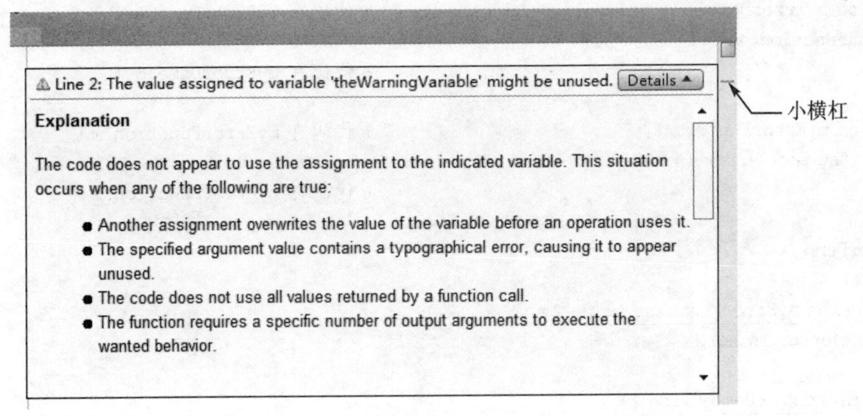

图 3.1.2　编辑窗口右侧错误、警告提示

若代码中存在不符合标准的变量，通常也会被标记为非背景色，或者变量下面也会被标记为红色、橙色波浪线，如图 3.1.3 所示。当然这些设定在 MATLAB 是可以按照个人喜好进行修改的。

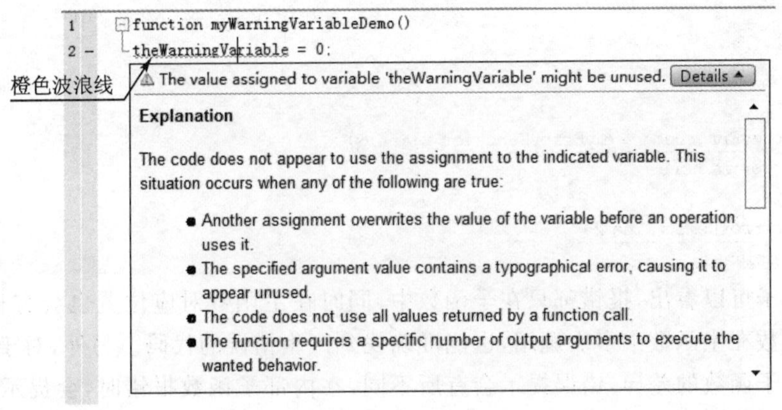

图 3.1.3　编辑窗口内错误、警告提示

当发现了这类错误的真正原因，再做修改往往是很简单的。但不少初学者可能会出现下面两种情况：

(1) 对 MATLAB 的英文报错提示有着天然的抵触情绪；

(2) 看到错误的复杂心理，或者是看到红色的大段的错误会手足无措。

事实上，MATLAB 的英文报错提示，绝大部分都是很容易弄清楚它想表达的意思，如果实在对英语有困难，那么上网搜索和翻译查询也不是难事。面对大段的错误，要从源头一步一步往下深入，耐心寻找问题根源，但不必深入到具体的 MATLAB 的内置函数里面。

显示在命令窗口顶层的错误是深层函数提示的错误，命令窗口底层的错误是表层函数的提示错误。其中可以看到每个错误都有一个文件错误行数的提示，点击这个错误的行数可以链接到对应的错误代码位置，再通过代码调试，逐步在程序中跟踪，错误其实也不难发现。

【例 3.1.1】　根据关联报错提示，查找根本原因。

```
function myErrorDemo()                          % 代码在 myErrorDemo.m 中
myErrorFunction();
end                                             % 代码在 myErrorDemo.m 中

function myErrorFunction()                      % 代码在 myErrorFunction.m 中
error('The fact error is here.');
end                                             % 代码在 myErrorFunction.m 中

myErrorDemo

Error using myErrorFunction (line 2)
The fact error is here.

Error in myErrorDemo (line 2)
myErrorFunction();
function myErrorDemo()                          % 代码在 myErrorDemo.m 中
myErrorFunction();
end

function myErrorFunction()
error('The fact error is here.');
end                                             % 代码在 myErrorDemo.m 中

myErrorDemo

Error using myErrorDemo > myErrorFunction (line 6)
The fact error is here.

Error in myErrorDemo (line 2)
myErrorFunction();
```

从上述例子可以看出，报错都只在子函数中，同时在主函数对应位置也会有相应提醒，这样既能使子函数在主函数中多次调用，也能准确找到产生错误的代码。另外，对于错误在内部子函数和外部子函数的差异，错误提示会有所不同：在内部子函数报错时，会提示错误发生的 m 文件名称，也就是错误提示中“>”前面部分。与此同时，也会给出对应错误代码行数，更易于查找错误代码。因此，推荐在一行代码中只做一到两件事，这样当发生错误时，通过简单判断就能够清楚知道错误是因为什么操作而产生的。

经过以上简单的代码分析后，在确保语法无误的前提下，可以编译运行。可能检查仍然有不彻底的地方，在运行之后也能检查到出现问题的地方。但简单的错误在运行时再去发现问题，增加了检查其他运行时才会出现的问题的时间。

特别是程序开始运行之后，经过长时间的执行过程，才发现错误仅仅是拼写或者其他的简单错误。时间往往就是这样被浪费掉的，在程序的有效运行时间内，没有检查到其他更不易发现的问题。所以最好在程序运行前仔细检查，减少运行时不必要的问题检查。

3.2 代码调试

之前所说的代码分析属于静态分析而这里提到的调试属于动态分析。代码调试也是任何一种语言的编译工具，是必不可少的一部分。与 C++不同的是，MATLAB 的代码没有 debug和 release 的区分。

代码调试就是在代码中人为地增加执行断点，当使代码执行到断点对应的代码时，自动暂停向下运行，并将内存中的变量，通过交互的方式在屏幕上显示给用户。工作空间作为一个临时变量池，其中实时存储着当前存在的变量，包含其变量名称、变量类型、变量大小以及变量结构。

在代码调试状态下，光标移动到相应的变量名上时，会实时显示变量名称和变量大小。当变量的个数较小时，该变量的一些具体值会显示在屏幕上。通常在 MATLAB 中这个值被设置为 500。某些个数超过 500 的一维矩阵变量，变量的值也能显示在屏幕上。所有的变量都被存储在工作空间中，点击变量，通过表格的形式也能查看变量某一个部分的值。

代码调试的这个过程，能够直接进入查看代码运行时的情况，每个值经过运算发生变化，都可以通过仔细检查发现其中的问题和漏洞。

3.2.1　调试方法

调试方法主要是通过断点和检查变量交替的方式进行。断点是作为代码执行的暂停标志，当代码运行到该行时，触发断点，执行过程会暂时中止。单击编辑窗口中代码左侧的黑色小横杠，就会出现普通断点。普通断点的标识为红色圆点，如图 3.2.1 所示。代码修改后，普通断点会变成灰色圆点，如图 3.2.2 所示，保存代码后，圆点又恢复成红色。

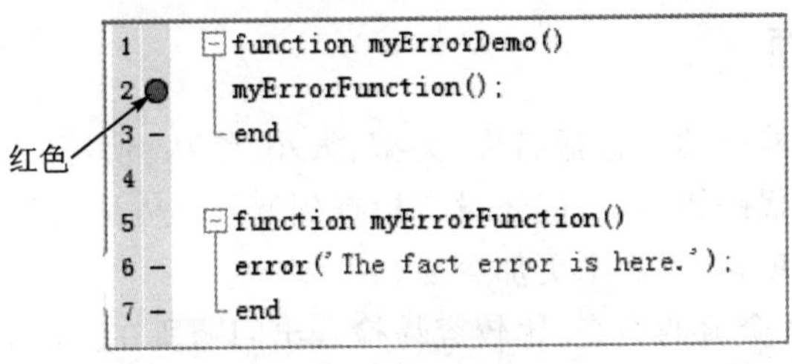

图 3.2.1　有效断点显示图

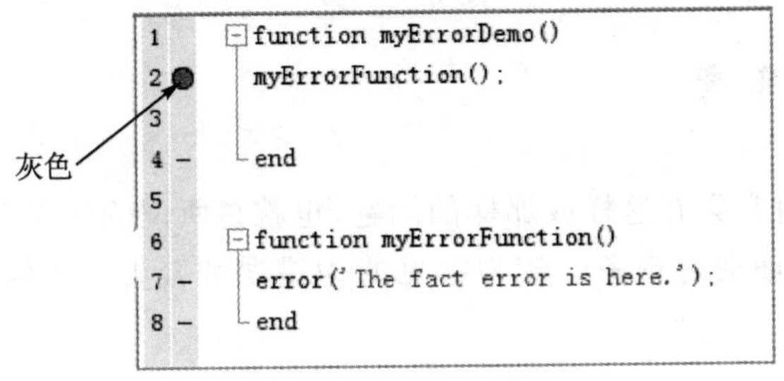

图 3.2.2　无效断点显示图

还存在一种特殊的条件断点。在运行循环的时候，变量的值会不断更新。有些错误并不会在循环初始时出现，而是在运行多次之后才暴露出来。这种情况下，就需要通过条件断点的方式进行调试。条件断点，是指在断点之前作一个条件判断，满足该条件的情况下，才触发断点。条件断点，在生成普通断点后，右击普通断点，出现快捷菜单，选择 Set/Modify Condition（设置为条件断点）菜单项（见图 3.2.3），会出现如图 3.2.4 所示对话框，可以在框中设置条件。

单击编辑界面上的运行按钮，或者按 F5 键，可执行当前代码。这种执行方式适用于没有输入变量的 m 文件（如脚本或者无输入变量的函数），或者输入变量在当前工作空间中已经对应设置完成。当输入变量并未对应设置时，可以在命令窗口手动修改函数执行命令中的参数，然后执行该函数。

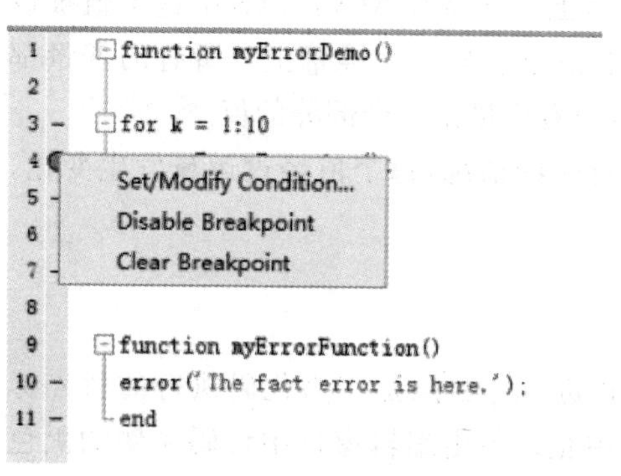

图 3.2.3　打开设置条件断点显示图

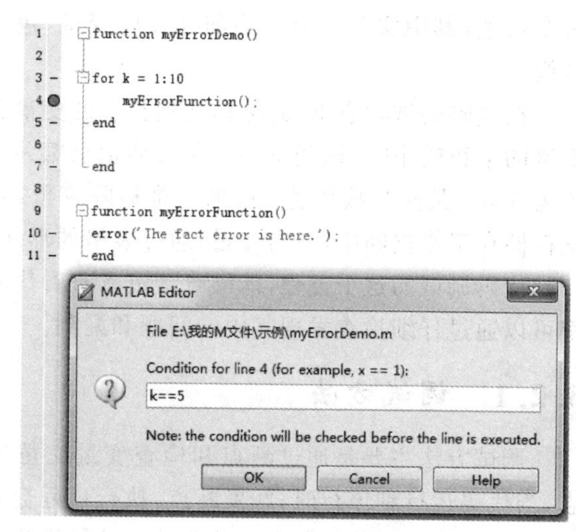

图 3.2.4　设置条件断点显示图

3.2.2　调试检查项

调试期间，变量需要检查的项包括名称、类型、大小、结构、值等。没有将值作为检查项排在第一位，是因为大多数代码错误，可能还没有检查到变量具体值的程度，就已经存在问题了。相比变量的值，其他检查项，检查起来更加容易。

小规模的变量通过逐个值的检查，比较容易检查出问题所在。而面对大规模的矩阵变量，除了逐个检查值以外，还可以通过显示图像的方式，寻找图像中的规律，进而分析变量可能出现的问题。

3.3　代码运行异常

代码运行过程中，时常会有这样或那样的问题，也就是所说的代码运行异常。代码运行异常一般包括错误、警告、崩溃等现象。较为常见的为错误和警告。通常崩溃可能接触得更少一些。

3.3.1　错　误

错误是在代码运行过程中，代码质量不高的情况下，发现无法向下正常运行的问题。

当MATLAB运行报错时，执行代码在命令窗口中存在红色错误提示。提示中显示了错误发生的代码位置，包含发生错误的函数名称、代码行数、错误说明等，同时还会发出错误的提示声。

MATLAB中提示的错误，一般都很容易理解，理解之后，修改起来会比较简单。切忌主观臆测发生的错误。错误可能只是简单的输入错误，也可能是复杂的逻辑错误，可能引起的错误并非是当前所在的代码，而是在此处才暴露出问题。因此错误需要在当前的代码环境中仔细推敲，找出真正原因，才是解决问题的最佳方法。

初学者容易犯的常见错误是拼写错误，将函数或者变量拼写错误。在 MATLAB 报错提示中，会采用符号“|”来指向名称可能拼写错误的具体位置。其次是操作矩阵数据时的错误，矩阵大小确定的情况下，修改矩阵的某些特定值，输入的修改值个数和矩阵中对应的位置个数不相等，诸如此类的简单错误，时常都会发生。比较难以发现的错误，如应该输入变量为 x、y，实际输入为 y、x，尤其是在索引计算时，容易将行(row)、列(col)与 x、y 混淆。

3.3.2 警 告

警告是相比错误低一个等级的问题。不修改警告，程序可以正常向下执行，但可能存在一些内部隐患。通常情况下，忽略警告不会引发太大问题，但需要明确当前警告所指向的问题。常见的警告，比如矩阵求逆过程中，因为奇异矩阵，可能会引发相应的程序警告，还有显示图像过程中，由于图像过大，MATLAB 提示的警告。警告相对于错误而言是低一个级别的问题，可以暂时忽略，但需要注意每个警告产生的原因，并了解当警告触发后，后续程序可能发生的问题。

3.3.3 崩 溃

崩溃通常发生在程序出现了内存泄漏问题。当发生程序崩溃时，MATLAB 会显示一个程序崩溃的对话框，点击该对话框后，MATLAB 会中止执行。这种内存问题往往发生在文件级别的计算，比如在打开一个图像文件后，重复关闭这个图像文件的指针等。

但很多时候明明知道程序发生了崩溃，存在内存泄漏的问题，查找崩溃的方式却非常难以确定。通常运行时，代码不会像发生错误和警告一样产生足够有效的提示信息，因此需要采用特殊的方式对问题进行排查。这里提供一种还不错的查找崩溃的方式，也就是普遍适用性较强的代码错误二分查找的方式。任何程序在不知道问题所在的情况下，都可以通过代码错误二分查找的方式进行搜索。

代码错误二分查找就是在代码起始和终止行的内部插入一些不同的提示代码。插入的位置通常位于代码的二等分处、四等分处、八等份处等。如果需要更准确的代码行，可以再往下细分。因为不同的提示，运行发生崩溃时，会提示显示代码执行情况，可以逻辑判断出错误发生的两个显示中间的部分。如果仍然无法确定问题所在，则可以通过更加细分的方式进行新的代码错误二分查找，直至细分到程序中出错引起 MATLAB 崩溃的代码。

3.4 代码纠错

静态的代码分析和动态的代码调试，都是为了发现代码中可能存在的语法或者逻辑问题。而代码纠错是将这些代码问题逐一找出，并合理修复。

代码纠错分为两步：第一步是通过错误提示找出引起错误的代码和原因；第二步是正确修改错误代码。被错误提示的代码，不一定是引起错误的代码，也可能是在执行此处代码之前，相关的变量出现了不合理值的情况。如果上一步生成的不合理变量值的代码在确认后也没有问题，则可以继续以这种顺藤摸瓜的方式逐步向上排查，是一定能够找出问题的真正原因的。举一个简单的例子，打开文件时，使用的函数没有问题，但如果需要打开的文件不存在，那么此时打开文件的语句会报错。引起错误的原因并不是使用打开文件函数的问题。

修改错误则相对简单一些，找出根源，才好"因病施诊""对症下药"。修改错误的时候，切忌在没找到原因的前提下武断猜测。引发错误必定是有原因的，靠碰运气、连蒙带猜的方式臆测原因，是不可取的。通过科学的方式，观察、分析和验证错误问题，找到错误原因，才是解决问题的根本。修改错误也没有特定的方法，需要考虑同一类型问题发生的其他可能。针对问题，不能仅仅考虑出问题时的特殊情况，要以更抽象、更广泛的方式处理，才能起到"药到病除"的效果。

3.5 代码优化

当代码再运行时，没有再发生错误。问题并未到此结束，或许我们仍然会面临着其他问题的困扰，譬如程序的执行时间。问题总是会有的，需要一个一个积极面对和解决。

有很多对 MATLAB 诟病的人，往往指出最重要的一点，就是 MATLAB 的执行效率。诚然，按照他们的数据和代码，执行时间漫长无比，执行效率也十分低。这些似乎有理有据，令人信服，但反过来思考，倘若能找出一种方法，在实现相同功能的前提下，执行效率得到非常大的改善，那么对 MATLAB 的指责也就不攻自破了。

如何改善代码质量，提高代码效率呢？代码优化这一步必不可少。一些将 MATLAB 用于科研方面的读者，可能认为只要能正确实现功能，就已经达到目的，觉得没有大费周章地对代码做进一步优化的必要。但从工程师的角度，如果代码是需要被重复修改、调试很多遍，那么时间的损耗将不得不作为一个新的问题，纳入考虑的范畴。就像在还没有对数表的时候，很多的天文学家将时间耗费在了对数计算上面。与此类似，如果不做代码优化，那么程序员可能将大部分时间耗费在了程序调试和运行上面。从这个意义上说，代码优化是非常必要的。

简单计算函数时间的基本函数有 tic 和 toc，两者成对出现。函数在这两个函数之间执行，最终 toc 返回的时间为函数执行的时间。在新版本中，还提供了函数 timeit。该函数是通过调用执行函数的函数句柄、设置重复测试次数、计算多次重复试验后的平均时长。

与此同时，MATLAB 提供了一个很好的优化工具——profiler。在旧版本中，选择 MATLAB主界面中的 profiler 菜单项，可以进入程序优化界面 profiler；在新版本里，选择主界面中的 Run and Time 菜单项，或者选择编辑界面中的 Run and Time 菜单项，可以进入程序优化界面 profiler；在弹出的对话框的输入栏，输入执行程序命令，并执行该命令。当执行完成后，对话框中将出现提示该程序执行的具体信息，包含程序总时间、各函数调用次数、各函数执行时间，并依据执行时间长短用不同深浅的红色标注。红色最深的代码行，执行时间最长。此外，profiler 不仅可以统计时间，还可以统计内存消耗。当需要统计内存消耗时，将默认设置关闭的内存统计打开，可以使用如下命令：

```
profile('-memory','on')
```

我们需要找出的是，在非内置函数中执行效率较低的代码，再考虑修改。通常，需要修改的是运行时间长、执行次数多的函数，通过减少执行次数来降低程序执行时间，提高程序执行效率。但是，从数学意义上说，同一个问题的计算量是一定的，如果减少了执行次数，那么势必会增加每次处理的数据量。照此道理在时间上是不会有节省的，但是 MATLAB 奇妙的地方正在此处。在 MATLAB 中，矩阵运算存在两种处理方式。一种是以矩阵中的元素作为处理单元，对矩阵中的各个元素进行循环处理；另外一种是以矩阵作为处理单元，对矩阵进行整体处理。两者的结果相同，第一种方式更为直观，更容易理解，但第二种方式通常效率更高，代码也更加简洁。同时这种将矩阵作为处理单元，也是 M 语言区别于其他语言的一种特性。

除了利用优化工具，通过查看消耗时间最多的代码，达到代码优化的目的外，还可以尝试其他实现同样功能的不同代码写法，利用时间统计函数，比较相同功能不同实现代码的执行时间，就可以积累代码优化的经验。随着经验的积少成多，写代码的时候，就能自然而然地避免走入基本用法的效率陷阱。同样地，多读别人的 MATLAB 代码，从中可以学到不同的实现思路，慢慢分辨出哪些代码用得好，哪些还可以有优化的余地。“他山之石，可以攻玉”，借鉴别人写得好的地方，改进自身代码的不足，也能摸索出属于自己的一套 MATLAB 优化方法。

再举一个例子，已知一个随机矩阵，要求矩阵中的每一项都增加 1。

方法 1 首先，生成一个矩阵 A，代码如下：

```
A = rand(1000);
```

然后将矩阵 A 中各元素增加 1，代码如下：

```
tic;
for k = 1:numel(A)
    A(k) = A(k) + 1;
end
toc;
```

其中，numel(A)是计算 A 中元素的个数；tic 和 toc 是 MATLAB 用于计时的函数，tic 用于计算初始时刻，toc 用于计算结束时刻，并显示初始和结束时刻之差。

方法 2 代码如下：

```
tic;
A = A + 1;
toc;
```

显然，方法 2 效果更好。

如果上例中有需要判断条件的要求，即满足条件的才进行值的修改操作，MATLAB 倾向通过索引，简化条件判断和简单循环的方法。通常，在 C++ 中，对数组各个值判断是否满足条件(如大于 0 这种简单条件时，数组值加 1)，做法是将数组中的元素逐个进行检查和判断。但如果在 MATLAB 中也这么做，效率就很低。MATLAB 通过索引的方式，可简化和优化这种需要循环简单判断的问题。从代码上看，就是将代码：

```
for k = 1:numel(A)
if A(k) > 0
   A(k) = A(k) + 1;
end
end
```

转变为

```
logicalIndex = A > 0;
A(logicalIndex) = A(logicalIndex) + 1;
```

再进一步简化为

```
A(A>0) = A(A > 0) + 1;
```

这就是 MATLAB 通过索引简化重复、简单判断赋值修改的问题。当然，对于非多个简单叠加判断或者修改的问题，可能还是要借助 for 语句来完成。这里只是多记录了对应矩阵 A 中满足条件的逻辑索引 logicalIndex，也可以采用线性索引进行处理。

第二种方式是 MATLAB 所特有的一种计算方式，这样就能把矩阵操作简化，达到相同的效果。从简便和效率两个方面，第二种方式与第一种方式相比，都已胜出。这是一个很简单，也很基本的例子。不可小看这类例子在时间上的细微差异,当多次重复运行之后,效率会显而易见。

对于内存可承受范围内的简单循环计算,也可以通过简化的方式达到高效的目的,整体的思路还是采用空间换时间的方式。

这个例子是与简化循环相关的一个重要例子。在循环中,通常循环是这样进行变化的,比如代码=1,2,3,…,100,如果将其简化为执行一次,可以将每个独立的循环看作一个整体,在算法允许的情况下,代码可以这样写:

```
k = 1:100;
```

那么此时k不再是一个单独的值,而是作为一个整体矩阵,一并进入与k相关的计算中。需要注意的是,k的计算方式必须具备较强的统一性,即不存在复杂的特殊处理方式时,这种整体计算的思想适用于代码优化的过程。

二重或者多重循环的情况,从整体考虑,就是多个变量的所有全排列。普通情况是,将全排列依次进行选取,每次选一组(x,y)值,如二重循环第一组值就是(1,1),如果先按x循环,则第二组值是(2,1),以此类推。但是如果从整体考虑,可以认为有两个矩阵,一个存放x,一个存放y,如下所示:

```
xMax = 3;
yMax = 2;
[x,y] = meshgrid(1:xMax, 1:yMax)
x =
     1     2     3
     1     2     3
y =
     1     1     1
     2     2     2
```

当再对x、y进行整体运算时,完全可以通过MATLAB矩阵计算的优势往下进行,利用函数meshgrid生成类似表述的行列。此时生成的是多个变量的二维或多维的排列矩阵。需要注意这样处理的前提,和一维的情况类似,需要算法具备较强的统一处理特性。同时,用到函数meshgrid的时候,特别要留意输入/输出变量的意义,不要将x、y与行、列混淆。在维度上的多次重复,可以通过这种方式优化成更简单、高效的代码。还要注意,不要“因噎废食”,虽然for语句在一些情况下可以简化后提升效率,但并非所有情况都可以提升。这样就需要在效率对比中,掌握其中的诀窍,锻炼出“火眼金睛”,不能把for语句“妖魔化”,遇到for语句就想要优化。

除此之外,合理地预分配内存也能节省空间。当一个矩阵变量经过一些操作只是生成它的一部分的时候,一定要在操作它之前声明这个矩阵变量,如a=zeros(100)这样的方式进行声明。这样可以有效地提高程序为该变量开辟内存空间的效率。如果不声明该变量的大小,那么每次内存都为该变量重新开辟内存空间,从而降低代码效率。反之,如果变量是一次性整体计算出来的,则不用事先声明。

很多MATLAB的内置函数效率都比较高,就同一个功能而言,通常会比我们自己写的效率高。尽量先通过MATLAB的帮助系统,查找到需要的函数,这样程序的效率会事半功倍。MATLAB中有很多较少人知道的函数,需要去“勘探”和“挖掘”。表3.5.1列出了一些可能会用到的一些高效函数。

表 3.5.1 高效函数用法

函 数	用 法
bsxfun	使用单方向扩展方式，将元素的二进制操作应用到两个数组中。比如 4×2 的矩阵可以由 4×1 的矩阵扩展，也可以由 1×2 的矩阵扩展，也可以由 1×1 的矩阵扩展，但不能由 2×1 的矩阵扩展
cellfun	处理元胞数组的整体运算
structfun	处理结构体的整体运算
arrayfun	处理数组的整体运算
spfun	处理稀疏矩阵的非零元素的整体运算
accumarray	处理矩阵累计的整体运算

事实上，MATLAB 的这种化繁为简、由细到粗的方式，正是利用循环中简单而重复的计算特性。由单值数据多次重复计算，转变为多值数据的少次甚至一次计算，也就是常说的 MATLAB 代码的向量化。

以上的代码优化，只是重点谈到了代码执行效率的优化，也是一些 MATLAB 使用者比较苦恼和关心的。可是代码优化也不仅仅包含代码的执行效率，还有很多的方面需要下工夫。在代码算法正确的前提下，代码的执行效率更多的是从使用者的角度考虑，当然开发者也能从代码执行效率上获益。

单从开发者的角度考虑，其实一个完整的代码背后需要注意的还有很多。比如某些参数需要修改，部分需求发生变化等问题。原始代码在一个明白语法但不了解整套代码的人手里，是否能在最短的时间内做出最正确的修改，就成为了评价代码质量的关键。

从这个角度来看，代码质量：

(1) 需要稳定的健壮性，来应对不同的输入数据，尤其是在输入数据存在问题时，要能及时定位问题，而不是简单地报错返回；

(2) 需要准确的抽象性，来满足某部分细节发生变化时，尽量少地修改原始代码部分；

(3) 需要合理的重用性，来定义完整全面的接口设计，降低代码内部无意义的重复，使程序层次结构更加清晰简明；

(4) 需要可预见的扩展性，来支撑将来较长时间内可能发生的修改和变更；

(5) 需要良好的可读性，来注明代码结构和部分需要特别说明的代码意义，即使在代码交付给具备基本编程素质的其他程序员阅读，也能对代码结构和实现了如指掌，如臂使指。

以上可能还有一些未列举的情况，至少代码优化需要从这些方面多维度考虑，来达到更高的代码质量水准。若代码质量具备了这些基本要求，相当于做足了未雨绸缪的工作，即使面临变动和修改，也不再是一件难以处理的问题。

3.6 代码心得

本节是笔者这几年对 MATLAB 代码的一些积累体会，抛砖引玉，以供参考。

写代码之前，一定要对算法有足够深入的了解。代码可以理解为对算法的一种具体而抽象的描述。之所以说它具体，是因为要对算法的步骤和思路，完全熟悉和掌握。说它抽象，是因为对数据、参数需要一定高度的概括，以便适用于不同情形。倘若对算法一知半解，从代码的表现上看，也必然是欠缺个人理解，难以达到算法的功效。写完之后再去调试，如果达不到算法的预期效果，那么只会加深对代码的疑问。

写代码时，还有两种方式。第一种是合并的方式，就是把算法中需要用的大大小小的函数一一罗列出来，逐一设计好接口，逐一实现其功能，最后将所有函数按照算法的过程组合为一个整体。第二种是拆分的方式，就是把算法中主要的脉络和思路用若干函数先写出来(这些函数不需要写具体的实现，只需写清楚各个函数的输入/输出)，然后将各个函数作为新的主线，以相同的思路，逐层级向下展开。当定义好这些函数接口后，有可能会发生部分函数作用类似，然后合并为一个新的函数。最后按照算法，利用输入/输出变量，实现各个函数的内部功能。

第一种合并的方式，由细到粗，由下到上；第二种拆分的方式，由粗到细，由上到下。笔者更推荐第二种方式写代码。原因是第二种方式能让开发者更加明确函数功能，而不是被函数具体实现束缚算法整体思路。当算法整体思路逐渐浮出水面时，再往下进行函数细节的实现。这种方式逐层剥离了上层算法核心和底层具体实现的关系，每一层只关注该层内部的算法思路即可，底层的具体细节到最后再补充完整。

“一个好汉三个帮，一个篱笆三个桩。”好的代码离不开好的单元测试。单元测试，就是按代码中函数的接口，对函数的输入参数进行不同的参数试验，以检查的方式发现代码可能存在的漏洞和问题。不仅代码中主函数需要单元测试，代码中其他一些关键的子函数也需要单元测试。经过完备的单元测试，漏洞会在代码使用之前进一步减少。通常单元测试也是以代码的方式进行，辅助开发部分代码。单元测试应该足够全面和具体，尽量多地覆盖开发代码中的各个分支和细节。与此同时，代码工作量也会加大。一般是对主函数和关键逻辑部分进行单元测试，以保证算法实现的可靠和有效。

3.7 本章小结

本章通过对MATLAB代码的调试和优化，介绍了MATLAB的代码分析及其工具，MATLAB调试方法及调试检查项，MATLAB中代码运行异常情况以及处理方式，代码纠错的问题以及修改方法，着重讲述了代码优化的过程和经验，以及代码写法上的一些体会。

第4章 MATLAB可视化

在 MATLAB 调试过程中，时常需要分析数据，仅仅从数据值上看，并不能很好地显示数据之间的内在关联特征。如果将这些数据通过图案、图形的方式显示出来，则能更为直观地表达数据之间的内在规律。图形、图案的显示在 MATLAB 中即为可视化的内容。

4.1 二维图形可视化

二维图形可视化，包含点、线、面的显示。通常点、线的方式都可以通过 plot 函数进行显示表达。

函数 plot 是 MATLAB 中绘制二维图形最常用的一个函数。该函数能够将一组点绘制在相应的坐标平面上，还可以通过特殊属性设置，显示成需要的点、线图形。通过 help 命令查看，该函数的用法如下：

```
plot(Y)
plot(X1,Y1,...,Xn,Yn)
plot(...,'PropertyName','PropertyValue',...)
```

第一种调用方式，Y 表示一个 m×n 的数值矩阵，显示的点将以矩阵列的方式为一组，每组的点采用同一种颜色表示，且绘制的线型为直线，即两两点之间通过直线的方式连接。不同组的颜色，采用由蓝到红的一种颜色过渡。

第二种调用方式，X1，Y1，…，Xn，Yn 表示显示在坐标平面上点的 X、Y 坐标，线型和颜色由 MATLAB 默认设置。

第三种调用方式，更复杂，但同时也更灵活。

在 X，Y 输出之后，下一个参数表示颜色和线型，颜色对应几种特殊颜色，线型对应几种特殊点类型（如“.”）和线类型（如“－”）。

颜色包含了默认的蓝色“b”、绿色“g”、红色“r”、青色“c”、品红“m”、黄色“y”、黑色“k”（可能是为了和蓝色区分开）、白色“w”。

线型通常使用较多的是“.”和“－”，前者表示在指定的坐标平面中画点，后者表示画线。默认线型为实线“－”。

点类型包含圆点“.”、圆圈“o”、叉号“x”、加号“＋”、星号“＊”、方形“s”、菱形“d”、向上三角“^”、向下三角“v”、向左三角“<”、向右三角“>”、五角星“p”、六角星“h”等。

线类型包含实线“－”、点线“:”、点划线“－.”、虚线“－－”等。

“PropertyName”表示属性名，“PropertyVlaue”表示属性值。属性名可以对应的属性标签有 LineWidth、MarkerEdgeColor、MarkerFaceColor、MarkerSize 等。不同的属性对应不同的属性值。颜色值可以用颜色属性关键字，也可以自行设置一个 1×3 的矩阵，用来表示 RGB 值，此时 RGB 的取值范围为[0,1]。

事实上，画线还可以采用 line 函数表示，用法与 plot 函数稍有区别，大体类似。

控制图像的坐标系统也有一套对应的命令设置，如表 4.1.1 所列。

表 4.1.1　坐标相关的基本函数表

命　令	说　明
axis([xmin xmax ymin ymax]) axis([xmin xmax ymin ymaxzmin zmax])	设置坐标轴的范围，包括 x、y、z 坐标
v=axis	返回包含当前坐标范围的一个行向量
axis auto	坐标轴的刻度恢复为默认设置
axis manual	冻结坐标轴刻度，如果此时设置为 hold on 属性，那么后面图形的坐标轴刻度范围与前者相同
axis tight	将数据的范围设定为被绘制的显示范围
axis fill	使坐标充满整个绘图区域，该选项只能在 PlotBoxAspectRatio或 Data AspectRatioMode 被设置为 manual 模式时才可以使用
axis ij	将坐标轴设置为矩阵坐标模式，水平坐标从左向右取值，垂直坐标轴从上到下取值
axis xy	将坐标轴设置为笛卡儿坐标模式，水平坐标轴从左向右取值，垂直坐标轴从下到上取值
axis equal	设置屏幕的宽高比，使每个坐标轴具有均匀的刻度间隔
axis image	设置坐标轴的范围，使其与被显示的图形相适应
axis square	将坐标轴设置为正方形
axis normal	将当前的坐标轴框恢复为全尺寸，并将单位刻度的所有限制取消
axis vis3d	固定屏幕的宽高比，是一个三维对象旋转时不会改变坐标轴的刻度显示
axis on	打开所有坐标轴的标签、刻度和背景
axis off	关闭所有坐标轴的标签、刻度和背景
xlabel	设置 x 轴的名称
ylabel	设置 y 轴的名称
title	设置整幅图的名称
grid on	按照坐标轴显示图中的坐标格网
grid off	按照坐标轴消除图中的坐标格网

除了一般的显示操作以外，使用叠加显示的情形也十分多见。所谓叠加显示，就是在一个图已经显示了部分图形的基础上，还需要在该图中额外显示其他图形，并且又不会抹去此前生成的图形。此时需要采用命令 hold on。

hold on 命令将保留图像中的原图像，还可以在此图像上增加新的绘制部分。当再次使用命令 plot 绘图时，原来的图形和坐标信息不会被删除，新的图形将添加在原来的图形之上，并将两个图形的坐标系统合并为同一套坐标系统，例如图形超出当前绘制的坐标范围，坐标轴将重新绘制。与此同时，需要关闭当前图形窗口中的图形释放，绘制新的图形时，采用 hold off

命令。当需要重新生成一幅图时,可以采用命令 figure(生成的是一幅空的图)。在空的图中可以绘制新的元素。以下将列举 MATLAB 帮助文档中关于函数 plot 的一些示例。

【例 4.1.1】 利用函数 plot 绘制[0,2π]区间内的正弦函数图形。

```
x = 0:pi/100:2 * pi;   % 自变量取值范围[0,2π],间隔 π/100
y = sin(x);                                   % 函数 y = sin(x)
figure % opens new figure window              % 打开图窗口
plot(x,y)                                     % 绘制正弦函数(见图 4.1.1)
```

【例 4.1.2】 利用函数 plot 绘制圆心为[4,3]、半径为 2 的圆。

```
r = 2;
xc = 4;
yc = 3;

theta = linspace(0,2 * pi);
x = r * cos(theta) + xc;
y = r * sin(theta) + yc;
plot(x,y)                    % 绘制圆(见图 4.1.2)
axis equal
```

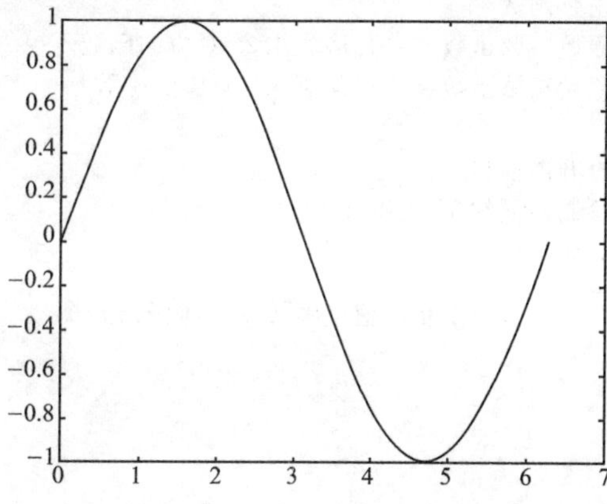

图 4.1.1　在[0,2π]范围内的函数 y=sin(x)

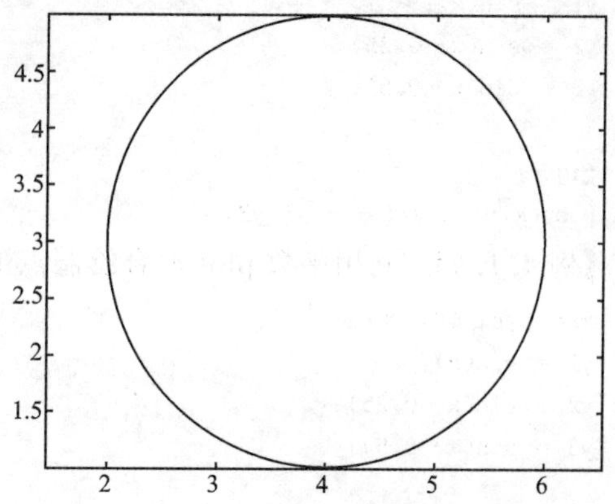

图 4.1.2　圆心为[4,3]、半径为 2 的圆

【例 4.1.3】 利用函数 plot 绘制[−2π,2π]区间内的正弦函数、余弦函数图形。

```
x = linspace( - 2 * pi,2 * pi);          % 自变量取值范围[ - 2π,2π],默认等分 100 份
y1 = sin(x);                             % 正弦函数
y2 = cos(x);                             % 余弦函数

figure                                   % 打开图窗口
plot(x,y1,'.',x,y2,'r - ')               % 绘制正弦、余弦函数(见图 4.1.3)
```

【例 4.1.4】 利用函数 plot 矩阵输入绘制多条折线。

```
Y = magic(4)                    % 生成四阶魔方矩阵
Y =
    16     2     3    13
     5    11    10     8
     9     7     6    12
     4    14    15     1

figure                          % 打开图窗口
plot(Y)                         % 绘制矩阵对应的折线(见图 4.1.4)
```

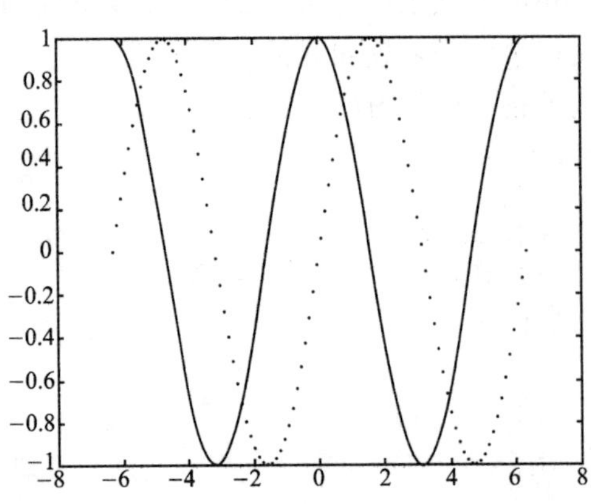

图 4.1.3　在[−2π,2π]范围内的正弦、余弦函数

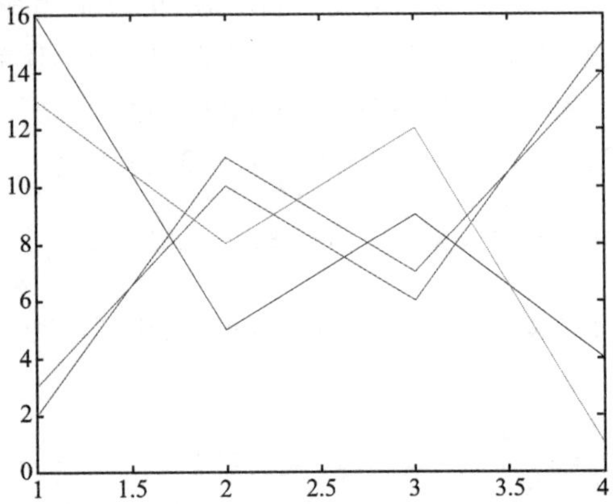

图 4.1.4　函数 plot 矩阵输入绘制多条折线

【例 4.1.5】　利用函数 plot 绘制多种线型。

```
x = 0:pi/100:2 * pi;                    % 自变量取值范围[0,2π],间隔 π/100
y1 = sin(x);                            % 正弦函数
y2 = sin(x - 0.25);                     % 原始正弦函数 x 向右移动 0.25 对应的函数
y3 = sin(x - 0.5);                      % 原始正弦函数 x 向右移动 0.5 对应的函数

figure                                  % 打开图窗口
plot(x,y1,x,y2,'--',x,y3,':')           % 绘制不同线型(见图 4.1.5)
```

【例 4.1.6】　利用函数 plot 混合绘制点型、线型。

```
x = 0:pi/10:2 * pi;                     % 自变量取值范围[0,2π],间隔 π/10
y1 = sin(x);
y2 = sin(x - 0.25);
y3 = sin(x - 0.5);

figure                                  % 打开图窗口
plot(x,y1,'g',x,y2,'b--o',x,y3,'c * ')  % 绘制不同点型、线型(见图 4.1.6)
```

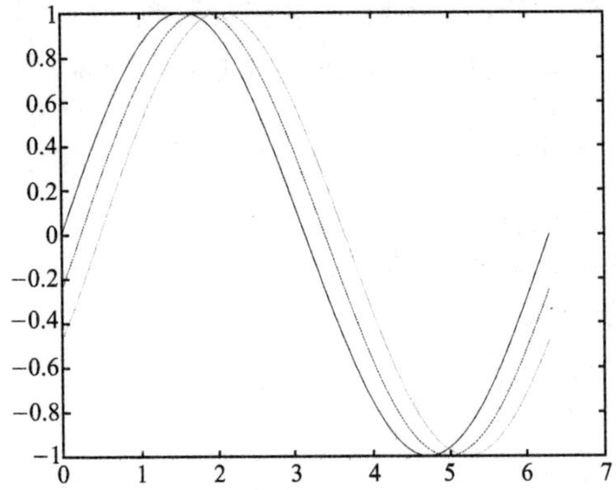

图 4.1.5　函数 plot 绘制多种线型

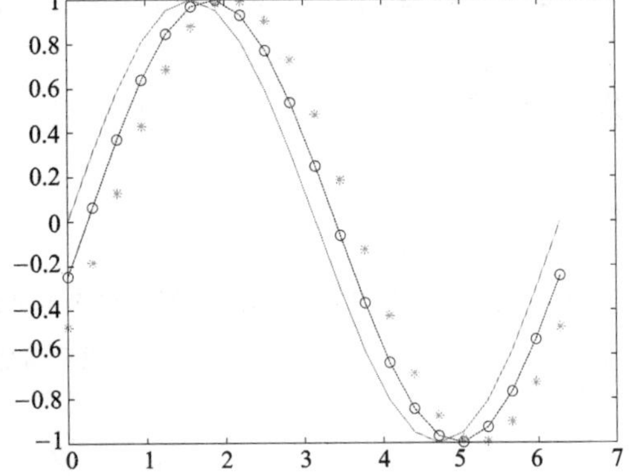

图 4.1.6　函数 plot 混合绘制点型、线型

【例 4.1.7】 利用函数 plot 绘制指定线宽、点标记大小、点标记颜色的图形。

```
x = -pi:pi/10:pi;
y = tan(sin(x)) - sin(tan(x));

figure
plot(x,y,'--gs',...
    'LineWidth',2,...
    'MarkerSize',10,...
    'MarkerEdgeColor','b',...
    'MarkerFaceColor',[0.5,0.5,0.5])              %绘制指定点、线属性的图形(见图 4.1.7)
```

【例 4.1.8】 利用函数 title、xlabel、ylabel 设置图形标题和坐标轴说明。

```
x = linspace(0,10,150);                 %自变量取值范围[0,10],等分 150 份
y = cos(5 * x);

figure
plot(x,y,'Color',[0,0.7,0.9])

title('2-D Line Plot')
xlabel('x')
ylabel('cos(5x)')                        %设置图形标题和坐标轴说明(见图 4.1.8)
```

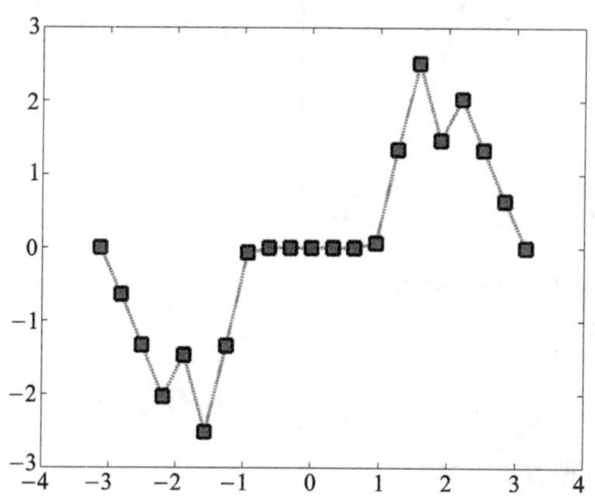

图 4.1.7　函数 plot 绘制指定点线属性的图形

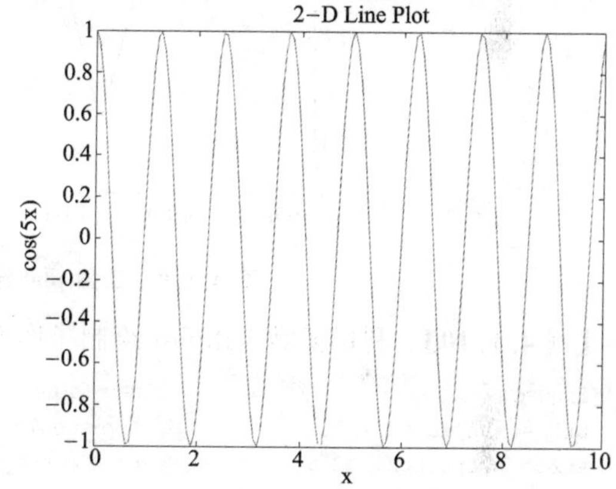

图 4.1.8　设置图形标题和坐标轴说明

【例 4.1.9】 利用函数 plot 绘制坐标标识为时间的图形。

```
t = 0:seconds(30):minutes(3);           %时间 0～3 min,间隔 30 s
y = rand(1,7);                          %随机数

plot(t,y,'DurationTickFormat','mm:ss')  %坐标按“分:秒”的格式显示(见图 4.1.9)
```

如果想在一幅图中包含若干个小图，在 MATLAB 中也是可行的，被称为子图显示。其中需要用到的函数为 subplot。函数 subplot 的用法如表 4.1.2 所列。

表 4.1.2　函数 subplot 的用法

语　法	用　法
subplot(m,n,p)	将图形窗口分为 m×n 个子窗口，在第 p 个子窗口中绘制图形，子图的编号顺序为从左到右，从上到下，p 为子图编号

续表 4.1.2

语　法	用　法
subplot(m,n,p,'replace')	绘制图形时,子图 p 中已经绘制过坐标系统,此时删除原坐标系,用新坐标系代替
subplot(m,n,p,'align')	对齐坐标轴
subplot(h)	句柄 h 对应的坐标轴变成当前坐标轴
subplot('position',[left bottom width height])	在指定位置创建新的子图,并将其设置为当前坐标轴,所设置的 4 个参数的取值范围均为(0,1),坐标原点在左下角点

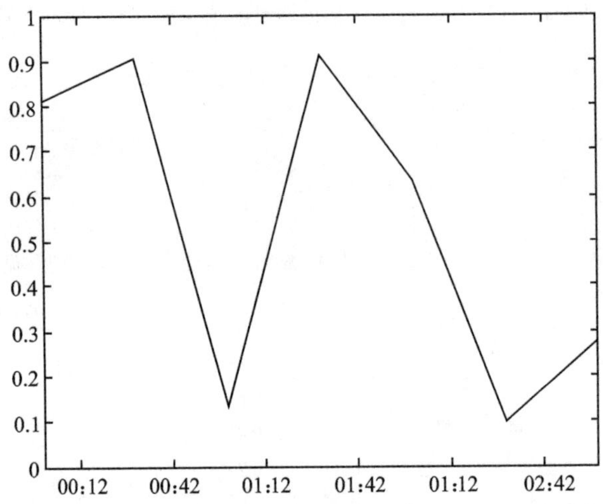

图 4.1.9　函数 plot 绘制坐标标识为时间

【例 4.1.10】　利用函数 subplot 绘制子图并显示。

```
figure                      % new figure
ax1 = subplot(2,1,1);       % top subplot
ax2 = subplot(2,1,2);       % bottom subplot(见图 4.1.10)
```

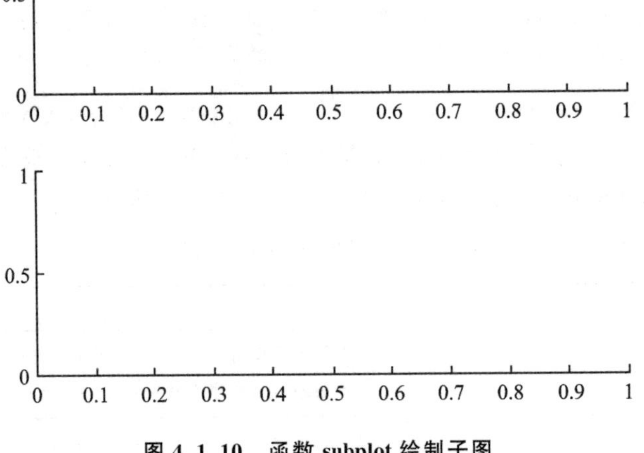

图 4.1.10　函数 subplot 绘制子图

```
x = linspace(0,3);
y1 = sin(5 * x);
y2 = sin(15 * x);

plot(ax1,x,y1)
title(ax1,'Top Subplot')
ylabel(ax1,'sin(5x)')

plot(ax2,x,y2)
title(ax2,'Bottom Subplot')
ylabel(ax2,'sin(15x)')                          %见图 4.1.11
```

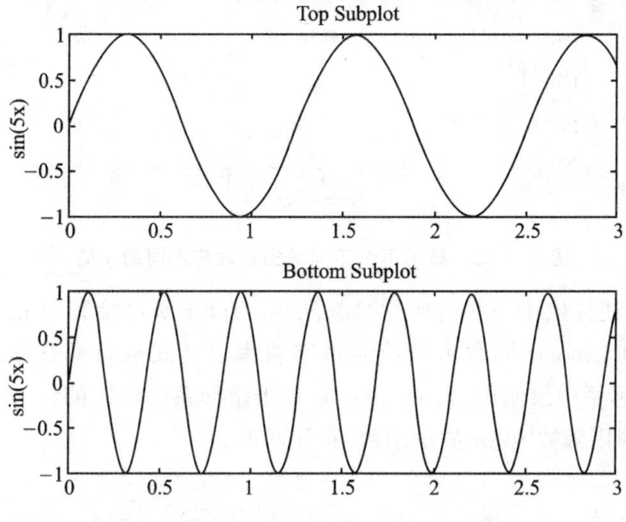

图 4.1.11 在各子图上绘制不同的图形

对于科学计算和分析中,需要将同一个自变量的两个不同量纲,或者不同数量级的函数曲线在一个图形中绘制出来,此时,就需要采用双纵坐标轴,MATLAB 中提供了 plotyy 函数。其用法与函数 plot 类似,如下:

```
plotyy(X1,Y1,X2,Y2)
plotyy(X1,Y1,X2,Y2,function)
plotyy(X1,Y1,X2,Y2,'function1','function2')
[AX,H1,H2] = plotyy(...)
```

其中,X1、Y1、X2、Y2 表示两组不同数据集的自变量和函数采样值;function、function1、function2 为绘制函数,只要其形式为 h = function(x,y)(h 为绘制句柄,x、y 为点坐标输入),就可以在此处采用该函数;AX 为坐标轴句柄;H1、H2 为两个数据集句柄。

【例 4.1.11】 利用函数 plotyy 绘制两个不同数据集,采用不同 y 轴显示。

```
x = 0:0.01:20;
y1 = 200 * exp( - 0.05 * x). * sin(x);
y2 = 0.8 * exp( - 0.5 * x). * sin(10 * x);

figure % new figure
[hAx,hLine1,hLine2] = plotyy(x,y1,x,y2);

title('Multiple Decay Rates')
```

```
xlabel('Time (\musec)')

ylabel(hAx(1),'Slow Decay')                % left y-axis
ylabel(hAx(2),'Fast Decay')                % right y-axis(见图 4.1.12)
```

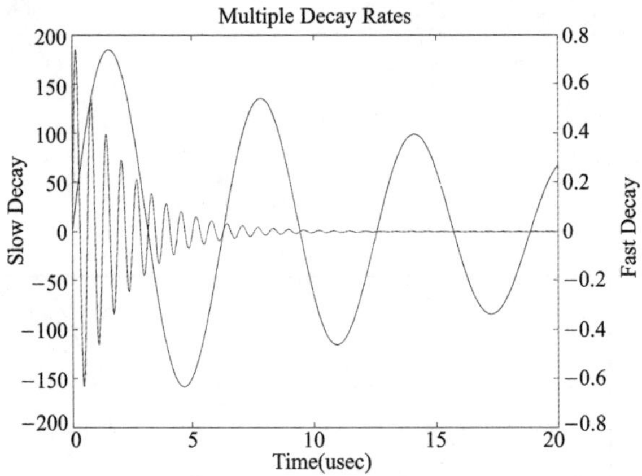

图 4.1.12 显示两个不同数据集对应不同的 y 值

在 MATLAB 中还提供了一些简便的绘制函数。fplot 函数绘制由 m 文件名或函数句柄定义的函数，ezplot 和 ezpolar 函数可以绘制由字符串表达式或符号数学对象定义的函数。ezplot是在笛卡儿坐标系中绘制的，而 ezpolar 是在极坐标系中绘制的。

【例 4.1.12】 利用函数 fplot 显示函数 tanh 图形。

```
fh = @tanh;
fplot(fh,[-2,2])                        % 见图 4.1.13
```

【例 4.1.13】 利用函数 fplot 显示函数 y=sin(1/x)图形。

```
sn = @(x) sin(1./x);
fplot(sn,[0.01,0.1])                    % 见图 4.1.14
```

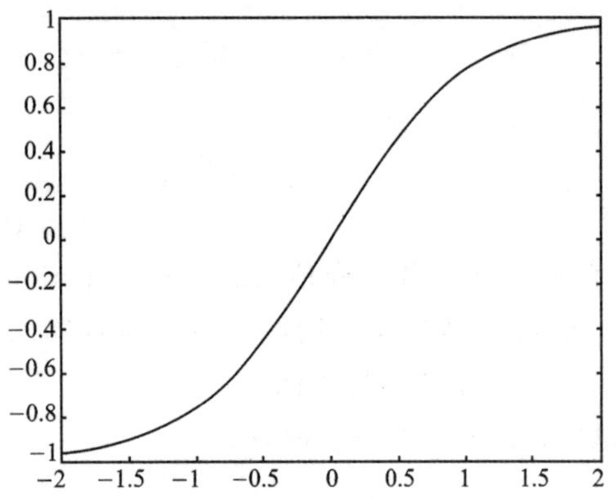

图 4.1.13 y=tanh(x)

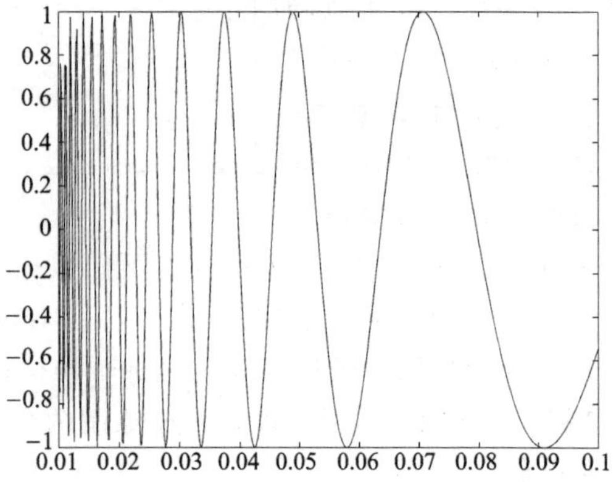

图 4.1.14 y=sin(1/x)

【例 4.1.14】 利用函数 fplot 显示函数 myfun 图形。

```
% 函数 myfun 记录在 myfun.m 文件中
function Y = myfun(x)
Y(:,1) = 200 * sin(x(:))./x(:);
Y(:,2) = x(:).^2;
```

```
%命令窗口中输入的命令
fh = @myfun;
fplot(fh,[-20 20])                          %见图 4.1.15
```

需要额外说明的是，当需要绘制线的数量不只一条时，除了采用 plot(x1,y1,…,xn,yn)或者 plot3(x1,y1,z1,…,xn,yn,zn)的方式外，还有一种特殊的表达方式，采用一个整体矩阵存储多条二维曲线或者三维曲线。将多条曲线坐标通过无效值 nan 连接起来，当再次显示时，可以达到一次输入显示多条曲线的目的。

【例 4.1.15】　利用函数 plot 一次显示多条线段。

```
n = 10;
x = rand(n,2);
y = rand(n,2);
x = cat(2,x,nan(n,1));
y = cat(2,y,nan(n,1));
x = reshape(x',[],1);
y = reshape(y',[],1);

plot(x,y);                                  %见图 4.1.16
```

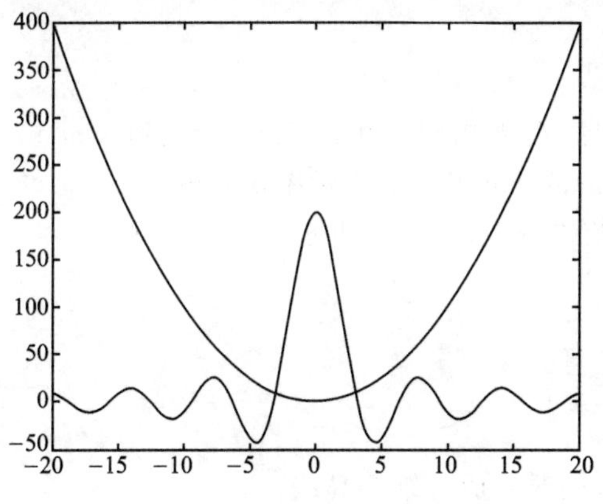

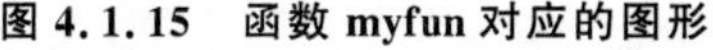

图 4.1.15　函数 myfun 对应的图形

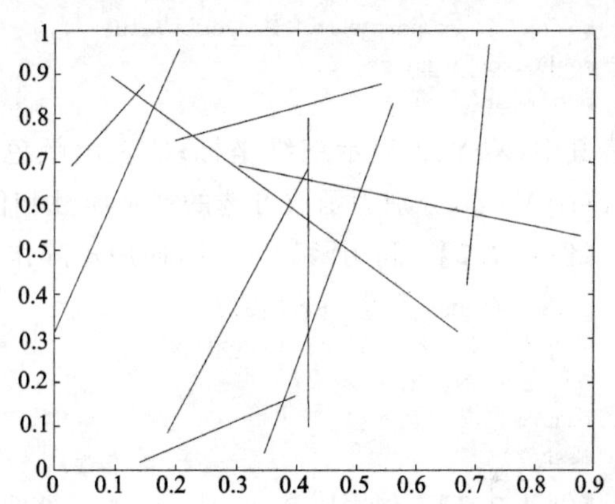

图 4.1.16　函数 plot 一次显示多条线段

4.2　三维图形可视化

MATLAB 中也提供了三维图形的绘制方式。三维图形的绘制主要包含曲线的绘制和曲面的绘制。

曲线绘制采用函数 plot3。plot3 的调用格式与 plot 没有太大区别，增加了第三维的输入数据，其他的输入参数与二维显示函数 plot 用法一致。

【例 4.2.1】　利用函数 fplot3 显示三维曲线。

```
t = 0:pi/50:10*pi;
st = sin(t);
ct = cos(t);

figure
plot3(st,ct,t)                              %见图 4.2.1
```

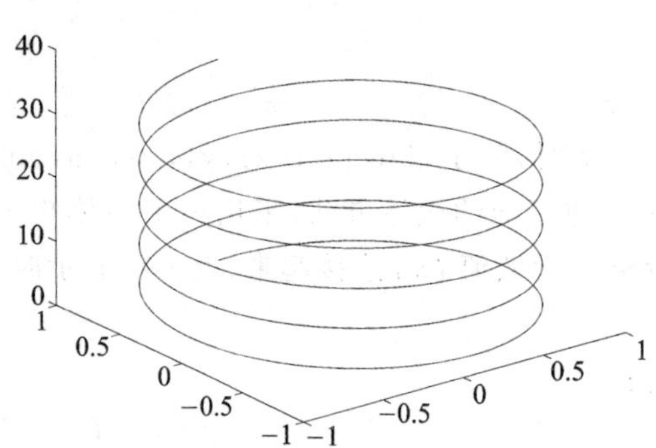

图 4.2.1　函数 fplot3 显示三维曲线

曲面绘制可以通过格网图的方式表达曲面的形状。常用的格网图的函数是 mesh。这种绘制方式采用 x－y 平面上绘制一个关于 z 坐标的一个格网点的集合，各网点通过与四周相邻的点连接形成一个格网面。格网面的设置和 plot 函数设置类似。此外，mesh 函数还有两个与之对应的函数，分别是 meshc 和 meshz。meshc 用于在格网面下方的 x－y 平面上，绘制等高线图。meshz 用于在三维绘制的图像中增加边界绘制功能。还有一个与 mesh 类似的函数 waterfall，它的作用是沿着 x 方向绘制等值线图。

函数 mesh 的基本用法如下：

```
mesh(X,Y,Z)
mesh(Z)
mesh(...,C)
mesh(...,'PropertyName',PropertyValue,...)
mesh(axes_handles,...)
h = mesh(...)
```

其中，X、Y、Z 表示三维坐标；C 表示颜色信息，都为相同大小的矩阵；PropertyName 和 PropertyValue 分别为函数可选的特定属性和值；axes_handles、h 表示图像句柄。

【例 4.2.2】 利用函数 mesh，使用矩阵作为第三维，显示三维曲面。

```
[X,Y] = meshgrid(-8:.5:8);
R = sqrt(X.^2 + Y.^2) + eps;
Z = sin(R)./R;
figure
mesh(Z)                              % 见图 4.2.2
```

【例 4.2.3】 利用函数 meshc 显示三维曲面，同时生成二维等高线。

```
figure
[X,Y] = meshgrid(-3:.125:3);
Z = peaks(X,Y);
meshc(Z)                              % 见图 4.2.3
```

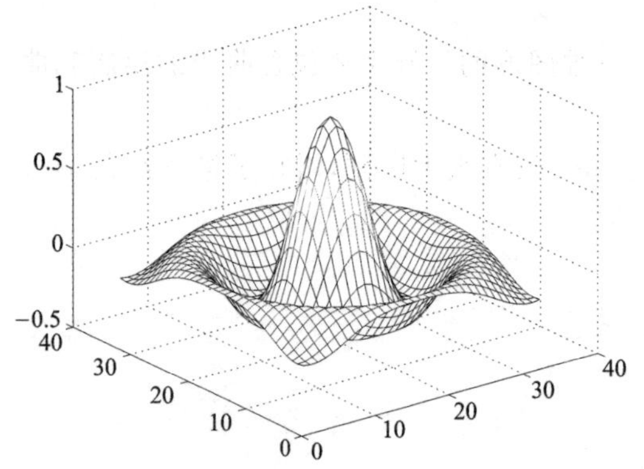

图 4.2.2　函数 mesh 用矩阵作为第三维绘制三维曲面

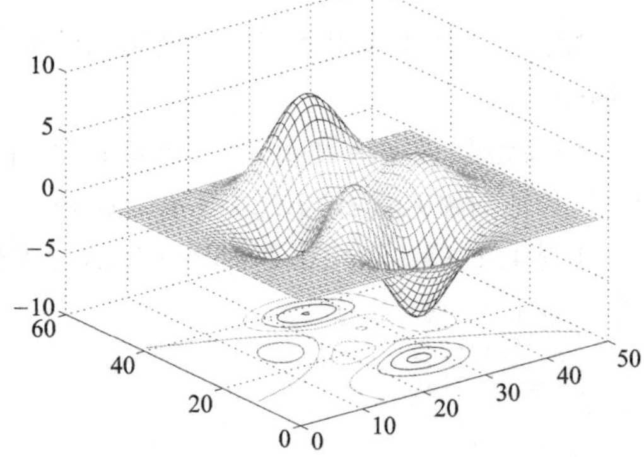

图 4.2.3　函数 meshc 绘制三维曲面且生成二维等高线

【例 4.2.4】　利用函数 meshz 显示三维曲面。

```
figure
[X,Y] = meshgrid(-3:.125:3);
Z = peaks(X,Y);
meshz(Z)                          % 见图 4.2.4
```

除了通过格网图的方式绘制曲面外，还可以通过函数 surf 给格网填充对应的颜色。函数 surf 中还提供了平面阴影、插值阴影。平面阴影采用 shading flat 命令，插值阴影采用 shading interp 命令。当绘制的数据中存在 nan 值时，对应 nan 的部分将不参与图形显示。函数 surf 也有一些相关函数与 mesh 函数类似，如函数 surfc 是在绘制曲面图时绘制底层等值线图；函数 surfl 在绘制曲面图时，考虑到了光照效果；函数 surfnorm 根据输入数据的 x、y、z 坐标定义了各个表面的法线，并绘制数据点处的曲面法线向量。

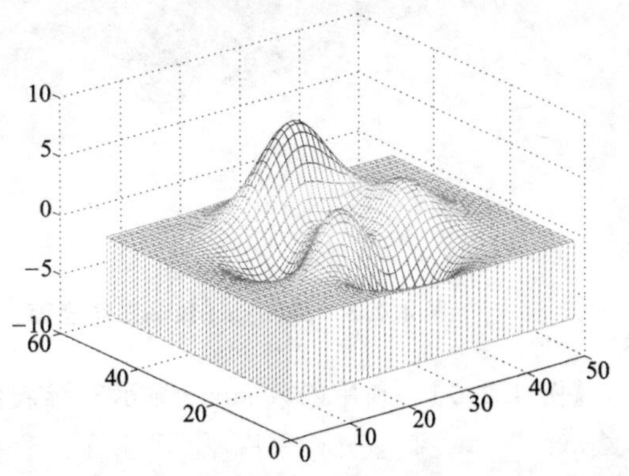

图 4.2.4　函数 meshz 绘制三维曲面

函数 surf 的基本用法如下：

```
surf(Z)
surf(Z,C)
surf(X,Y,Z)
surf(X,Y,Z,C)
surf(...,'PropertyName',PropertyValue)
surf(axes_handles,...)
h = surf(...)
```

其中，X、Y、Z 表示三维坐标；C 表示颜色信息，都为相同大小的矩阵；PropertyName 和 PropertyValue 分别为函数可选的特定属性和值；axes_handles、h 表示图像句柄。

【例 4.2.5】　利用函数 surf 显示三维表面。

```
[X,Y,Z] = peaks(25);

figure
surf(X,Y,Z);                      % 见图 4.2.5
```

【例 4.2.6】　利用函数 surf 显示三维球体表面。

```
k = 5;
n = 2^k-1;
[x,y,z] = sphere(n);
c = hadamard(2^k);

figure
surf(x,y,z,c);
colormap([1  1  0; 0  1  1])
axis equal                                 % 见图 4.2.6
```

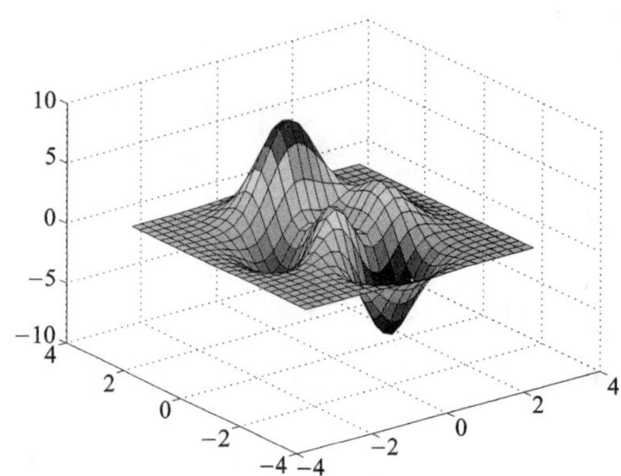

图 4.2.5　函数 surf 绘制三维表面

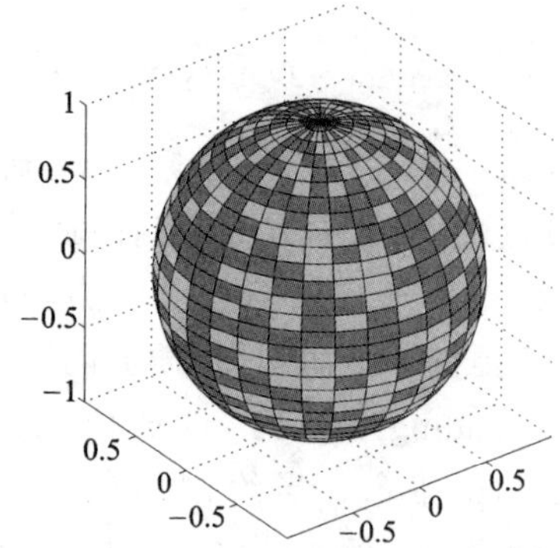

图 4.2.6　函数 surf 绘制三维球体表面

【例 4.2.7】　利用函数 surfc 显示三维表面及等高线。

```
[X,Y,Z] = peaks(30);
figure
surfc(X,Y,Z)                              %见图 4.2.7
```

【例 4.2.8】　利用函数 surfnorm 计算三维表面法向量。

```
[x,y,z] = cylinder(1:10);
figure
surfnorm(x,y,z)
axis([-12 12 -12 12 -0.1 1])                        %见图 4.2.8
```

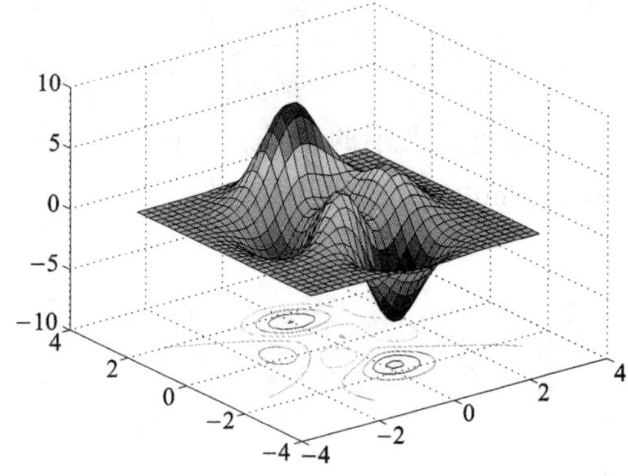

图 4.2.7　函数 surfc 绘制三维表面及等高线

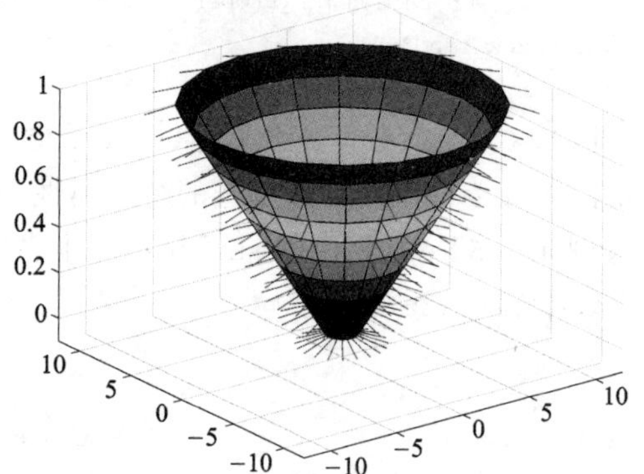

图 4.2.8　函数 surfnorm 计算三维表面法向量

【例 4.2.9】　利用函数 surfnorm 计算三维表面法向量，用于光照显示。

```
[nx, ny, nz] = surfnorm(peaks);
b = reshape([nx ny nz], 49,49,3);
figure
surf(ones(49),'VertexNormals',b,'EdgeColor','none');
lighting gouraud
camlight                              %见图 4.2.9
```

等值线的绘制可以采用 contour 和 contour3，分别适用于二维等值线图和三维等值线图。等值线绘制过程中，可以自定义等值线的数量，定义等值线的数值等。如果想用不同颜色表示

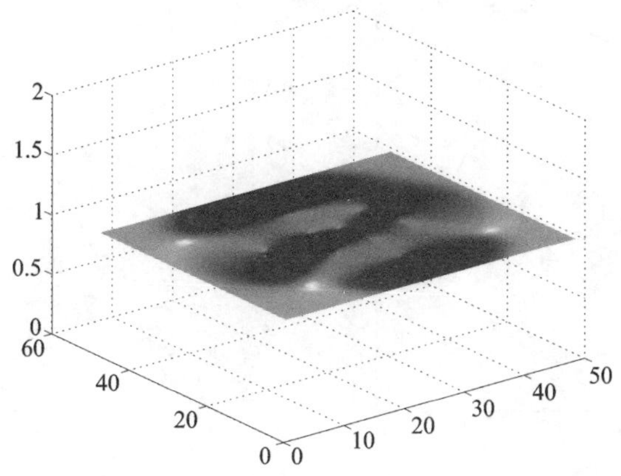

图 4.2.9 函数 surfnorm 计算三维表面法向量并用于光照显示

不同的等值线区域，则可以采用函数 pcolor。如果想对二维等值线图进行填充，则可以采用函数 contourf。

等值线也是通常所说的等高线，在 MATLAB 中的用法如下：

```
contour(Z)
contour(Z,n)
contour(Z,v)
contour(X,Y,Z)
contour(X,Y,Z,n)
contour(X,Y,Z,v)
contour(...,LineSpec)
contour(...,Name,Value)
contour(ax,...)
[C,h] = contour(...)
```

其中，X、Y、Z 表示坐标值；C 表示颜色；n 表示等值线条数；v 表示等值线之间的变化矢量；ax、h 表示句柄；LineSpec 表示线属性；Name、Value 分别表示函数 contour 中可指定的特殊属性和属性值。

【例 4.2.10】 利用函数 contour 显示二维等值线。

```
x = linspace(-2*pi,2*pi);
y = linspace(0,4*pi);
[X,Y] = meshgrid(x,y);
Z = sin(X) + cos(Y);

figure
contour(X,Y,Z)                         %见图 4.2.10
```

【例 4.2.11】 利用函数 contour3 显示三维等值线。

```
x = -2:0.25:2;
[X,Y] = meshgrid(x);
Z = X.*exp(-X.^2 - Y.^2);
contour3(X,Y,Z,30)                     %见图 4.2.11
```

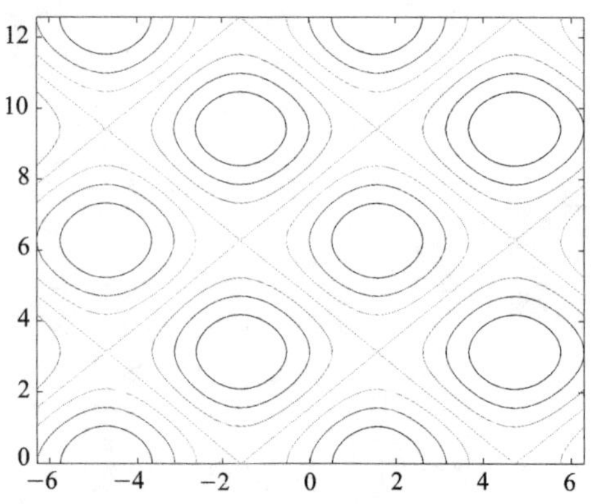

图 4.2.10　函数 contour 绘制二维等值线

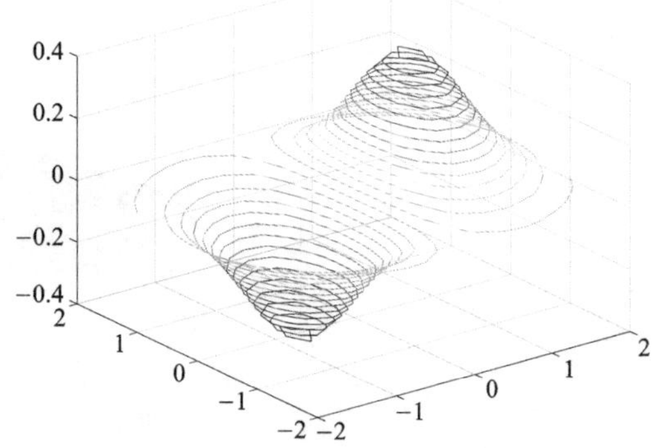

图 4.2.11　函数 contour3 绘制三维等值线

4.3　统计图可视化

统计图在 MATLAB 中也有很多应用，常见的如直方图、饼图、柱状图等。

直方图可以通过函数 bar、bar3 绘制，分别是二维和三维直方图。函数 barh、barh3 绘制的是二维和三维水平方向的条形图。根据输入的数据，函数 Stairs 绘制的是阶梯图。函数 hist 也可以绘制直方图。直方图强调了各个值的高低。这些绘制函数的用法基本上大同小异，这里主要介绍函数 bar 的用法：

```
bar(y)
bar(x,y)
bar(...,width)
bar(...,style)
bar(...,color)
bar(...,Name,Value)
bar(ax,...)
b = bar(...)
```

其中，x 表示直方图所在位置；y 表示每条直方图的高度；width 表示直方图的宽度；style、color 分别表示直方图相关的类型和颜色属性；ax、b 分别表示图像句柄；Name、Value 分别表示与函数 bar 相关的属性和属性值。

【例 4.3.1】　利用函数 bar 绘制直方图。

```
y = [75 91 105 123.5 131 150 179 203 226 249 281.5];
figure;
bar(y)     % 见图 4.3.1
```

```
x = 1900:10:2000;
y = [75 91 105 123.5 131 150 179 203 226 249 281.5];
figure;
bar(x,y)     % 见图 4.3.2
```

```
y = [75 91 105 123.5 131 150 179 203 226 249 281.5];
figure;
bar(y,0.4)     % 见图 4.3.3
```

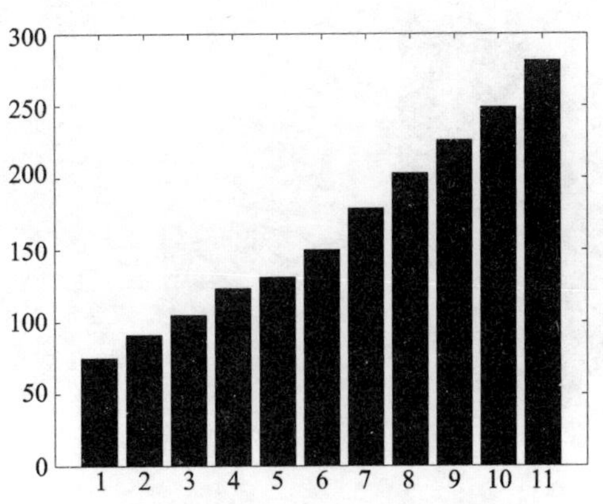

图 4.3.1 函数 bar 绘制直方图

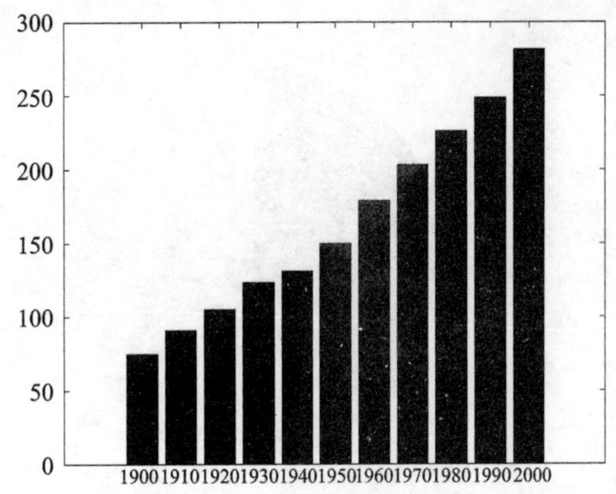

图 4.3.2 函数 bar 设置直方图 x 轴数值

【例 4.3.2】 利用函数 bar3 绘制三维直方图。

```
load count.dat
Y = count(1:10,:);

figure
bar3(Y,'grouped')
title('Grouped Style')      % 见图 4.3.4
```

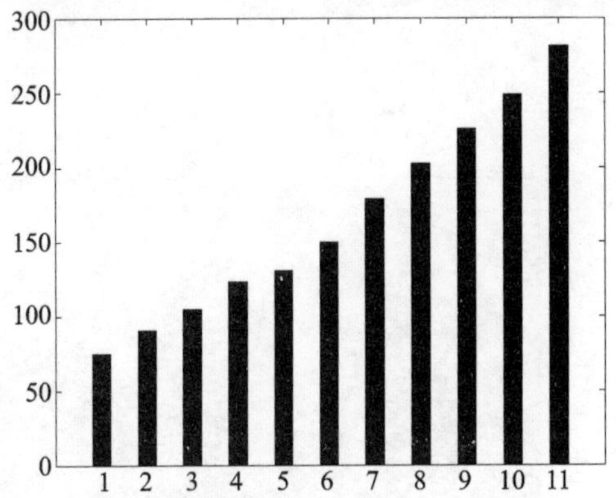

图 4.3.3 函数 bar 设置直方图宽度

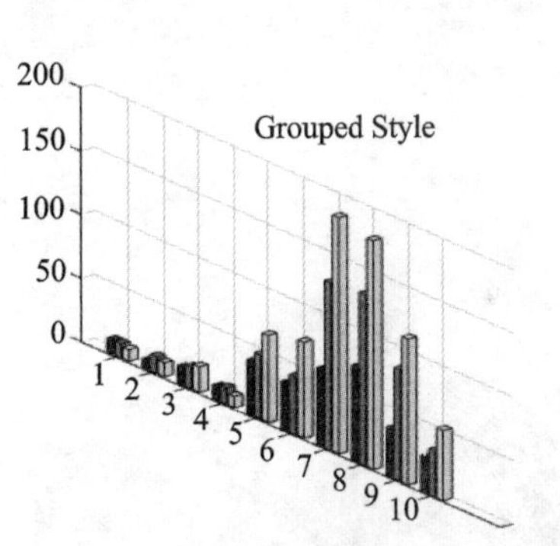

图 4.3.4 函数 bar3 绘制三维直方图

二维和三维饼图可以分别通过函数 pie 和 pie3 来绘制。饼图强调的是部分与整体的比例关系。

【例 4.3.3】 利用函数 pie 绘制二维饼图。

```
X = [1 3 0.5 2.5 2];
pie(X)                          % 见图 4.3.5
explode = [0 1 0 1 0];
pie(X,explode)                  % 见图 4.3.6
```

【例 4.3.4】 利用函数 pie3 绘制三维饼图。

```
x = [1,3,0.5,2.5,2];
figure
pie3(x)     % 见图 4.3.7
```

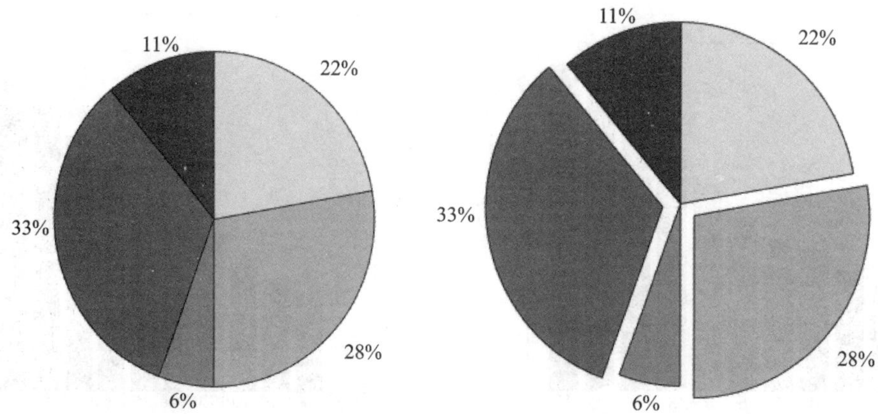

图 4.3.5　函数 pie 绘制二维饼图　　　图 4.3.6　函数 pie 绘制二维饼图分离部分

累计图可以利用函数 area 绘制。累计图表达的是多条折线，通过往后依次累计的方式，也就是上一次的值会累计到下一次的值。以此可以显示累计过后的情况，因此累计图是单调递增的，而不是简单考虑每次的结果。

【例 4.3.5】　利用函数 area 绘制累计图。

```
Y = [1, 5, 3;
     3, 2, 7;
     1, 5, 3;
     2, 6, 1];
figure
area(Y)                    % 见图 4.3.8
```

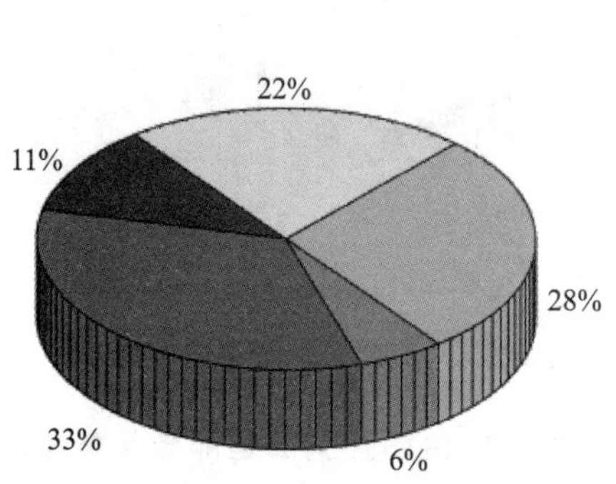

图 4.3.7　函数 pie3 绘制三维饼图

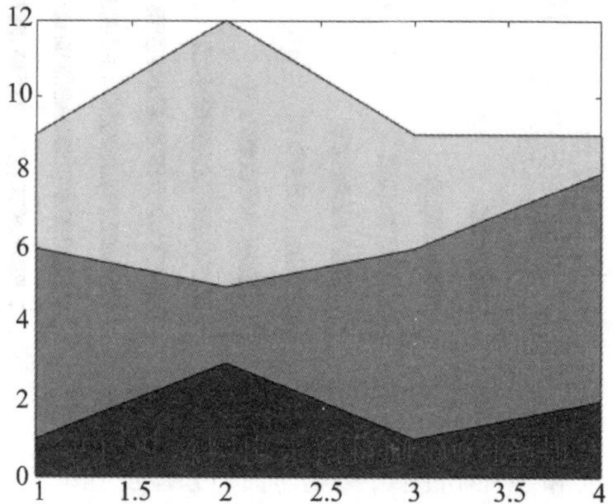

图 4.3.8　函数 area 绘制累计图

矢量分布图用函数 quiver 绘制，它可以表示在图中指定点所对应的矢量大小和方向，表明矢量趋势。

【例 4.3.6】　利用函数 quiver 绘制矢量图。

```
[x,y] = meshgrid(0:0.2:2,0:0.2:2);
u = cos(x). * y;
v = sin(x). * y;

figure
quiver(x,y,u,v)                % 见图 4.3.9
```

误差线图可以用函数 errorbar 绘制，它表明的是图形中点的位置可能产生的上下偏差大小。

【例 4.3.7】 利用函数 errorbar 绘制误差图。

```
x = 0:pi/10:pi;
y = sin(x);
e = std(y) * ones(size(x));

figure
errorbar(x,y,e)                    % 见图 4.3.10
```

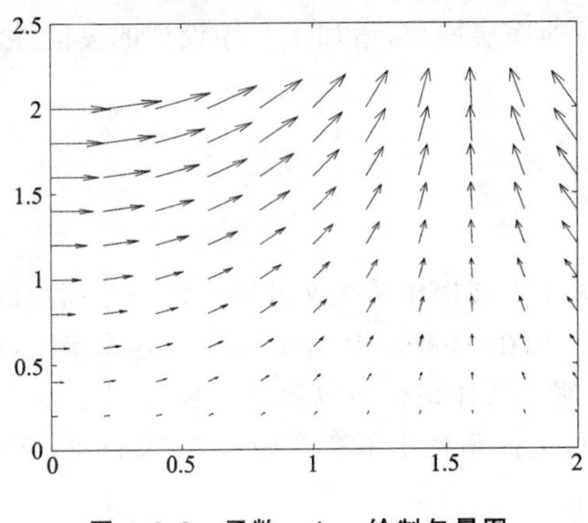

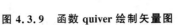

图 4.3.9　函数 quiver 绘制矢量图

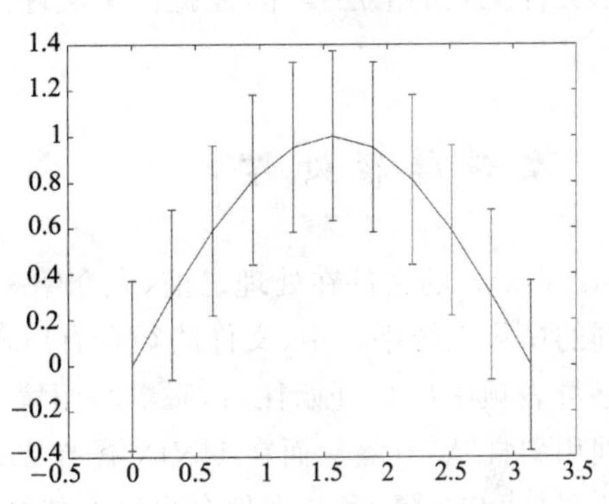

图 4.3.10　函数 errorbar 绘制误差图

4.4　本章小结

本章主要介绍的是 MATLAB 可视化，介绍了 MATLAB 中二维、三维图形的绘制，还介绍了控制 MATLAB 图形绘制的一些基本参数设置，如颜色和线型的控制。此外，还介绍了各种统计图形在 MATLAB 中对应的使用函数。

第 5 章

MATLAB 文件 I/O

文件是日常工作中的一个基本单元。文件中存储了很多有用信息。针对一些常见的文件,MATLAB 提供了一系列函数和命令,满足用户对一些常见文件格式的交互操作。它不仅提供了文件交互的上层操作,还提供了文件读/写的底层操作,增加了程序设计的灵活性和兼容性。

5.1 文件路径处理

MATLAB 的文件在处理之前,先介绍一下关于不同操作系统文件路径的一些细小区别。在不同的操作系统平台中,文件路径会有所不同。如在 Microsoft Windows 操作系统中,磁盘名以字母表顺序从 C 开始往后,磁盘名用冒号标明。文件路径中包含的磁盘名、文件夹、文件名之间用斜杠"\"分隔。而在 UNIX 操作系统中,文件路径中不存在磁盘名,文件夹、文件名之间用斜杠"/"分隔,通常文件名也以左斜杠起始。

在这种情况下,跨平台编程受到了制约和影响。通常意义上,MATLAB 通过整合不同平台的区别,提供输入/输出相对一致的函数,如一些文件字符处理函数,避免跨平台编程过程中遇到这些文件名称问题。这样做的目的也是为了在不同平台下更好地保持代码的统一性。当然也不排除在某些特殊情况下,相同函数在不同系统下运行表现出结果不一致的现象,所以跨平台使用时也需要格外注意。下面介绍与文件路径处理相关的一些 MATLAB 常见函数,如表 5.1.1 所列。

表 5.1.1　文件路径处理的主要函数表

函　数	用　法	说　明
filesep	[pathstr,name,ext] = ... fileparts(filename)	在不同系统中用作文件分隔符; 在 Microsoft Windows 系统中,表示"\"; 在 UNIX 系统中,表示"/"
fileparts	[pathstr,name,ext] = ... fileparts(filename)	以路径中最后一个分隔符 filesep 以及最后一个后缀分隔符"."作为分割标记,将路径分割为三部分。 当路径为完整文件路径时,分割为文件目录、文件名、文件后缀。 当路径为文件目录时,分割为上一级文件目录、本级文件目录、空字符串的后缀
fullfile	f = fullfile(... filepart1,...,filepartN)	在若干字符串之间插入文件分隔符 filesep,再合并为一个字符串

续表 5.1.1

函　数	用　法	说　明
ls	list = ls(name)	寻找计算机中符合条件的文件夹和文件路径,可以使用通配符"＊"当作任意字符。 当未找到符合条件的文件路径时,在 Microsoft Windows 系统中,会返回空的结果;在 UNIX 系统中,将会报错。 当找到符合条件的文件时,在 Microsoft Windows 系统中,返回的是字符矩阵形式的结果,矩阵的行数代表符合条件路径的个数;在 UNIX 系统中,返回文件名用 tab 字符和 space 字符分割的一行字符串
dir	listing = dir(name)	寻找计算机中符合条件的文件夹和文件路径,可以使用通配符"＊"当作任意字符。同时,也提供了更强大的文件属性信息,能够更多地获取文件、文件夹信息以及区分文件和文件夹。其中属性中包含了名称、日期、字节数、是否为文件夹、日期数
pwd	currentFolder = pwd	获得当前文件所在目录

掌握了这些函数后,文件路径操作基本不再受到跨平台处理的困扰。下面将通过一些例子说明这些函数的用法。

【例 5.1.1】 函数 filesep 分别在 Microsoft Windows 和 UNIX 操作系统下使用。

在 Microsoft Windows 操作系统下,执行命令:

```
iofun_dir = ['toolbox' filesep 'matlab' filesep 'iofun']

iofun_dir =
  toolbox\matlab\iofun
```

在 UNIX 操作系统下,执行命令:

```
iodir = ['toolbox' filesep 'matlab' filesep 'iofun']

iodir =
  toolbox/matlab/iofun
```

【例 5.1.2】 利用函数 fileparts 分别分解 Windows 文件路径和 UNIX 文件路径。

```
file = 'H:\user4\matlab\myfile.txt';
[pathstr,name,ext] = fileparts(file)

pathstr =
H:\user4\matlab

name =
myfile

ext =
.txt
```

```
[pathstr,name,ext] = fileparts('/home/jsmith/.cshrc')

pathstr =
/home/jsmith

name =
```

```
  Empty string: 1-by-0

ext =
.cshrc
```

【例 5.1.3】 利用函数 fullfile 合并文件路径。

(1) 单个文件字符串合并为文件路径。

```
f = fullfile('myfolder','mysubfolder','myfile.m')
f =
   myfolder\mysubfolder\myfile.m
```

(2) 多文件字符串合并为文件路径。

```
f = fullfile('e:',{'a.m';'b.m'})
f =
    'e:\a.m'
    'e:\b.m'
```

(3) 单个文件字符串合并为文件夹路径。

```
f = fullfile('e:','matlab','examples')
f =
    e:\matlab\examples
```

【例 5.1.4】 利用函数 pwd 获取当前文件夹路径,函数 ls、dir 获取文件夹下符合名称的文件。

```
path = fullfile(toolboxdir('matlab'),'iofun');
cd(path);

pwd
ans =

D:\Program Files\MATLAB\MATLAB Production Server\R2015a\toolbox\matlab\iofun

fileList = ls('file*.m')

fileList =

fileExchangeDesktopTool.m
filemarker.m
fileparts.m
fileread.m
filesep.m

fileListInfo = dir('file*.m')

fileListInfo =

5x1 struct array with fields:

    name
    date
    bytes
    isdir
    datenum
```

5.2　MAT 文件

在 MATLAB 中，工作空间里的变量可以保存为 MAT 文件，也可以将保存在 MAT 文件中存储的变量导入工作空间。前者用到的是函数 save，而后者用到的是函数 load。二者一正一反，相辅相成。这两个函数的用法如表 5.2.1 所列。

表 5.2.1　MAT 文件函数表

函　数	用　法	说　明
save	save(filename)	将当前工作空间的所有变量保存在当前文件路径 filename 中，默认目录为当前目录，默认文件名为 matlab. mat。不同类型的数据按照其变量名称，以对应的最大精度保存
	save(filename,variables)	将当前工作空间的指定变量保存在当前文件路径 filename 中
	save(filename,variables,fmt)	将当前工作空间的指定变量，以指定格式保存在当前文件路径 filename 中
	save(filename,variables,version)	将当前工作空间的指定变量，以指定版本保存在当前文件路径 filename 中
	save(filename,variables,'－append')	将当前工作空间的指定变量，以添加的方式保存在当前文件路径 filename 中
	save filename	另外一种函数 save 的使用方式，以空格分隔
load	load(filename)	从 filename 中加载变量
	load(filename,variables)	从 fileaname 中加载指定变量
	load(filename,'－ascii')	将 filename 当作 ASCII 文件，加载变量
	load(filename,'－mat')	将 filename 当作 MAT 文件，加载变量
	load(filename,'－mat',variables)	将 filename 当作 MAT 文件，加载指定变量
	S ＝load(...)	将加载后的数据保存在 S 中
	load filename	另外一种函数 load 的使用方式，以空格分隔

【例 5.2.1】　利用函数 save 保存变量到 MAT 文件中。

```
p = rand(1,10);
q = ones(10);
save('pqfile.mat','p','q')              % 等价于 save pqfile.mat p q
```

【例 5.2.2】　利用函数 save 保存变量到 txt 文件并显示。

```
p = rand(1,5);
q = ones(5);
save('pqfile.txt','p','q','-ascii')
type('pqfile.txt')

1.5761308e-01   9.7059278e-01   9.5716695e-01   4.8537565e-01   8.0028047e-01
1.0000000e+00   1.0000000e+00   1.0000000e+00   1.0000000e+00   1.0000000e+00
1.0000000e+00   1.0000000e+00   1.0000000e+00   1.0000000e+00   1.0000000e+00
1.0000000e+00   1.0000000e+00   1.0000000e+00   1.0000000e+00   1.0000000e+00
1.0000000e+00   1.0000000e+00   1.0000000e+00   1.0000000e+00   1.0000000e+00
1.0000000e+00   1.0000000e+00   1.0000000e+00   1.0000000e+00   1.0000000e+00
```

【例 5.2.3】 利用函数 load 加载变量并显示。

```
load('handel.mat','y')
whos y

  Name          Size             Bytes  Class     Attributes

  y         73113x1             584904  double
```

一些简单的文本文件或二进制文件,可以通过直接拖拽到工作空间,按照MATLAB提示进行数据导入的操作。

通过函数 save 和 load 就能将工作空间中以内存形式的变量存储于磁盘文件中,还能将磁盘文件中的数据导入当前工作空间,形成内存变量。事实上,这就是 MATLAB 提供的最基本的一种内存与文件之间的交互方式。

5.3 文本文件

文本文件中最常见的就是以 txt 为后缀的文件,但不限于以 txt 为后缀的文件。文本文件是指以 ASCII 码方式(也称文本方式)存储的文件,更确切地说,英文、数字等字符存储的是 ASCII 码,而汉字存储的是机内码。文本文件中除了存储文件有效字符信息(包括能用 ASCII 码字符表示的回车、换行等信息)外,不能存储其他任何信息。

不同的文本文件,格式会有较大的不同。因此对文本文件进行解析,需要提前知道当前文本文件的格式信息。如果没有当前文件的格式信息,则可能将无法正确获取文本文件中的内容。对文本文件使用开、关操作的 MATLAB 函数是 fopen、fclose。其使用方式如表 5.3.1 所列。

表 5.3.1 文本文件打开/关闭函数表

函 数	用 法	说 明
fopen	fileID = fopen(filename)	打开指定文件 filename,返回文件句柄 fileID
	fileID = fopen(filename,permission)	使用指定读或写权限 permission,打开指定文件 filename,返回文件句柄 fileID
	fileID = fopen (filename,permission,... machinefmt,encodingIn)	增加定义文件中字节或位的顺序 machinefmt,以及与文件关联的编码方案 encodingIn
	[fileID,errmsg] = fopen(...)	返回增加错误信息
	fIDs = fopen('all')	返回已经打开的所有文件的文件句柄,以行向量方式输出
	filename = fopen(fileID)	返回与文件句柄 fileID 相关联的文件名 filename
	[filename,permission,machinefmt,... encodingOut]= fopen(fileID)	通过文件句柄打开文件,返回文件信息
fclose	fclose(fileID)	通过关闭文件句柄 fileID,关闭文件
	fclose('all')	关闭所有文件
	status = fclose(...)	关闭文件,返回是否成功的状态(status)

fopen用于打开文件,注意,打开文件有很多种权限方式。关于读/写权限的说明如表5.3.2所列。

表5.3.2 文本文件读/写权限对应表

权限字符	说明
'r'	读取文件中的数据打开文件
'w'	写文件打开或创建文件,丢弃文件中的原有内容
'a'	打开或创建文件,将内容追加在文件末尾
'r+'	打开文件用于读/写
'w+'	读/写打开或创建文件,文件中原有内容将被删除
'a+'	读/写打开或创建文件,将写入的内容追加在文件末尾
'A'	追加内容但不自动清空,用于磁带驱动器
'W'	写入内容但不自动清空,用于磁带驱动器

之前介绍的是关于文本文件的打开和关闭操作。接下来需要了解的是,对文本文件内容的读取和写入。文本文件通常采用的是格式化读/写操作,前提是需要预先知道文件的格式,再根据已知的格式往下进行文件读/写。在MATLAB中,这些按一定格式读/写的操作,主要分为两大类,一类是底层函数,一类是上层函数。相比较而言,对于格式不一致的文本,底层函数更加适用。对于格式单一的文本,上层函数更加方便和直接。表5.3.3所列是关于文本文件相对底层的函数说明。

表5.3.3 文本文件相对底层的函数说明

函数	用法	说明
fscanf	A = fscanf(fileID,formatSpec) A = fscanf(fileID,formatSpec,sizeA) [A,count] = fscanf(...)	从文件中读格式化数据,需要用到文件打开后返回的文件标识、文件格式、读取格式个数等
fprintf	fprintf(fileID,formatSpec,A1,...,An) fprintf(formatSpec,A1,...,An) nbytes = fprintf(...)	将格式化数据写入到文件中,需要用到文件打开后返回的文件标识、写文件格式、写入数据等
fgetl	tline = fgetl(fileID)	从文件中读取行,并删除换行符,需要用到文件打开后返回的文件标识
fgets	tline = fgets(fileID) tline = fgets(fileID, nchar)	从文件中读取行,保留换行符,需要用到文件打开后返回的文件标识

表5.3.3中的这些函数,均属于MATLAB对应文件I/O的底层函数,处理复杂的文本情况会更加灵活。

同时,上文中提到的格式化数据,通过格式字符串进行标示,提供给MATLAB。表5.3.4是文本文件中一些常用的格式说明。

表 5.3.4 文本文件中常用格式说明

数值字符类型	对应字符串	说　明
有符号整型	%d	表示十进制有符号整数值
	%i	根据进制自动选择转换类型，默认为十进制整数值，以 0x 或 0X 开头为十六进制整数值，以 0 开头为八进制整数值
	%ld 或 %li	64 位整数值，包括十进制、八进制、十六进制
无符号整型	%u	十进制无符号整数
	%o	八进制无符号整数
	%x	十六进制无符号整数
	%lu，%lo，%lx	64 位十进制、八进制、十六进制无符号整数
浮点型	%f	表示小数形式记录浮点数，可以识别大小写不敏感的 Inf、－Inf、NaN、－NaN
	%e	表示指数形式记录浮点数，可以识别大小写不敏感的 Inf、－Inf、NaN、－NaN
	%g	表示以 %f 和 %e 中较短的宽度记录浮点数，可以识别大小写不敏感的 Inf、－Inf、NaN、－NaN
字符型	%c	表示单个字符
	%s	表示字符串

还有一些特殊含义的表达需要额外说明，如表 5.3.5 所列。

表 5.3.5 文本文件格式特殊字符串说明及示例

字符串	说　明	示　例
%[…]	表示读入包含在括号中字符的字符串，遇到空格后停止	%[abc]表示读取只包含 a、b 或 c 的字符串
%[^…]	表示读入不包括括号中字符的字符串，遇到一个匹配字符串或空格停止	%[^abc]表示读取不包含 a、b 或 c 的字符串
%*…	表示忽略“*”后的“%...”类型	%*s 表示忽略字符串
%w…	表示读取 w 个字符宽度的类型	%3d 表示读整数的前三位
%.p…	表示读取 p 个小数精度的数值类型	%.3f 表示读浮点数的小数位三位
%－…	表示向左对齐，一般用于写文件	%－10.3f
%＋…	表示显示正负号，一般用于写文件	%＋10.3f
%　…	表示在前面插入空格，一般用于写文件	%　5.2f
%0…	表示在前面加 0，一般用于写文件	%05.2f
%#…	表示修改选定的数字转换	%#5.2f

【例 5.3.1】 利用函数 fprintf 输出固定格式内容。

```
A1 = [9.9, 9900];
A2 = [8.8,   7.7 ; ...
```

```
    8800, 7700];
formatSpec = 'X is %4.2f meters or %8.3f mm\n';
fprintf(formatSpec,A1,A2)

X is 9.90 meters or 9900.000 mm
X is 8.80 meters or 8800.000 mm
X is 7.70 meters or 7700.000 mm
```

【例 5.3.2】 利用函数 fprintf 由浮点型输出整型内容。

```
a = [1.02, 3.04, 5.06];
fprintf('%d\n',round(a));

1
3
5
```

【例 5.3.3】 利用函数 fprintf 输出文本文件并显示文本内容。

```
x = 0:.1:1;
A = [x; exp(x)];

fileID = fopen('exp.txt','w');
fprintf(fileID,'%6s %12s\n','x','exp(x)');
fprintf(fileID,'%6.2f %12.8f\n',A);
fclose(fileID);

type exp.txt

     x        exp(x)
   0.00   1.00000000
   0.10   1.10517092
   0.20   1.22140276
   0.30   1.34985881
   0.40   1.49182470
   0.50   1.64872127
   0.60   1.82211880
   0.70   2.01375271
   0.80   2.22554093
   0.90   2.45960311
   1.00   2.71828183
```

【例 5.3.4】 利用函数 fgetl 获取 fgetl.m 第一行及显示。

```
fid = fopen('fgetl.m');
theline = fgetl(fid)
fclose(fid);

theline =
function tline = fgetl(fid)
```

下面介绍偏上层的函数，用于文本文件的读/写操作。这些函数往往对文本数据要求格式上更规范一些，很好地提供了大数据处理的方式。

函数 csvread、csvwrite 可以读取、写入以逗号为分隔符的文本文件。函数 dlmread、dlmwrite 读取、写入用户可以自行指定数据之间的分隔符，此函数与 csvread、csvwrite 的读取方式大致相同。

以上这两种读/写方式，需要文本文件中只存在一种类型的数据，且数据必须是数字。规范文件的好处是可以进行读取文件局部这样的操作，即读取指定行列到指定行列的方式。

【例 5.3.5】 利用函数 dlmread、dlmwrite 读/写文件。

```
X = magic(3);
dlmwrite('myfile.txt',[X*5 X/5],' ');
dlmwrite('myfile.txt',X,'-append', ...
   'roffset',1,'delimiter',' ');
type myfile.txt

40    5    30    1.6    0.2    1.2
15    25   35    0.6    1      1.4
20    45   10    0.8    1.8    0.4


8  1  6
3  5  7
4  9  2

M = dlmread('myfile.txt')
M =

   40.0000    5.0000   30.0000    1.6000    0.2000    1.2000
   15.0000   25.0000   35.0000    0.6000    1.0000    1.4000
   20.0000   45.0000   10.0000    0.8000    1.8000    0.4000
    8.0000    1.0000    6.0000         0         0         0
    3.0000    5.0000    7.0000         0         0         0
    4.0000    9.0000    2.0000         0         0         0

M1 = dlmread('myfile.txt',' ',[1 0 2 3])
M1 =

   15.0000   25.0000   35.0000    0.6000
   20.0000   45.0000   10.0000    0.8000
```

与上述方式不同的是，函数 textscan 的读取方式，显得更为灵活，可以指定多种类型的数据，包括数字和字符串，但同时需要数字和字符串按照一定格式的规律进行排列。由于文本文件中存在多种类型的数据，函数 textcan 将把这些类型的数据都存放在元胞数组中。每一种类型的数据，对应结果中的一组元胞。每一组元胞的类型一致，但可能组内的数据大小不一致，此时正好将该组数据存入对应的元胞数组中。此外，函数 textscan 也可以识别数据中存在的 Inf、NaN。

【例 5.3.6】 利用函数 textscan 读固定格式文件。

```
txtPath = 'TestData.txt';
fid = fopen(txtPath,'w');
fprintf(fid,'09/12/2005 Level1 12.34 45 1.23e10 inf Nan Yes 5.1+3i\n');
fprintf(fid,'10/12/2005 Level2 23.54 60 9e19 -inf  0.001 No 2.2-.5i\n');
fprintf(fid,'11/12/2005 Level3 34.90 12 2e5  10  100  No 3.1+.1i\n');
fclose(fid);

fileID = fopen(txtPath,'r');
C = textscan(fileID,'%s %s %f32 %d8 %u %f %f %s %f')
fclose(fileID);

C =
  Columns 1 through 5
```

```
    {3x1 cell}    {3x1 cell}    [3x1 single]    [3x1 int8]    [3x1 uint32]

  Columns 6 through 9
    [3x1 double]    [3x1 double]    {3x1 cell}    [3x1 double]

celldisp(C)

C{1}{1} =
09/12/2005

C{1}{2} =
10/12/2005

C{1}{3} =
11/12/2005

C{2}{1} =
Level1

C{2}{2} =
Level2

C{2}{3} =
Level3

C{3} =
   12.3400
   23.5400
   34.9000

C{4} =
  45
  60
  12

C{5} =
  4294967295
  4294967295
      200000

C{6} =
   Inf
  - Inf
    10

C{7} =
       NaN
    0.0010
  100.0000

C{8}{1} =
Yes

C{8}{2} =
No
```

```
C{8}{3} =
No

C{9} =
   5.1000 + 3.0000i
   2.2000 - 0.5000i
   3.1000 + 0.1000i
```

5.4 二进制文件

与文本文件类似，二进制文件也需要有打开文件和关闭文件操作，因此也用到了函数 fopen 和 fclose。与文本文件不同的是，二进制文件用到的格式化读/写函数采用的主要是函数 fread 和函数 fwrite，以及定位读/写位置的函数 feof、fseek、ftell、frewind，如表 5.4.1 所列。

表 5.4.1 二进制文件常用函数表

函 数	说 明
fread	在指定文件定位的位置后，读入若干二进制数据
fwrite	在指定文件定位的位置后，写入若干二进制数据
feof	用于检测文件读取是否在文件末尾
fseek	设置文件定位的位置，需要设置文件起始位置、字节偏移数
ftell	获取文件定位的位置
frewind	将文件指针定位到文件开头

这些函数同样也属于 MATLAB 对应文件 I/O 的底层函数，相比上层函数而言，这些函数不依赖文件的具体格式，适用性更强，但对于规则简单的文件格式而言，实现相同的功能会麻烦一些。

【例 5.4.1】 利用函数 fread、fwrie 读/写二进制文件。

```
fileID = fopen('doubledata.bin','w');
fwrite(fileID,magic(3),'double');
fclose(fileID);

fileID = fopen('doubledata.bin');
A = fread(fileID,[3 3],'double')
fclose(fileID);

A =
     8     1     6
     3     5     7
     4     9     2
```

5.5 影像文件

在图像处理领域，影像文件也是常常需要进行文件 I/O 的。MATLAB 也支持了很多现有的影像格式，如 BMP、CUR、GIF、HDF4、ICO、JPEG、JPEG2000、PBM、PCX、PGM、PNG、PPM、RAS、TIFF、XWD 等文件格式。其中不仅支持了常见的静态影像文件 TIFF、JPG、PNG

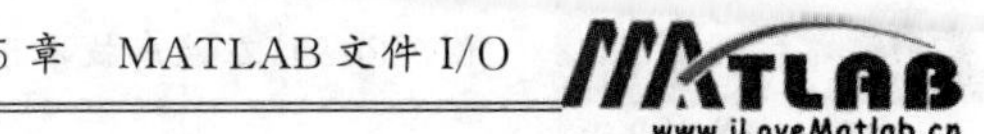

等，还支持了动态影像文件 GIF。

尽管支持的文件种类很多，但是在使用上，采用的还是由统计一函数进行读/写，分别是 imread 和 imwrite。imread、imwrite 相当于在函数层面，统一了不同格式影像文件之间内部 I/O 不同的问题，方便了 MATLAB 程序代码的统一，具体用法如表 5.5.1 所列。

表 5.5.1　影像文件读/写函数表

函　数	用　法	说　明
imread	A = imread(filename) A = imread(filename,fmt) A = imread(...,idx) A = imread(...,Name,Value) [X,map] = imread(...) [X,map,transparency]=imread(...)	filename 表示文件名； fmt 表示文件格式； idx 表示金字塔第 idx 层； A 表示影像灰度矩阵； X 表示索引矩阵； map 表示索引矩阵对应的色彩条； fmt 表示影像类型； Name、Value 表示函数对应的参数和参数值
imwrite	imwrite(A,filename) imwrite(X,map,filename) imwrite(...,fmt) imwrite(...,Name,Value)	

同时值得注意的是，函数 imread 和 imwrite 还在处理 TIFF、JPEG、JPEG2000 影像时，提供了更方便的大数据处理功能。针对影像宽高大到无法通过内存一次性加载，此时需要用到分块读/写机制。在 MATLAB 中暂时只对 TIFF、JPEG、JPEG2000 等数据支持分块读写功能。

不妨将影像文件想象为由固定头文件和长、宽、波段组成的三维矩阵两部分组成。头文件中保存着影像文件的相关信息，包括长、宽、波段数、数据类型等信息。头文件由于是固定长度，可以通过计算偏移跳过。对于实际灰度数据，可以理解为灰度二维或三维矩阵，而矩阵是可以通过分块来减少每块的数据量的。同理，对于影像灰度数据，也可以将其通过分块达到减少数据量，然后再对各个影像块执行相应操作，最终再分块写入，完成对影像的整体操作。

若存在参数 'PixelRegion'，那么该参数的对应值为{Rows,Cols}，Rows 和 Cols 分别对应行和列。其形式一般为三个值，分别是起始位置、步距、终止位置。如果只设置两个值，则步距默认值为 1。这个用法可以将影像文件，按指定区域读取出来。这样就能够方便地处理大数据的情况。

```
A = imread(filename,...
'PixelRegion',{[rowBegin, rowStep, rowEnd],[colBegin, colStep, colEnd]});
```

【例 5.5.1】　利用函数 imread 读/写影像局部。

```
A = imread('moon.tif','PixelRegion',{[1,2],[3,5]})
A =
    7    5    2
    3    3    4
```

MATLAB 并没有支持一种普通的影像格式 IMG，但是 IMG 格式十分常见，因此有必要介绍如何通过 MATLAB 读/写 IMG 格式的图像。

IMG 格式在 OpenCV 等 C++开源库中，常使用 gdal 库完成其读/写操作。MATLAB 只需要通过 C++库调用，就能够实现对 IMG 格式的支持。这里涉及 MATLAB 与 C++或其他语言之间的互相调用方法，更多细节将在第6章"MATLAB编译与调用"具体介绍，这里就不再系统展开。对于IMG读/写而言，可以通过MATLAB中的函数loadlibrary、libisloaded、calllib、unloadlibrary、libpointer。调用GDAL库需要使用的函数有GDALOpen、GDALGetRasterBand、GDALRasterIO。

MATLAB函数主要包括：loadlibrary（用于通过头文件（h文件）、动态链接库文件（dll文件）或其他方式加载动态链接库）、libisloaded（用于判断动态链接库是否加载成功）、calllib（用于调用动态链接库中的函数，需要设置调用函数的参数）、unloadLibrary（用于卸载加载过的动态链接库）、libpointer（用于构造动态库中的指针变量）。

调用GDAL库的函数主要包括：GDALOpen（用于打开IMG文件）、GDALGetRasterBand（用于获取栅格文件波段指针）、GDALRasterIO（用于读/写栅格中的数值）。GDAL函数的具体用法可以参照GDAL库介绍。

5.6 本章小结

本章主要介绍了MATLAB中常用几种文件I/O的方法，包括MAT文件、文本文件、二进制文件和影像文件；还介绍了不同平台中，文件路径的处理方法和函数。简单提及了MATLAB调用C++动态库文件、读取IMG文件的方法。

第 6 章 MATLAB 编译与调用

编译就是把源语言编写的源程序翻译成目标程序的过程，通常是将高级语言编写的程序翻译为计算机能识别的二进制程序。

在 MATLAB 中，编译器采用了 Component Technology File(CTF)技术，对文件组织、存档、配置和打包。在编译可执行体 exe 文件的尾声，还会临时生成一个 ctf 文件，并最终生成可执行的 exe 文件。编译后的可执行文件，可以作为压缩包，解压成编译时各个文件之间相对路径的组织形式。保留在可执行体中的 M 文件、MEX 文件等使用加密技术，在一定程序上保证了源码的安全性。

编译包含的内容很多，最主要的有以下过程：

(1)对文件的依赖关系分析：MATLAB 会根据输入的编译命令，确定需要生成文件与输入的相关文件之间的函数依赖关系。

(2)打包生成代码：将 MATLAB 相关文件生成 C/C＋＋代码文件。

(3)生成包文件：由依赖分析中的可执行文件列表，会用于生成正确运行时需要的 CTF 文件，同时被加密和压缩到单独的文件中发布。

(4)C/C＋＋编译：由打包生成代码文件生成对象文件。

(5)链接：生成目标文件，并链接相关的 MATLAB 库生成组件。

6.1 编 译

编译过程是 MATLAB 中比较神秘的部分。运行程序的时候，与 Microsoft Visual Studio 调试 C＋＋代码不同，感觉似乎没有经历编译的步骤，程序就能直接运行。实际上，在 MATLAB代码运行之前，程序已经过了代码分析。当手动修改了程序代码，哪怕只是小小的语法错误或者用法不当，问题代码都将在界面上被实时标识出来。这种实时修改、实时分析的特性，很大程度上减少了程序员再去手动编译的过程，而且也避免了因为细微的改动引起整个程序的重新分析。这就是 MATLAB 内部静态分析机制的作用，能在运行之前了解程序是否存在语法或使用问题，实时提示代码的语法是否正确。

当代码被确认不再出现问题之后，同时这些代码需要被其他语言工具调用时，MATLAB 提供了将 M 语言代码编译为可执行程序和外部调用动态链接库的两种方式。

编译为可执行程序或动态链接库的时候，需要设置关于编译时编译器的选择。尽管 MATLAB 自带了 lcc 编译器，但在 Microsoft Windows 系统中，最好还是多安装一个 C＋＋编译器，因为某些底层库可能是由 C＋＋编写的。在编译和链接过程中用到了编译设置函数 mbulid，所以在首次使用编译功能时，需要使用命令 mbuild - setup，然后按照操作可以选择不同的编译器进行编译。

```
mbuild - setup
MBUILD configured to use 'Microsoft Visual C++ 2008 (C)' for C language compilation.

To choose a different language, select one from the following:
mex - setup C++ - client MBUILD
mex - setup FORTRAN - client MBUILD

MBUILD configured to use 'Microsoft Visual C++ 2008' for C++ language compilation.
```

6.1.1 可执行程序编译

在 Microsoft Windows 操作系统中，可执行程序是常见的 exe 文件，在 UNIX 操作系统中，可执行程序是 so 文件。生成可执行文件的方法和生成动态链接库的方式都很简单，采用的命令格式也很相近，都可以概括为如下的形式：

```
mcc [- options] mfile1[mfile2 ... mfileN] [C/C++file1 ... C/C++fileN]
```

其中，更多的详细信息可以通过帮助文档 help 去了解。这里只是提供可能会用的一些简单用法，不作特别展开。另外，在不同的操作系统中，对应的编译命令也有所不同。

将 m 文件编译为 exe 文件的使用方式，通常如下所示：

```
mcc - e - R '- logfile filename' - v function_name -a addFilePath ...
 - N -p directory -d destinationPath
```

mcc 是 MATLAB 的编译命令。

- e 表示支持 MS - DOS 命令窗口显示。

- R 表示将会生成错误日志文件。其中 - logfile 是标识，filename 是错误日志文件的名称，可以自行给定，一般设置为 logfile. txt。

- v 表示生成可执行文件的主函数在后面，该主函数的名称可以替代 function_name 的位置。

- a 表示需要额外增加其他相关文件，一般为外部配置文件。

- N - p 表示增加额外的可识别路径，一般设置为需要用到的特定工具箱名称文件夹，这些文件夹可以通过寻找对应函数的方式，在 MATLAB 安装目录下搜索到对应的函数所在工具箱文件夹。

- d 表示指定目标生成的路径，在当前命令下是 exe 生成路径。在 exe 生成的同时，会有一些额外附加的文件生成，这些文件并不影响 exe 的执行。

其中，除了 - v 和 - d 对应的名称或者路径为唯一外，- a 和 - N - p 所对应的的文件路径和名称可以是多个。

在 UNIX 操作系统中，编译 so 文件的命令也十分简单，一般如下所示：

```
mcc - m - v function_name -a addFilePath -N -p directory -d destinationPath
```

大部分的命令标识是相同的，不同之处在于，- m 不再表示需要(如同 - e)生成 MS - DOS 命令窗口，而是一个独立的运行程序。

需要说明的是，- N - p 设置的是 m 文件中所用到的工具箱的文件夹名称，如影像处理工具箱为 images，计算机视觉工具箱为 vision，统计工具箱为 stats，等等。为了找出 m 文件中所有相关的工具箱，需要对代码中关键函数有较为清晰的认知。普通的 MATLAB 函数在其自带的工具箱中，不需要额外设置 - N - p，而某些特定函数在特定工具箱中，如影像处理工具箱时，就需要增加 - N - p 的设置。当不确定某个函数具体在哪个工具箱时，可以通过函数 which

找到函数对应的 m 文件位置,从而逐层找到其对应的工具箱文件夹名称。

【例 6.1.1】 利用 mcc 命令编译可执行程序。

```
function myDispDemo()
disp('Hello, MATLAB.');
end
```

编译命令及提示:

```
mcc -e -R '-logfile logfile.txt' -v myDispDemo;

Compiler version: 6.0 (R2015a)
Dependency analysis by REQUIREMENTS.
Parsing file "E:\我的M文件\示例\myDispDemo.m"
(Referenced from: "Compiler Command Line").
Deleting 0 temporary MEX authorization files.
Generating file "E:\我的M文件\示例\readme.txt".
```

编译 exe 后结果如图 6.1.1 所示。

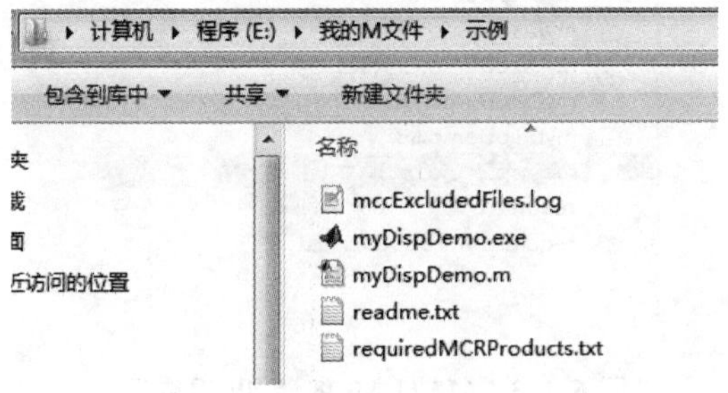

图 6.1.1　MATLAB 编译 exe 后结果

编译 exe 后执行结果如图 6.1.2 所示。

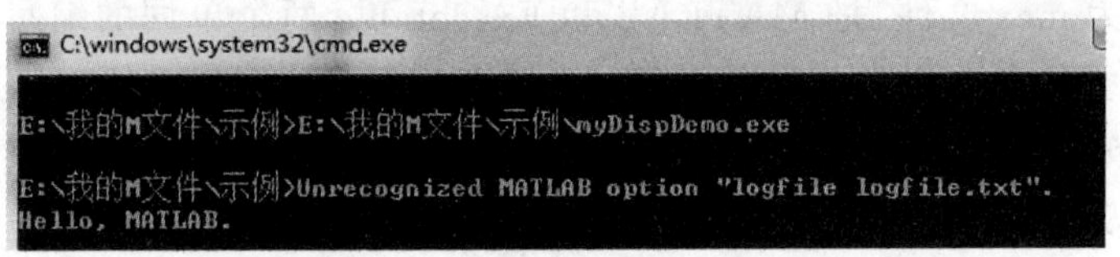

图 6.1.2　MATLAB 编译 exe 执行结果

6.1.2　动态链接库编译

在 Microsoft Windows 操作系统中,动态链接 dll 文件可以通过 m 文件编译生成,使用的编译命令与生成可执行性程序的编译命令大同小异。使用的格式如下所示:

```
mcc -W cpplib:functionName -T link:lib dllName -a addFilePath...
 -N - p directory… - d destinationPath;
```

-W 表示需要转换的函数。随后是类型名称 cpplib,表示是 C++接口函数;后续是需要的函数名称,该函数名称可替换 functionName。

-T 表示需要转换的目标类型。随后是类型名称 link:lib,表示是动态链接库;后续是需要的动态链接库名称,该名称可以替换 dllName。

【例 6.1.2】 利用 mcc 命令编译动态链接库。

```
function myDispDemo()
disp('Hello, MATLAB.');
end
```

编译命令及提示：

```
mcc -W cpplib:myDispDemo -T link:lib myDispDemo;
```

使用 'Microsoft Visual C++ 2008' 编译。

编译 dll 后结果如图 6.1.3 所示。

图 6.1.3 MATLAB 编译 dll 后结果

除了使用 loadlibrary 等函数，可以让 MATLAB 调用 C++编译的 dll，事实上还有一种特殊的动态链接库文件，可以被 MATLAB 直接调用。这种特殊的动态链接库文件在 MATLAB中被称为 mex 文件，是 MATLAB 和 Executable 两个单词的缩写。mex 文件可以是C++中的 cpp 文件和 h 文件通过 MATLAB 编译后生成的一种文件。但 mex 文件的生成需要有一个前提条件，就是 C++的函数接口必须与 MATLAB 的接口一致；其次，头文件需要引用 mex. h 以及其他可能用到的 MATLAB 库函数的头文件。

MATLAB 的函数接口形式如下所示：

```
void mexFunction( int nlhs, mxArray *plhs[],int nrhs, const mxArray *prhs[] )
```

其中，nlhs 是输出参数个数；plhs 是输出参数指针；nrhs 是输入参数个数；prhs 是输入参数指针。例如输入参数是 a、b、c，输出参数是 d、e，那么 nlhs 的值为 3，plhs 是一个包含指针的数组的指针，plhs[0]是 a 的地址，plhs[1]是 b 的地址，plhs[2]是 c 的地址，nrhs 的值为 2，prhs[0]是 d 的地址，prhs[1]是 e 的地址。

6.2 调　用

调用和编译是相互补充、相辅相成的。MATLAB 不仅能够调用其他方式编译出可执行程序和动态链接库，也能编译出可供其他程序调用的可执行程序和动态链接库。以下列举常见的与 C++之间的调用关系。

6.2.1 MATLAB 调用 C++

MATLAB 调用 C++主要有三种方式：可以通过动态链接库 dll 文件方式调用，可以通过 exe 的方式调用，还可以通过 mex 文件方式调用。

MATLAB 调用 dll 的方式在第 5 章"MATLAB 文件 I/O"中略有提及，这里再回顾一下。dll 方式的调用主要是通过 MATLAB 提供的一组函数来完成的，前提是不仅需要 dll 文件，还需要有记录了 dll 的接口说明文件(h 文件)。MATLAB 调用 C++动态链接库函数如表 6.2.1 所列。

表 6.2.1 MATLAB 调用 C++动态链接库函数表

函 数	用 法	说 明
loadlibray	loadlibrary(libname,hfile)	加载动态链接库文件。loadlibray 有两种调用方式
	loadlibrary(libname,... hfile,'mfilename',mfilename)	首次使用 loadlibrary 时，需要用到对应的 h 文件，与此同时会生成一个 m 文件，被称为原型文件。hfile 表示对应 h 文件路径，mfilename 表示原型文件名称
	loadlibrary(libname,@protofile)	后续再次调用时，可以不再使用 h 文件，转而可以使用之前生成的原型文件中的函数。此时 libname 替代的是动态链接库路径，protofile 替代的是 mfilename 文件中的函数
libisloaded	tf = libisloaded(libname)	判断是否加载成功
calllib	[x1,...,xN]=... calllib(libname,funcname,arg1,...,argN)	调用函数接口
libpointer	p =libpointer p =libpointer(DataType) p =libpointer(DataType,Value)	生成函数变量指针
libstruct	S = libstruct(structtype) S = libstruct(structtype,mlstruct)	生成函数变量结构
libfunctions	libfunctions libname m = libfunctions(libname) [...] = libfunctions(...,'-full')	返回动态链接库中的函数信息
libfunctionsview	libfunctionsview libname	显示动态链接库中的函数
unloadlibrary	unloadlibrary libname	卸载动态链接库

MATLAB 调用 exe 文件方式也很简单。通过 eval 函数、运算符"!"以及编辑字符串作为函数的输入变量，可以执行 exe 命令。运算符"!"加上函数名称及字符串，表示在 system 环境下执行可执行程序，变量参数为字符串，变量之间可以通过合适的间隔符(如空格、逗号、双引号)划分。调用 exe 格式可以如下所示：

```
eval(['! ',exeNameString,inputString1,inputString2,...,inputStringN])
```

MATLAB 调用 mex 文件相对最简单，和调用 m 文件中的函数一样使用即可。与 m 文件不同的是，当 mex 使用报错时，由于调用的 mex 文件是一种特殊的 dll 文件，在调试代码方面，将比 m 文件麻烦一些。

【例 6.2.1】 利用 MATLAB 调用 C++动态链接库，显示动态链接库中的函数信息。

```
addpath(fullfile(matlabroot,'extern','examples','shrlib'))
cd(fullfile(matlabroot,'extern','examples','shrlib'))
loadlibrary('shrlibsample')
libfunctions shrlibsample - full

Functions in library shrlibsample:

[double, doublePtr] addDoubleRef(double, doublePtr, double)
double addMixedTypes(int16, int32, double)
[double, c_structPtr] addStructByRef(c_structPtr)
double addStructFields(c_struct)
c_structPtrPtr allocateStruct(c_structPtrPtr)
voidPtr deallocateStruct(voidPtr)
lib.pointer exportedDoubleValue
lib.pointer getListOfStrings
doublePtr multDoubleArray(doublePtr, int32)
[lib.pointer, doublePtr] multDoubleRef(doublePtr)
int16Ptr multiplyShort(int16Ptr, int32)
doublePtr print2darray(doublePtr, int32)
printExportedDoubleValue
cstring readEnum(Enum1)
[cstring, cstring] stringToUpper(cstring)
```

【例 6.2.2】 利用 MATLAB 调用 C++动态链接库，调用动态链接库中的函数。

```
addpath(fullfile(matlabroot,'extern','examples','shrlib'))
cd(fullfile(matlabroot,'extern','examples','shrlib'))
loadlibrary('shrlibsample')

str = 'This was a Mixed Case string';
calllib('shrlibsample','stringToUpper',str)
ans =
   THIS WAS A MIXED CASE STRING

m = 1:12;
m = reshape(m,4,3)
m =
     1     5     9
     2     6    10
     3     7    11
     4     8    12

dims = size(m)
dims =
     4     3

calllib('shrlibsample','print2darray',m,4)
        1          2          3
        4          5          6
        7          8          9
       10         11         12
calllib('shrlibsample','print2darray',m',4)
        1          5          9
        2          6         10
```

```
        3            7            11
        4            8            12
```

6.2.2　C＋＋调用 MATLAB

C＋＋调用 MATLAB 文件有三种方式。第一种是直接调用 MATLAB 函数，第二种是调用 MATLAB 生成的 dll，第三种是调用 MATLAB 生成的 exe。这里要提到的是，C＋＋还需要有 MATLAB 函数库的运行环境才可以运行程序。一般在安装完 MATLAB 之后，或者安装了 MATLAB 的运行时环境 MATLAB Compiler Runtime(MCR)之后，也能够正常调用和运行。

第一种调用方式需要用到 MATLAB 相关的库、函数和数据结构。

第二种和第三种方式可以通过 C＋＋配置引用 MATLAB 函数库的运行环境，当添加了引用库 h 文件和 dll 文件后，就可以按照普通的可执行程序或者动态链接库看待。

【例 6.2.3】　利用 C＋＋应用程序调用 MATLAB 函数。

下面这段 C＋＋程序主体分为两部分。第一部分为模拟自由落体运动公式，分别计算 0～9 s内每间隔 1 s 时运行的位移，并画出位移图。第二部分为输入一个变量，返回对应变量的类型。

```
/*
 *   engdemo.cpp
 *
 *   A simple program to illustrate how to call MATLAB
 *   Engine functions from a C++ program.
 *
 * Copyright 1984 - 2011 The MathWorks, Inc.
 * All rights reserved
 */
#include <stdlib.h>
#include <stdio.h>
#include <string.h>
#include "engine.h"
#define  BUFSIZE 256

int main()

{
    Engine *ep;
    mxArray *T = NULL, *result = NULL;
    char buffer[BUFSIZE+1];
    double time[10] = { 0.0, 1.0, 2.0, 3.0, 4.0, 5.0, 6.0, 7.0, 8.0, 9.0 };

    /*
     * Call engOpen with a NULL string. This starts a MATLAB process
     * on the current host using the command "matlab".
     */
    if (!(ep = engOpen(""))) {
        fprintf(stderr, "\nCan't start MATLAB engine\n");
        return EXIT_FAILURE;
    }
```

```
/*
 * PART I
 *
 * For the first half of this demonstration, we will send data
 * to MATLAB, analyze the data, and plot the result.
 */

/*
 * Create a variable for our data
 */
T = mxCreateDoubleMatrix(1, 10, mxREAL);
memcpy((void *)mxGetPr(T), (void *)time, sizeof(time));
/*
 * Place the variable T into the MATLAB workspace
 */
engPutVariable(ep, "T", T);

/*
 * Evaluate a function of time, distance = (1/2)g.*t.^2
 * (g is the acceleration due to gravity)
 */
engEvalString(ep, "D = .5.*(-9.8).*T.^2;");

/*
 * Plot the result
 */
engEvalString(ep, "plot(T,D);");
engEvalString(ep, "title('Position vs. Time for a falling object');");
engEvalString(ep, "xlabel('Time (seconds)');");
engEvalString(ep, "ylabel('Position (meters)');");

/*
 * use fgetc() to make sure that we pause long enough to be
 * able to see the plot
 */
printf("Hit return to continue\n\n");
fgetc(stdin);
/*
 * We're done for Part I! Free memory, close MATLAB figure.
 */
printf("Done for Part I.\n");
mxDestroyArray(T);
engEvalString(ep, "close;");


/*
 * PART II
 *
 * For the second half of this demonstration, we will request
 * a MATLAB string, which should define a variable X.  MATLAB
 * will evaluate the string and create the variable.  We
 * will then recover the variable, and determine its type.
 */
```

```
    /*
     * Use engOutputBuffer to capture MATLAB output, so we can
     * echo it back.  Ensure first that the buffer is always NULL
     * terminated.
     */

    buffer[BUFSIZE] = '\0';
    engOutputBuffer(ep, buffer, BUFSIZE);
    while (result == NULL) {
        char str[BUFSIZE + 1];
        /*
         * Get a string input from the user
         */
        printf("Enter a MATLAB command to evaluate.  This command should\n");
        printf("create a variable X.  This program will then determine\n");
        printf("what kind of variable you created.\n");
        printf("For example: X = 1:5\n");
        printf(">> ");

        fgets(str, BUFSIZE, stdin);

        /*
         * Evaluate input with engEvalString
         */
        engEvalString(ep, str);

        /*
         * Echo the output from the command.
         */
        printf("%s", buffer);

        /*
         * Get result of computation
         */
        printf("\nRetrieving X...\n");
        if ((result = engGetVariable(ep,"X")) == NULL)
          printf("Oops! You didn't create a variable X.\n\n");
        else {
        printf("X is class %s\t\n", mxGetClassName(result));
        }
    }

    /*
     * We're done! Free memory, close MATLAB engine and exit.
     */
    printf("Done!\n");
    mxDestroyArray(result);
    engClose(ep);

    return EXIT_SUCCESS;
}
```

```
Hit return to continue

Done for Part I.
Enter a MATLAB command to evaluate.   This command should
create a variable X.   This program will then determine
what kind of variable you created.
For example: X = 1:5
X = 17.5

X =
   17.5000

Retrieving X...
X is class double
Done!
```

运行结果如图 6.2.1 所示。

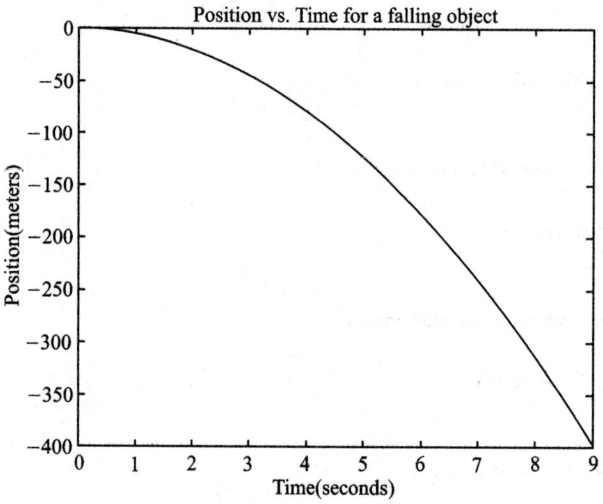

图 6.2.1　自由落体运动的位移与时间关系

6.3　本章小结

本章简单介绍了 MATLAB 的编译为可执行程序和动态链接库的方法，介绍了MATLAB 调用 C＋＋，以及 C＋＋调用 MATLAB 的过程。还有很多其他语言如 FORTRAN、JAVA 等，都能与 MATLAB 存在相互引用，感兴趣的读者可以自行在 MATLAB 中摸索和尝试。

下篇

遥感技术中的MATLAB应用

第 7 章 影像灰度处理

影像灰度处理，顾名思义，就是要改变影像中的明暗信息。通过这些明暗信息的改变，可以摒弃影像中不关心的部分，保留甚至是凸显需要关注的部分，从而更好地理解影像、分析影像。本章将从简单而特殊的二值影像处理开始，再逐步谈到普通的灰度影像处理，以及与影像灰度处理相关的傅里叶变换、色彩空间转换和影像重采样。

7.1 二值影像处理

二值影像处理是影像灰度处理中一个相对简单而基础的部分。如同学习几何，需要先学习一维的直线、射线、线段，接着是二维平面几何，最后才是三维空间立体几何。影像灰度处理也是如此。对于影像而言，二值影像是最简单的一种影像(单值影像从信息熵的角度看，本身就不具备足够的信息，因此也无须研究)。尽管二值影像简单，但对应的影像处理内容却不容忽视。

在 MATLAB 中，二值影像是只用 0 和 1 构成的一个二维矩阵，也可以是只由 false 或者 true 构成的一个二维矩阵。

7.1.1 影像二值化

一般常见的影像是彩色 RGB 影像，也是无符号 8 位(uint8)的三个波段灰度影像，即一个三维矩阵。一个波段代表三维矩阵中的一层。三个波段分别代表红、绿、蓝三原色。红色是三维矩阵的第一层，即最上层；绿色是三维矩阵的第二层，即中层；蓝色是三维矩阵的第三层，即最下层。无符号 8 位灰度是指，每一个波段中每个颜色值范围从无符号二进制的 00000000～11111111(即 0～255)取值。

那么现在的问题来了，如何将这些 uint8 的三波段灰度影像转换为一个二值影像呢？事实上可以有很多不同的做法，但大体思路基本是一致的。

首先需要解决的是波段不一致的问题。一个多波段数据需要转换为一个单波段数据，可以通过任意选取一个波段的方式得到，或者是通过多波段取平均的方式获得，等等。从更抽象的角度，可以理解成生成的单波段为多波段中各个波段的加权平均值。当权重比例第一波段是 1，其他波段是 0 时，生成的单波段影像事实上就是第一波段。当每个波段的权重比例都一致时，可以理解为多波段取平均值得到单波段。因此，权重的分配是这一步需要思考的地方，也是一个可以灵活设置的地方。

在 MATLAB 中 rgb2gray 函数就可以将三波段红绿蓝(RGB)影像转变为灰度影像，在命令窗口中输入 edit rgb2gray 命令，可以看到这个函数的做法。进入 rgb2gray 函数，可以看到大段绿色的注释里面包含了很多说明和用法，其中有一个关键部分代码如下所示：

```
T = inv([1.0     0.956     0.621;                          %矩阵求逆
         1.0    -0.272    -0.647;
         1.0    -1.106     1.703]);
coef = T(1,:);
```

其中,coef的字面含义是系数,就是上文提到的RGB三种颜色的权重分配。经过计算,可以看出rgb2gray中的权重比例是:

```
coef =
    0.2989    0.5870    0.1140
```

这样的计算结果与帮助文档中rgb2gray算法部分说明相一致。需要特别注意的是,输入edit rgb2gray命令后,会进入rgb2gray函数的实现代码中,但不能随意修改这些MATLAB内部的函数实现,否则函数功能可能出现问题。

接下来,当得到单波段影像后,单波段中的值是各种各样的,需要将这些灰度值按照某种方式分为两类:一类用0表示,一类用1表示。将灰度分为两类的方法中,最简单也最容易想到的方式是设置一个灰度阈值,小于该阈值的设置为0,大于阈值的设置为1。但同时又引出了另外的问题——这个灰度阈值如何确定?

MATLAB中也提供了graythresh函数计算灰度阈值的方法。这个灰度阈值经过了归一化,因此理论上的取值范围为[0,1]。该函数所使用的算法,也在帮助文档graythresh函数的参考文献中提到了。具体算法不再详述。感兴趣的读者可以通过edit graythresh查看graythresh函数中代码的含义,了解算法的实现步骤。

最后,计算出这个阈值后就可以将原先的uint8三波段RGB影像生成为一个单波段的二值影像。MATLAB中也提供了im2bw函数。im2bw函数用法中的level变量,就是通过graythresh函数计算的灰度阈值结果。

【例7.1.1】 利用函数im2bw生成二值图像并显示。

```
load trees
BW = im2bw(X,map,0.4);
figure, imshow(BW)                    %见图7.1.1
```

图7.1.1 二值图像(例7.1.1)

7.1.2 形态学处理

形态学处理,是二值影像中很重要、用途较多的一种处理方法。当显示了一幅二值图像后，可以明显看到黑色所表示的 0、白色所表示的 1 的位置。若需要将二值图像中存在的微小白色图斑去除，但又不想过分影响其他大的白色图斑的基本形状，那么可以用形态学处理方式——腐蚀和膨胀操作。

在讲膨胀和腐蚀之前，需要介绍形态学结构元素。形态学结构元素，对应的是图像中每个 1 的作用域。比如定义矩阵 a 和矩阵 b，如下所示：

```
a = ones(3)
a =
     1     1     1
     1     1     1
     1     1     1
b = [0,1,0;1,1,1;0,1,0]
b =
     0     1     0
     1     1     1
     0     1     0
```

可以将矩阵中心作为每个在图像中的像素进行考虑。如果给定一个邻域规则，那么二维图像中每个像素周围就存在若干个邻域像素。一旦确立了邻域规则，也就确定了形态学结构元素，等价于定义了一个像素与其邻域像素的位置关系。如矩阵 a 可以理解为，行列方向相差均不超过 1 的像素被视为邻域；矩阵 b 可以理解为，欧氏距离不超过 1 的像素被视为邻域。从中可以看到，刻画邻域是通过矩形范围中的 1 的位置来描述，而且矩阵长、宽为奇数。特殊的邻域要求，可以通过变化形态学结构元素中 1 的位置，达到修改邻域规则的目的。膨胀和腐蚀也都是根据邻域的定义进行操作的。

在 MATLAB 中形态学结构元素对应的函数为 strel。函数 strel 包含了很多种形态结构元素的实例，有正方形、菱形、椭圆形等供用户选择。详细说明可以参照帮助文档中的函数 strel 用法。

膨胀所执行的操作是，如果原始图像中某一个像素值为 1，就将对应结果影像像素的邻域内的像素值都变为 1。图像中为 0 的像素值，不做任何操作。膨胀所在 MATLAB 中对应的是函数 imdilate。

除了简单的腐蚀、膨胀、开运算、闭运算操作外，MATLAB 还支持一些更为复杂的形态学处理。这里用到的函数是 bwmorph。这个函数可以做更广泛意义的操作，并且也支持图形处理器(Graphics Processing Unit)GPU 运算。其使用方法如下：

```
BW2 = bwmorph(BW,operation)
BW2 = bwmorph(BW,operation,n)
```

其中，operation 可以操作更多种形态学操作，关于函数 bwmorph 中参数 operation 的说明可以从帮助文档中找到，这里不再一一列举。

【例 7.1.2】 利用函数 imdilate 生成膨胀二值图像并对比显示。

```
bw = imread('text.png');
se = strel('line',11,90);
bw2 = imdilate(bw,se);
imshow(bw), title('Original')                    %见图 7.1.2
figure, imshow(bw2), title('Dilated')            %见图 7.1.3
```

腐蚀所执行的操作与膨胀所执行的操作，思维是逆向的。如果原始图像中的某个像素的邻域内的像素值都是 1，那么对应的结果像素值是 1；否则是 0。腐蚀所对应的函数是 imerode。

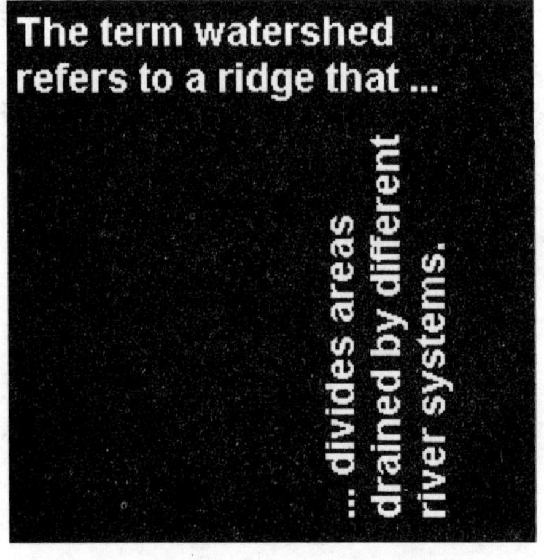

图 7.1.2　原始二值图像(例 7.1.2)

图 7.1.3　膨胀后的二值图像

除了膨胀腐蚀之外，形态学处理还有两种算法，分别是开运算和闭运算。开运算是先腐蚀后膨胀，对应的函数是 imopen；闭运算是先膨胀后腐蚀，对应的函数是 imclose。以下举例在参考了帮助文档 imclose 函数例子的基础上，略作修改。从中可以看到膨胀、腐蚀的次序，以及对于二值影像处理结果的不同。膨胀、腐蚀、开运算和闭运算都是形态学操作，相互之间存在一定的关联性，当做了开运算或者闭运算之后，结果图像和原始图像可能会存在一定的差异。

【例 7.1.3】　利用函数 imerode 生成腐蚀后的二值图像并对比显示。

```
originalBW = imread('circles.png');
se = strel('disk',11);
erodedBW = imerode(originalBW,se);                    % 见图 7.1.4
imshow(originalBW), figure, imshow(erodedBW)          % 见图 7.1.5
```

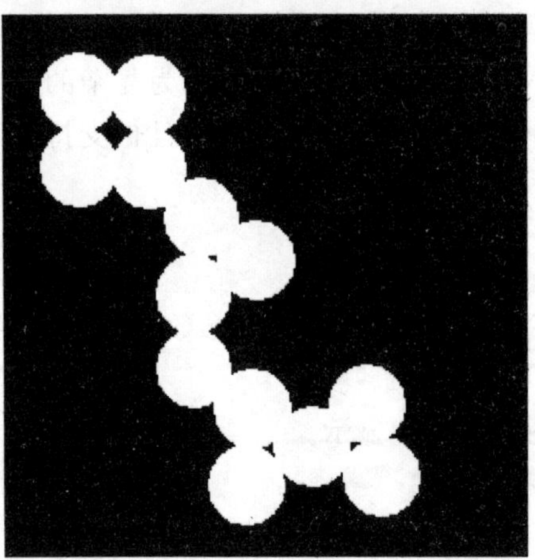

图 7.1.4　原始二值图像(例 7.1.3)

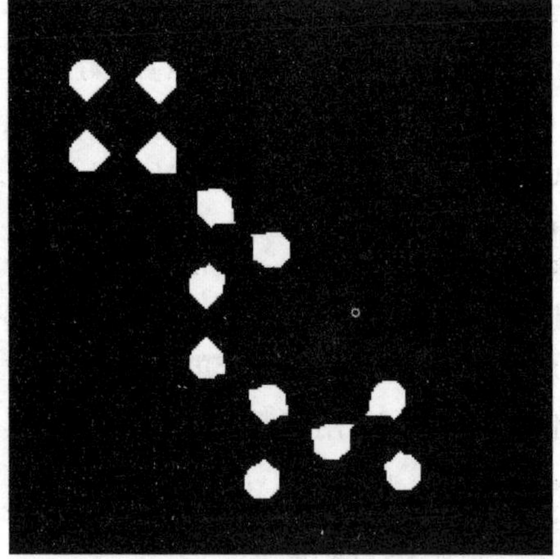

图 7.1.5　腐蚀后的二值图像

【例 7.1.4】　利用函数 imopen 和 imclose 生成开、闭操做后的二值图像并对比显示。

```
se = strel('disk',10);
openBW = imopen(originalBW,se);
closeBW = imclose(originalBW,se);
figure, imshow(openBW)                        % 见图 7.1.6
figure, imshow(closeBW)                       % 见图 7.1.7
```

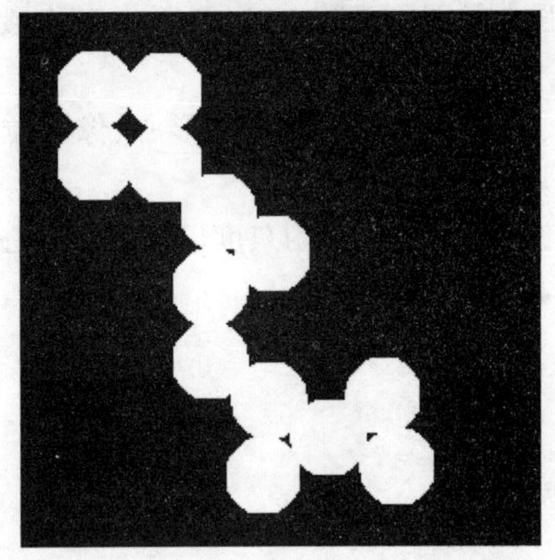

图 7.1.6　开操作后的二值图像

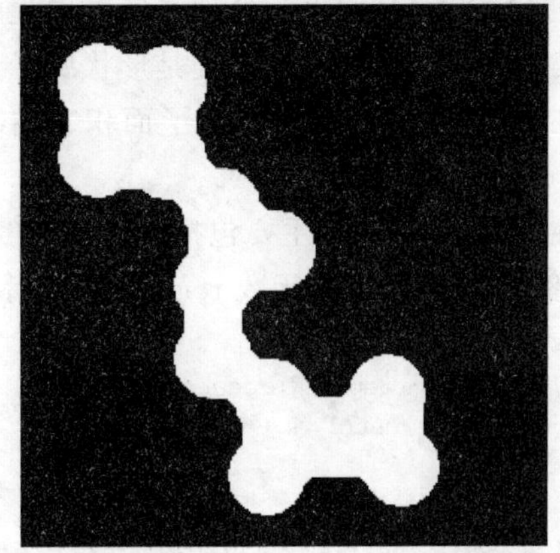

图 7.1.7　闭操作后的二值图像

【例 7.1.5】 利用函数 bwmorph 对二值图像做形态学处理并显示。

```
figure;
BW = imread('circles.png');
subplot(1,3,1);
imshow(BW);

BW2 = bwmorph(BW,'remove');
subplot(1,3,2);
imshow(BW2)

BW3 = bwmorph(BW,'skel',Inf);
subplot(1,3,3);
imshow(BW3)                        % 见图 7.1.8
```

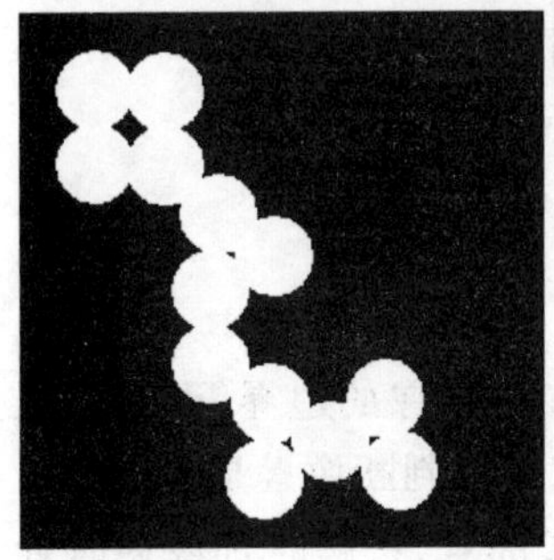

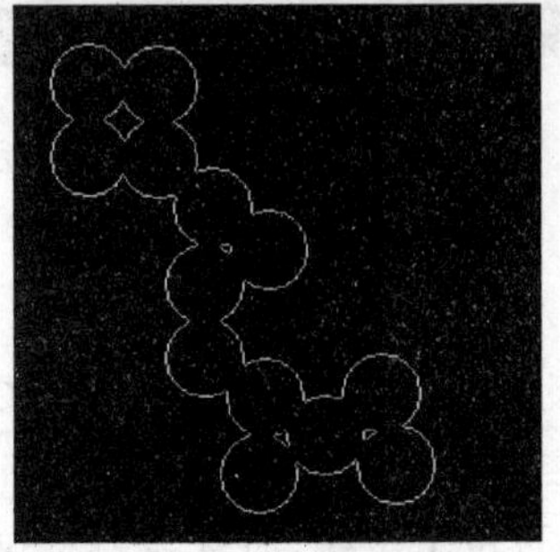

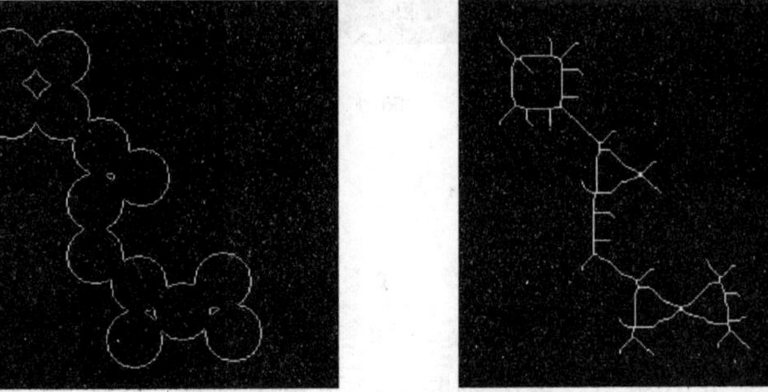

图 7.1.8　函数 bwmorph 处理的二值图像

7.1.3　图斑统计

二值图像由于黑白区域在影像上覆盖情况的多样性，产生了影像中不同种类和形状的白色区域，也就是所说的图斑。对于不同的图斑，可能会需要统计其基本信息，如形状、大小等属性。此时，需要借助一定的数学基础知识和图像学处理方法，得到图斑的信息。例如，图斑的周长通过原始二值影像腐蚀一个像素大小后，与本身取“异或”操作得到最外围的一圈像素位置，然后统计图斑的周长；最小外接矩形可以利用组成图斑的像素位置取最小、最大值，等等类似的方式，可以得到一些表征二值图像中不同图斑的信息。

在 MATLAB 中也为处理二值影像提供了一个强大的图斑函数 regionprops，其中囊括了两大类基本的图斑属性。一类是形状属性，另一类是像素值属性。

在形状属性中，主要包括了面积、欧拉数、方向、最小外接矩形、周长、形心、像素位置序列等。

在像素值属性中，主要包括了像素灰度、最大灰度、最小灰度、平均灰度以及灰度重心等。

【例 7.1.6】 利用函数 regionprops 计算图斑中心点位置并显示。

```
BW = imread('text.png');
s   = regionprops(BW, 'centroid');
centroids = cat(1, s.Centroid);
imshow(BW)
hold on
plot(centroids(:,1), centroids(:,2), 'b*')
hold off                                        %见图 7.1.9
```

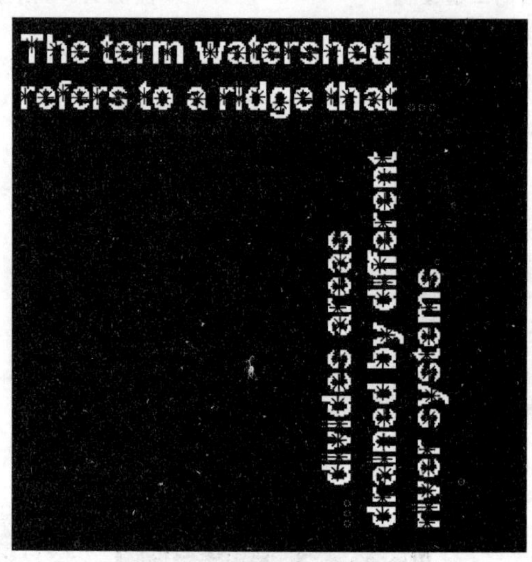

图 7.1.9 各图斑及中心点位置显示图

7.1.4 边界提取

边界提取也是二值图像一个比较有趣的算法。常常需要提取二值影像的边界，而边界提取又包含简单的栅格边界提取和复杂的矢量边界提取。栅格边界只需要判断像素是否位于边缘，而矢量边界不仅需要判断点是否位于边缘，而且需要将位于边缘的点，按顺时针或逆时针方向串联起来。边界提取是已知二值化影像，需要获得边缘，与之相反，有时候已知影像边缘，需要获得位于边缘内部对应的二值化影像。在 MATLAB 中，对应二值化影像像素边缘提取的函数是 bwboundaries 和 bwtraceboundary。函数 bwboudaries 是计算二值影像中每个区域的边界，因为区域边界的长度不一定一致，所以生成的结果用元胞数组的形式存储。同时函数 bwboundaries 还会将影像中洞的边界都一一搜索出来，可以根据参数设置区分洞和非洞，进

行搜素。函数 bwtraceboundary 是通过跟踪边界的方式，需要给定起始点、搜索方向、步距以及连通性等信息搜索边界。通常使用 bwboundaries 更多一些。需要注意的是 MATLAB 提供的边界搜索的坐标是位于栅格格网中心的位置。

【例 7.1.7】 利用函数 bwboudaries 计算图斑边缘并显示。

```
I = imread('rice.png');
BW = im2bw(I, graythresh(I));
[B,L] = bwboundaries(BW,'noholes');
imshow(label2rgb(L, @jet, [.5 .5 .5]))
hold on
for k = 1:length(B)
    boundary = B{k};
    plot(boundary(:,2), boundary(:,1), 'w', 'LineWidth', 2)                %见图 7.1.10
end
```

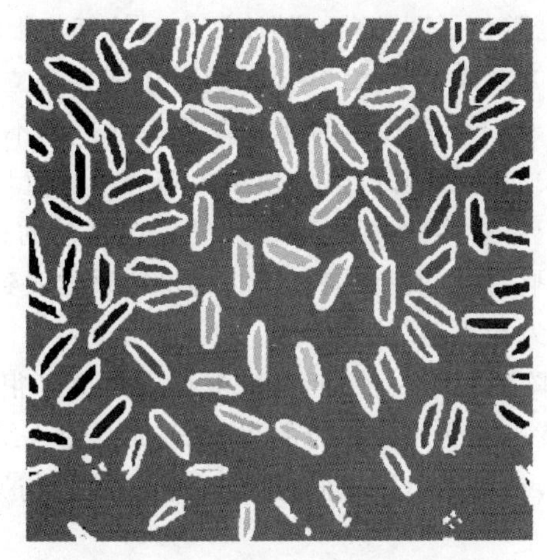

图 7.1.10　各图斑及边缘显示图

说到多边形，不得不说一些题外话，在 MATLAB 中多边形是由多个点依次连接而成。因此不仅需要有构成多边形的点表示，而且需要有这些点的连接次序。在 MATLAB 中，是通过按顺序的点的坐标来表示多边形，而且多边形的起点和终点的坐标是一致的，因此会形成一个闭环。若起点和终点不一致，且又表示这些点依次连接，则实际表达的是一条线段或者折线。

表达多个多边形既可以通过多个元胞数组的方式存储和表达，也可以通过多边形两两之间坐标用非数 NaN 分隔的形式表达。这种方式存储量更小一些，结构也更统一，缺点就是不如元胞数组可以清楚地知道每个多边形的点个数以及包含的多边形个数。但两者可以通过函数 polysplit 和 polyjoin 相互转化。基于多边形的操作还有更多的函数，如合并线段折线函数 polymerge、多边形运算函数 polybool、多边形裁切函数 polycut 等，在此不再详细介绍。

7.2　灰度影像处理

除了二值图像处理之外，常见的还有 uint8、uint16 等影像。这些影像都可以称为灰度影像。所谓灰度影像，就是对于一个波段而言，存在黑色和白色的逐渐过渡。如 uint8 单波段影像就存在从黑到白 2^8 级的过渡，包括黑色和白色一共是 256 种灰度值。由于灰度的变化不再是非黑即白、非白即黑，所以这种过渡性的灰度值赋予了影像更多明暗变化的可能，从影像上看也更具有层次和细节。

因此处理灰度影像的方式，与二值影像相比，也更加的复杂。可以从三个主要方面来考虑对灰度影像的处理，第一是局部空间的灰度处理，第二是全局空间的灰度处理，第三是频率空间的灰度处理，分别对应了下文要讲的影像滤波、影像增强中的对比度拉伸和直方图均衡，以及傅里叶变换。

7.2.1 影像滤波

影像滤波是在局部空间上考虑改变影像的灰度值。局部空间是指影像中像素与像素之间的位置关系。影像滤波充分考虑到了像素与邻近像素之间的位置关系，并以此为算法的核心，计算滤波后的影像。

不同波段的滤波过程，利用了分层滤波的方式。波段与波段之间不参与运算，只在相同波段内部进行滤波运算，这样也避免了互相独立的波段之间的互相影响。

影像滤波的作法是将影像看成一个大的矩阵，同时还需要建立一个小的滤波矩阵。这个小的滤波矩阵在效果上等同于一个能移动的邻域权重矩阵。当不考虑影像边缘的特殊情况时，将小的滤波矩阵压盖在大的影像矩阵之中，使小矩阵的每个值与大矩阵中某个区域的每个像素灰度重合在一起，并逐个像素移动，而非逐块移动。在移动的过程中，小矩阵的值与大矩阵中重合的灰度一一对应相乘，并对所有乘积求和，再将结果放入到大小矩阵互相重合部分的中心位置。这一过程也被称为卷积运算。

因为影像滤波中滤波矩阵的不唯一性，所以也就相应产生了很多不同的滤波类型。需要注意的是，滤波的结果并不直接改变原始影像的灰度值，而是放入结果影像中的对应位置。因此在滤波矩阵移动的过程中，每次的运算之间是相互独立的，只与原始影像有关，与上一次的结果无关。

1. 均值滤波

均值滤波就是影像滤波的一种特殊形式。均值滤波就是将滤波模板矩阵中的每个值都设置相同，并使这些值的和为1。除此之外，均值滤波也没有限定滤波矩阵的大小。因此可以预见，3×3和5×5大小的均值滤波，虽然都是均值滤波，但是它们的滤波矩阵有很大差别，滤波后的结果在细节上也会存在一些差异。从整体上看，均值滤波的效果基本是一致的，因为它弱化了邻域内灰度的差异性，从而降低了影像的纹理特征，使整体影像呈现更模糊的现象。

通过均值滤波的介绍，我们可以将均值滤波推广到更抽象的具有任意形式滤波矩阵的加权滤波。一般而言，加权滤波会将滤波矩阵的值进行一次归一化，以防止加权后的值超出原始影像的正常取值范围。这样加权的形式也更为灵活一些。权重值的设置可以根据不同的需求任意指定，特别是试验和更改权重的情况下，只需要修改滤波矩阵即可。

在MATLAB中加权滤波的函数主要会用到imfilter、filter2、conv2等函数。这些函数都需要指定滤波的加权矩阵形式，一般可以直接通过矩阵的形式给定，有的也可以通过函数fspecial计算得到。函数fspecial为几种常见的滤波矩阵设计了特殊的参数和变量来完成滤波矩阵的构造工作。

【例7.2.1】 利用函数fspecial得到滤波后的图像并显示。

```
I = imread('cameraman.tif');
subplot(2,2,1);
```

```
imshow(I); title('Original Image');

H = fspecial('motion',20,45);
MotionBlur = imfilter(I,H,'replicate');
subplot(2,2,2);
imshow(MotionBlur);title('Motion Blurred Image');

H = fspecial('disk',10);
blurred = imfilter(I,H,'replicate');
subplot(2,2,3);
imshow(blurred); title('Blurred Image');

H = fspecial('unsharp');
sharpened = imfilter(I,H,'replicate');
subplot(2,2,4);
imshow(sharpened); title('Sharpened Image');                    %见图 7.2.1
```

Original Image

Motion Blurred Image

Blurred Image

Sharpened Image

图 7.2.1　二值图像滤波图

在看清上述代码表达的意思之后，读者是否会产生一种代码的重复感？在文学上，类似的重复是一种好的文学技巧，被称为排比；但在程序员的眼中，需要尽量减少重复，从而减少错误的可能。特别是在重复的地方需要修改时，多个重复点有可能并不在同一个地方，如此一来，程序的维护性将变差。

我们是否可以通过一种更简化的代码去掉这些代码中类似的重复呢？答案是显而易见的，如下所示：

```
processTypeNum = 3;
imagePath = 'cameraman.tif';
cTitleName = {'Original Image'; 'Motion Blurred Image';
              'Blurred Image'; 'Sharpened Image'};
```

```
cH = cell(processTypeNum,1);
cH{1} = fspecial('motion',20,45);
cH{2} = fspecial('disk',10);
cH{3} = fspecial('unsharp');
I = imread(imagePath);
for k = 1:processTypeNum + 1
    if k == 1
        newI = I;
    else
        newI = imfilter(I,cH{k - 1},'replicate');
    end
    subplot(2,2,k);
    imshow(newI); title(cTitleName{k});
end
```

从代码重复性的角度来看，与之前代码相比，重复使用函数的代码被归纳和抽象为 for 循环，减少了无谓的复制、粘贴。如果需要增加或者修改部分代码，可能会较多集中在代码的开头，不需要到程序内部寻找，这样修改会更简单一些。当然在增加显示新的图像时，subplot 中的第一、二个参数 2、2 就不再适用了，需要按需求修改。

2. 中值滤波

均值滤波是一种特殊的局部空间加权滤波。与它相比，中值滤波就是一种特殊的局部空间顺序滤波了。先解释一下中值，中值是指将一个数列按数值大小由小到大排列，位于数列最中间的数为这个数列的中值。若数列个数为偶数时，则取中间两个数的平均数，即中间两个数之和除以 2。相比于均值滤波，中值滤波虽然也考虑邻域信息，但它更关注邻域内灰度值大小的顺序，而不是简单的值本身。因此从算法实现角度看，它也更加复杂。

值得庆幸的是，二维影像的中值滤波在 MATLAB 中已经存在了对应的内置函数 medfilt2，可以简单地通过学习 medfilt2 的用法掌握对影像的中值滤波。既然中值滤波是一种特殊的空间顺序滤波，那么空间顺序滤波是否也和空间加权滤波一样，能够很方便地使用呢？MATLAB 也似乎考虑到了这点，提供了更广泛的任意位置的顺序滤波函数 ordfilt2。

这里需要介绍一下函数 ordfilt2 的用法。它需要待滤波的矩阵 A、顺序编号 order、邻域标记 domain、邻域内非零元的偏移值 S 以及矩阵边缘特殊情况选择 padopt。

顺序编号 order 是指在指定的邻域内，可以指定任意编号的值被挑选出来，如果该编号是 1，那么执行结果就是邻域内的最小值滤波；如果该编号是邻域个数，那么执行结果就是邻域内的最大值滤波；如果该编号是邻域个数的中间数，那么执行结果为中值滤波。需要注意的是，ordfilt2 中的 order 必须是整数。

邻域标记 domain 是一个指定邻域规则的矩阵。在矩阵中，可以指定与中心像素周围的若干像素作为中心像素的特定邻域。该邻域内的若干像素将被纳入计算范围，其他非邻域像素不作为计算参考依据。

邻域内非零元的偏移值 S 是指非零元的邻域值在计算某个指定顺序 order 之前，会先将各个邻域值与偏移量 S 相加，然后再计算其顺序位置对应的值。该值是经过了偏移后的值。

矩阵边缘特殊情况是指当处于矩阵边缘时，往往需要采取特殊处理方式，一般是通过矩阵外扩的方式，使计算可以正常往下进行。边缘的情况有以下几种外扩方式：

- 默认方式“zeros”，是将所有外扩值设为 0；
- 镜像方式“symmetric”，是将所有外扩值按其所在位置采用镜像的方式，采用 1 或 2 次镜像，找到对应的内部值并替换。

【例 7.2.2】 利用函数 ordfilt2 得到中值滤波后图像并对比显示。

```
A = imread('snowflakes.png');
B = ordfilt2(A,25,true(5));
figure, imshow(A), figure, imshow(B)            % 见图 7.2.2 和图 7.2.3
```

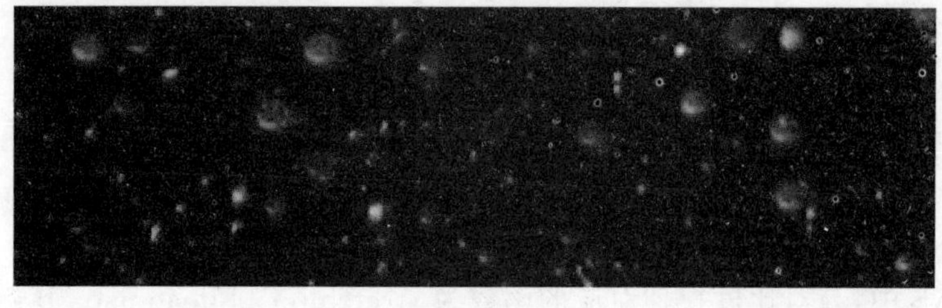

图 7.2.2　原始二值图像(例 7.2.2)

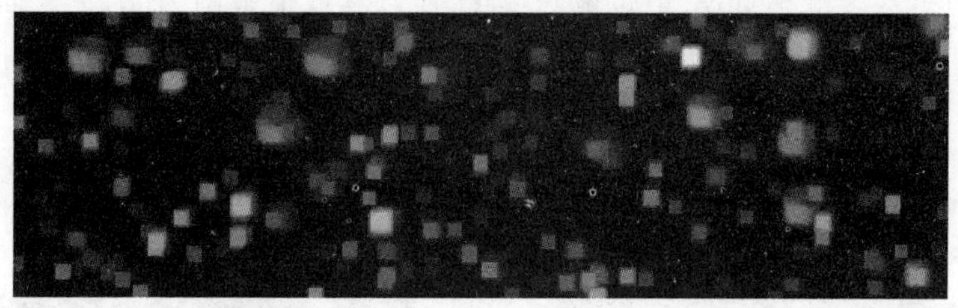

图 7.2.3　最大值滤波图像

7.2.2　影像增强

这里提到的影像增强只是一种为了处于简单概括考虑,将对比度拉伸和直方图均衡纳入进来,并非是指所有的影像增强。完整的影像增强,其实还包括了影像滤波中的一部分,以及很多其他的手段等。但总的来说,影像增强是为了削弱甚至消除影像中不需要甚至存在干扰的部分,增强影像中需要特别关注的部分。从这个意义上说,对比度拉伸和直方图均衡,起到了很好的效果。

这里影像增强的两种方法,主要是从全局灰度的角度和思路处理灰度影像。从全局灰度的角度考虑,没有涉及空间位置的关系,仅仅是从灰度值的改变来调整灰度影像的明暗变化,达到影像增强的目的。

两者都用到了影像的灰度直方图信息。所谓影像的灰度直方图信息,是根据影像数据类型所能表示的灰度值范围,统计灰度值范围内各个灰度值的影像像素数量。它可以通过数据显示,利用 MATLAB 函数,得到一张直方图。常用的直方图统计函数包括 imhist、histc、accumarray。显示直方图信息可以用函数 imhist、hist、bar。

这里需要重点提到函数 accumarray。该函数是对矩阵统计算法的一种高度抽象,不仅仅能够起到统计灰度直方图的作用,还可以支持很多其他不同的需求。这里介绍函数 accumarray 最复杂的一种用法,其他用法可以参照此用法中的变量名与之一一对应。当然,不同的用法使用的情况可能会有所不同,但基本变量的含义是相同的。

```
A = accumarray(subs,val,sz,fun,fillval,issparse)
```

其中,A 是结果矩阵;subs 和 val 分别是位置和位置对应的值,两者一一对应;sz 表示结果矩阵的大小,当 sz 设置为空时,会根据实际 subs 中存在的最大位置计算矩阵的大小;fun 表示相同位置所对应的值,需要合并的方式,也就是合并到一个值的具体函数句柄,如函数句柄@sum、@max、@prod,甚至可以是自定义的函数句柄。当缺省函数句柄时,默认使用@sum。自定义函数句柄此时需要满足输入一个列向量,可以返回一个标量值或者标量元胞。

issparse 表示是否生成稀疏矩阵,是一个逻辑值,当需要生成稀疏矩阵时,val 的数据类型必须为 double,fillval 必须是 0 或者[]。

1. 对比度拉伸

MATLAB 中的对比度拉伸是通过计算影像的直方图统计设置一个百分比阈值。这个阈值的意义是将影像灰度值按顺序排列,将占整体的首尾百分比灰度值分别置为该影像数据类型的灰度最小值和最大值,中间的其他灰度按照线性拉伸规律处理。

在 MATLAB 中,与对比度拉伸对应的函数为 stretchlim 和 imadjust。函数 stretchlim 是对影像给定百分比阈值,计算其最小、最大灰度值,当不设置百分比阈值时,函数会默认设置百分比阈值为 0.01。这个最小、最大值也被归一化,所以其取值范围为[0,1]。而函数 imadjust 是对计算得到的最小、最大灰度值,对影像灰度作线性拉伸。

【例 7.2.3】 利用函数 imadjust 得到中值滤波后图像并对比显示。

```
I = imread('pout.tif');
J = imadjust(I);
imshow(I), figure, imshow(J)                    % 见图 7.2.4 和图 7.2.5
```

图 7.2.4 原始二值图像(例 7.2.3)

图 7.2.5 灰度拉伸后图像

从这个意义上来说,MATLAB 中的对比度拉伸,将影像中所占百分比的若干最小灰度和所占百分比的若干最大灰度,视为需要改变为影像数据类型的最小、最大值,即会被彻底拉伸为黑色和白色。其他中间的灰度值,按照首尾灰度的拉伸方式,做线性拉伸处理。这样处理的好处是,对于同一个影像而言,对比度拉伸具有叠加传递性。比如原始影像经过 1%的对比度拉伸后得到拉伸后的影像 1,再将影像 1 经过 2%的对比度拉伸后得到影像 2,那么将原始影像直接作 3%的对比度拉伸得到的结果也是影像 2。因此这样的算法就具有叠加传递性,而这种性质恰好是很多其他对比度算法无法具备的。

2. 直方图均衡

直方图均衡也是一种特殊的图像增强方法。和 MATLAB 中对比度拉伸算法一样,也是对影像中的整体灰度值进行运算,从而改变影像的灰度信息。它将灰度直方图重新排列、合并，以达到灰度直方图均匀分布的方式。但由于灰度直方图中各灰度值的数量参差不齐，需要换一种方式间接达到灰度直方图的均匀分布，即通过对灰度直方图重新排列、合并，使灰度累计直方图最接近呈线性增长的趋势。灰度累计直方图就是按灰度由小到大，依次累计小于或等于该灰度值的影像像素数量的直方图。

因此，直方图均衡需要先获得原始影像的灰度直方图，由灰度直方图计算灰度累计直方图，由原始累计直方图和需要均衡化的累计直方图进行一次以像素个数为代价的运算，原则是像素个数产生的代价最小，从而得到每个原始灰度与结果灰度之间的一种最佳映射关系。根据这种特殊的灰度映射关系，可以将原始影像转变为结果影像，即均衡化后的影像。

同样的，直方图均衡化也会被推广至更一般的情况。结果影像的灰度直方图并不一定为均匀分布，可能会是某一种特殊的分布。此时处理的方式和直方图均衡是一致的，差异仅在于结果累计直方图发生了一定的变化。从这个意义上来说，直方图均衡也就转化为更一般的形式，也就是直方图规定化。因此直方图均衡也就是一种特殊的直方图规定化。

无论是直方图均衡，还是直方图规定化，在 MATLAB 中，采用的都是函数 histeq。当采用 J = histeq(I)的用法时，默认采用直方图均衡的方式处理；当采用 J = histeq(I, hgram)的用法时，将根据 hgram 的具体分布来处理，也就是直方图规定化的方式进行。

【例 7.2.4】 利用函数 histeq 得到直方图均衡化后的图像并对比显示。

```
I = imread('tire.tif');
J = histeq(I);
imshow(I)
figure, imshow(J)    % 见图 7.2.6 和图 7.2.7
```

图 7.2.6　原始二值图像(例 7.2.4)

图 7.2.7　直方图均衡化后的图像

7.3 傅里叶变换

傅里叶变换与之前谈到的局部空间灰度处理和全局空间灰度处理，完全不同。它是将影像的灰度空间域转换到了一个灰度频率域中进行考虑。要理解频率域，可以举一个容易理解的例子加以说明。

比如音乐的例子，从听众的角度看，音乐是由乐器通过连续振动发声产生的；从演奏者的角度看，音乐则是通过记录乐谱中各个音符的次序来完成演奏的。听众是通过时间域的乐器振动感受到音乐，演奏者是通过频率域的乐谱音符演奏音乐。乐谱中的二分音符、四分音符、八分音符、十六分音符等，都是记录声音频率的高低，也就是音乐节拍。相对来说，傅里叶变换就像是将时间域动听的音乐，翻译为频率域的乐谱，只不过傅里叶变换不记录频率在时间上的次序。两种波形从频率成分上是相同的，其傅里叶变换结果是一致的，但由于频率在时间上出现的先后顺序不同，所以在时间域上显示的波形不同。为了定位不同频率出现的时间次序，也就出现了后来的短时傅里叶变换以及小波变换。通过傅里叶变换可以得到频谱图，通过小波变换可以得到时频图。

在 MATLAB 中采用函数 fft2 和 ifft2，进行二维快速傅里叶变换和二维快速傅里叶逆变换。通过这两个函数将二维影像从空间域转化到频率域，然后在频率域中对影像做处理，最后将处理后的影像从频率域转化为空间域。通常在频率域中的处理方式是消除频率影像中的高频部分。一般的影像高频部分往往为影像拍摄带有的噪声。消除这些噪声，能够提高影像细节，减少或者避免噪声对需要关注部分的影响。

7.4 色彩空间转换

对于三波段的彩色影像，常用的色彩空间主要是原色空间——RGB 空间，即红绿蓝空间。而对于影像而言，还具有另一种颜色评定标准补色空间——CMYK 空间，即青、品红、黄、黑空间。两者有着一些联系和区别。R、G、B 三原色与 C、M、Y 三补色的关系是，R 和 G 对应的是 Y，G 和 B 对应的是 C，B 和 R 对应的是 M，R、G、B 三者合成为白色，而 C、M、Y 三者合成为黑色。

在 MATLAB 中，两者的转化需要用到函数 makectform 和 applyctform。函数 makectform 是生成一个颜色转换关系，可以支持多种颜色系统之间的转换，包括 RGB 和 CMYK 之间的转换。函数 applyctform 是将某种颜色转换关系应用于某一张影像。具体用法可以参考帮助文档，这里不再一一赘述。

【例 7.4.1】 利用函数 makectform 进行颜色空间的转换并对比显示。

```
rgb = imread('peppers.png');
cform = makecform('srgb2lab');
lab = applycform(rgb,cform);
figure;imshow(rgb);figure;imshow(lab);
```

除此之外，还有 HSL 空间和 HSV 空间两种。这两种十分类似。只是存在一些细微的差别。它们的差异可以通过维基百科(Wikipedia)中的图片加以区分。

在 MATLAB 中有 RGB 空间与 HSV 空间之间的转换，而没有 RGB 与 HSL 空间的转换。对应 RGB 空间与 HSV 空间的函数为 rgb2hsv 和 hsv2rgb。需要注意的是一组 HSV 中饱和度 S 和明亮度 V 的取值范围都是[0,1]，色调 H 为 3×1 的矩阵表示，每个值的取值范围也是[0,1]。

7.5 影像重采样

由于影像数据是离散的栅格格网方式记录的灰度值，没有连续的表达形式，所以在计算非整像素点的灰度时，需要引入一种计算方法。这就是影像重采样需要解决的问题。影像重采样也是影像处理中经常要用到的处理方法。

最简单的方式就是采用最近距离的方式赋值，将需要计算灰度的点换算到最近的整像素格网点，用该格网点的灰度代替需要计算点的灰度。这就是最邻近原则。

第二种方式是采用计算点周围上下左右邻近的若干个整像素格网点，按距离远近的原则，计算这些格网点所对应的权重。需要使距离远的格网点的权重低，距离近的格网点的权重高为原则。此时根据像素点的邻域不同以及权重计算函数的不同，可以分为双线性内插和双三次内插。

双线性内插由一维线性内插演变而来。一维线性内插公式如下：

$$f(x) = (1-p)\cdot f(x_1) + p\cdot f(x_2) \tag{7.5.1}$$

其中
$$p = \frac{x-x_1}{x_2-x_1}$$

双线性内插采用了最邻近的 2×2，4 个像素格网点，分别计算与原始点的 x、y 方向的距离 dx、dy。双线性内插示意图，如图 7.5.1 所示。

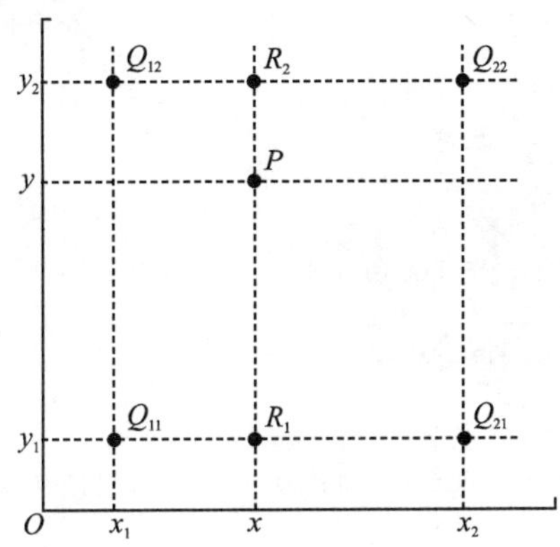

图 7.5.1　双线性内插示意图

根据距离越远、权重越小，距离越大、权重越大的原则，采用单变量线性递减的方式，同时根据 x、y 方向之间具有相互独立性，可以推导出原始点的灰度插值公式：

$$\begin{aligned} f(x,y) = {} & (1-p_x)(1-p_y)f(x_1,y_1) + (1-p_x)p_y f(x_1,y_2) + \\ & p_x(1-p_y)f(x_2,y_1) + p_x p_y f(x_2,y_2) \end{aligned} \tag{7.5.2}$$

其中
$$p_x = \frac{x-x_1}{x_2-x_1},\quad p_y = \frac{y-y_1}{y_2-y_1}$$

采用矩阵表示更为清晰，公式如下：

$$f(x,y) = [1-p_x \quad p_x]\begin{bmatrix} f(x_1,y_1) & f(x_1,y_2) \\ f(x_2,y_1) & f(x_2,y_2) \end{bmatrix}\begin{bmatrix} 1-p_y \\ p_y \end{bmatrix} \tag{7.5.3}$$

双三次内插采用了最邻近的 4×4，16 个像素格网点。将插值点与各个格网点分别计算 x 方向和 y 方向距离。依据距离不同，计算权重，最后将 x 方向权重和 y 方向权重综合，得到各格网点的权重值，最终计算出插值点灰度。由距离计算的权重如下：

$$W(x) = \begin{cases} (a+2)\,|x|^3 - (a+3)\,|x|^2 + 1, & |x| \leqslant 1 \\ a\,|x|^3 - 5a\,|x|^2 + 8a\,|x| - 4a, & 1 < |x| < 2 \\ 0, & x \geqslant 2 \end{cases} \tag{7.5.4}$$

在 MATLAB 中，二维重采样函数主要采用的是函数 interp2，如下所示：

```
Vq = interp2(X,Y,V,Xq,Yq)
Vq = interp2(V,Xq,Yq)
Vq = interp2(V)
Vq = interp2(V,k)
Vq = interp2(...,method)
Vq = interp2(...,method,extrapval)
```

其中,X、Y 表示位置;V 表示对应位置的值;Xq、Yq 表示内插位置;Vq 表示对应内插位置的值。当存在 X、Y 时,Xq、Yq 为绝对位置;当不存在 X、Y 时,Xq、Yq 为相对位置。k 表示精细划分格网次数。method 表示内插方式,包含最邻近内插、双线性内插、双三次内插等方式。extrapval 表示当点超出可内插边界后,设置的默认固定值。

【例 7.5.1】 利用函数 interp2 分别作双线性内插和双三次内插。

```
[X,Y] = meshgrid(-3:3);
V = peaks(X,Y);
[Xq,Yq] = meshgrid(-3:0.25:3);

figure
surf(X,Y,V)
title('Original Sampling');                           % 见图 7.5.2

Vq = interp2(X,Y,V,Xq,Yq);
figure
surf(Xq,Yq,Vq);
title('Linear Interpolation Using Finer Grid');       % 见图 7.5.3

Vq = interp2(X,Y,V,Xq,Yq,'cubic');
figure
surf(Xq,Yq,Vq);
title('Cubic Interpolation Over Finer Grid');         % 见图 7.5.4
```

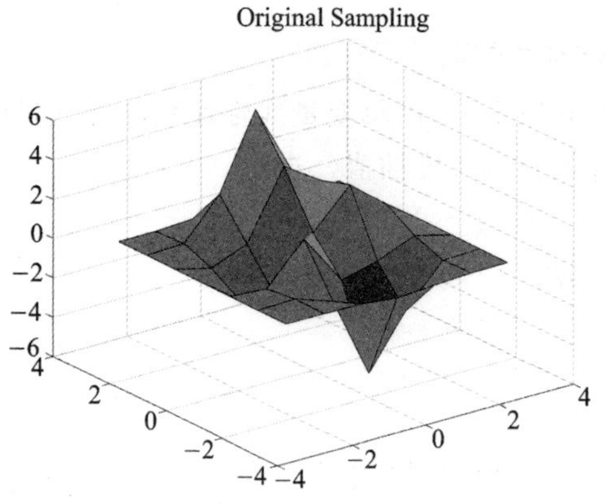

图 7.5.2　原始图像(例 7.5.1)

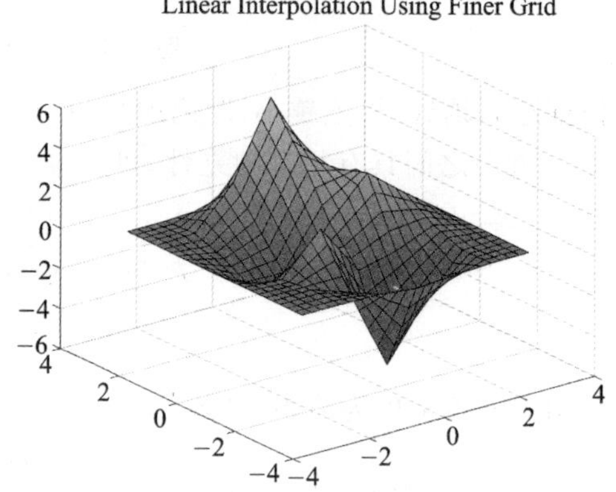

图 7.5.3　双线性内插图

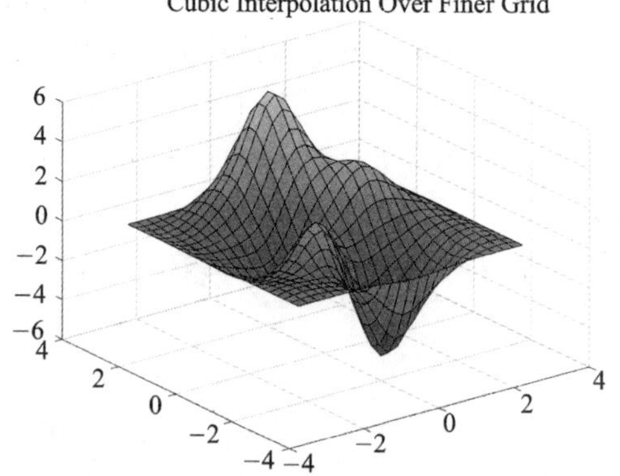

图 7.5.4　双三次内插图

【例 7.5.2】 利用函数 interp2 细化图像。

```
load clown
V = single(X(1:124,75:225));
figure;
subplot(1,2,1);
imagesc(V);
colormap gray
axis image
axis off
title('Original Image');                              % 见图 7.5.5

Vq = interp2(V,5);
subplot(1,2,2);
imagesc(Vq);
colormap gray
axis image
axis off
title('Linear Interpolation');                        % 见图 7.5.6
```

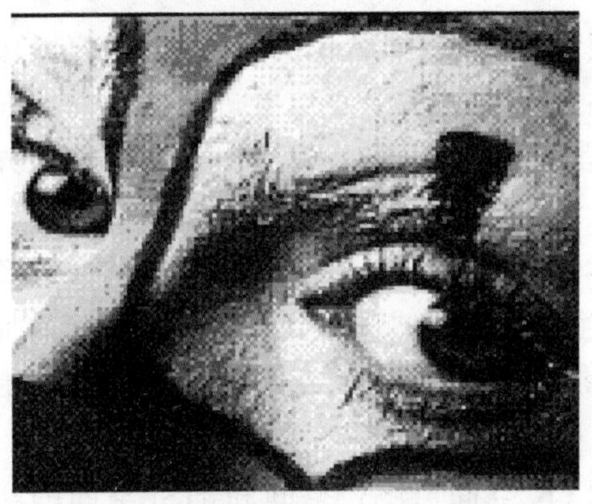

图 7.5.5　原始图像(例 7.5.2)

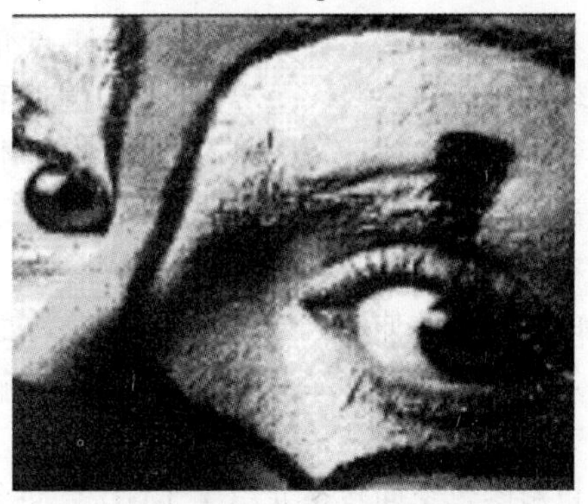

图 7.5.6　细化后的图像

【例 7.5.3】 利用函数 interp2 二维内插图像,内插点超界对应值替换为默认值。

```
[X,Y] = meshgrid( - 2:0.75:2);
R = sqrt(X.^2 + Y.^2) + eps;
V = sin(R)./(R);
[Xq,Yq] = meshgrid( - 3:0.2:3);
Vq = interp2(X,Y,V,Xq,Yq,'cubic',0);

figure
surf(X,Y,V)
xlim([ - 4 4])
ylim([ - 4 4])
title('Original Sampling')                            % 见图 7.5.7

figure
surf(Xq,Yq,Vq)
title('Cubic Interpolation with Vq = 0 Outside Domain of X and Y');   % 见图 7.5.8
```

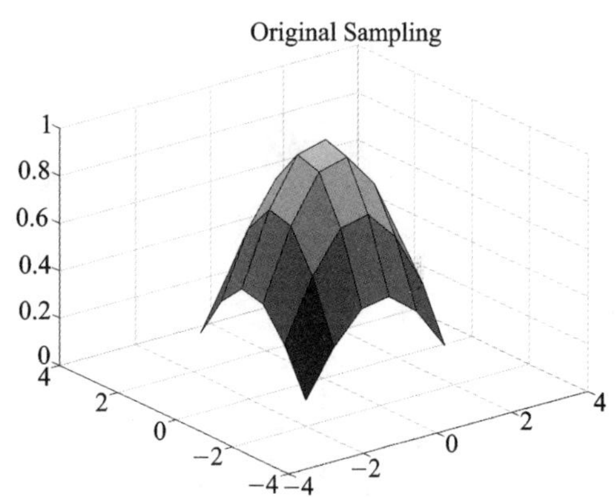

图 7.5.7　原始图像(例 7.5.3)

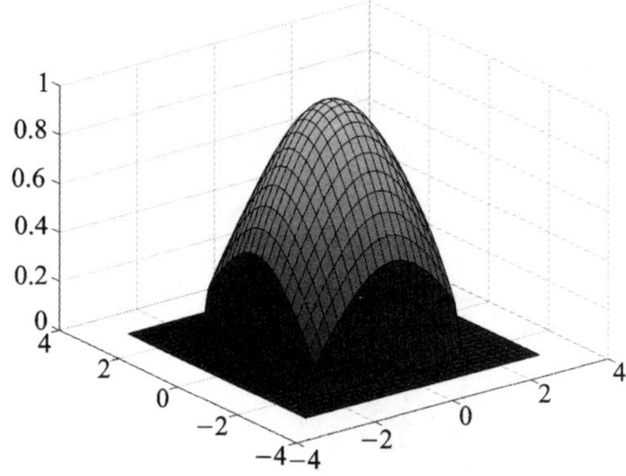

图 7.5.8　双三次采样超界赋值为 0 的图像

7.6　本章小结

本章主要介绍了影像灰度处理，重点介绍了二值影像处理，如影像的二值化、二值影像的形态学处理、图斑统计、边界跟踪等，提到了搜索边界是按照格网中心位置进行搜索的。如果要搜索格网边缘位置，那么读者可以根据本章所学，尝试写出搜索格网边缘的二值影像边界跟踪算法。

本章还介绍了灰度影像处理的基本方法，包括影像滤波中的均值滤波、中值滤波，影像增强中的对比度拉伸和直方图均衡，以及傅里叶变换，并将均值滤波推广到任意局部空间的加权滤波，将中值滤波推广到任意局部空间的顺序滤波，将直方图均衡推广到任意全局直方图信息的直方图规定化。

色彩颜色空间转换介绍了 RGB 空间分别与 CMYK 空间、HSV 空间和 HSI 空间的转换关系。

影像重采样则介绍了最邻近采样、双线性采样及双三次采样的原理和方法。

第 8 章

影像几何处理

影像灰度处理，是将影像中同一个位置的灰度，通过某种灰度映射进行变化。灰度变化的过程中，影像的几何位置没有发生变化。但在影像几何处理过程中，因为影像几何位置的改变，从而引起了影像灰度相应的改变。影像几何处理中最需要用到的灰度处理方法就是影像重采样。

常见的几种简单影像几何变换，包括平移、旋转、缩放。平移，是将影像沿行、列方向各偏移若干像素。旋转，是将影像以某一点为中心点，按顺时针或者逆时针，旋转某一个角度。缩放，是将影像按一定比例缩小或者放大。

这三种几何处理方式，根据参考坐标系的不同，对应的结果也会有一些差异。比如以旋转为例，以原始影像左上角为原点和以原始影像中心点为原点，结果将会存在很大的差异，而且需要考虑到几何变换后的影像范围的重新确认。因此参考坐标系的选择，也是需要深入考虑的问题。

8.1 影像坐标系统

谈到几何转换就不得不先提到坐标系。一般而言，提到的坐标系通常是指二维空间的笛卡儿坐标系。而通常的平面笛卡儿坐标系中，x 坐标轴方向向右，y 坐标轴方向向上。一般在描绘点、线、面等平面图形时，MATLAB 会将其展示到该坐标系中。

值得注意的是，还存在一种以影像坐标为基础的笛卡儿坐标系。即当显示影像之后，再在影像上显示点、线、面等平面图形时，MATLAB 会将平面图形按照影像坐标系的要求进行显示。影像坐标系与常见的平面笛卡儿坐标系的区别在于，它的 y 坐标轴方向是向下的。影像坐标系的 x 坐标轴方向也是向右。

事实上，从 MATLAB 的角度看，影像和矩阵在本质上没有太大的区别，而且在MATLAB 中，影像坐标系和矩阵坐标系的关系也是一致的。我们在数矩阵某个元素的行、列位置时，就是以从左到右，从上到下的方式进行的。矩阵的行数从左到右，依次增加；矩阵的列数从上往下，依次增加。这样就不难理解影像坐标系的形成了。

除了 y 轴方向，影像坐标系与常见二维笛卡儿坐标系存在差异外，影像坐标系的原点位置也令人深思。类比到矩阵坐标系中，矩阵的第 1 列、第 1 行，以下简记为坐标(1,1)，所在的位置是在矩阵元素的第 1 个数的位置。将矩阵想象成影像的过程中，不难发现，影像的每一个正方形的像素将代表一个矩阵元素，而矩阵元素实际对应的不是一个点，是一个面或者说一个区域。但是这个矩阵元素的位置又是唯一确定的，如刚才所说的(1,1)这个位置所对应的元素。因此，必须用一个点的位置来表达像素所占据面的位置。

在 MATLAB 中，选取的是像素中心的位置作为这个像素以及其对应的矩阵元素的位置。也就是说，(1,1)对应的是影像左上角像素的中心点的位置。由此推算，如果以影像左上角像素的左上角点为坐标原点，影像左上角像素的位置实际上为(0.5,0.5)，而并非直觉想象中的

(0,0)。

了解清楚了这些基本的坐标系概念之后，就可以很好地理解影像几何变换的过程，以及坐标系之间的换算方法了。

8.2 影像旋转

影像旋转，是将影像以某一点为中心点，按顺时针或逆时针，旋转一定角度后形成的影像。首先需要确定一个影像的中心点，作为影像旋转的不变点；其次需要确定旋转方向，如顺时针或者逆时针；最后需要选择旋转的角度。

从函数设计上考虑，影像旋转的输入是三个条件，但是顺时针和逆时针两者是可以互相转化的，诸如顺时针旋转30°和逆时针旋转−30°的意义是一样的。所以这里不用特别区分，任选一种即可。

影像旋转的不变点，通常意义上会有两种特殊的选择方式。第一种为影像左上角点，第二种为影像的中心点，这两种方式都可以作为影像旋转的特定方式，或者可以自行设定旋转不变点；可以作为可选参数，也可以默认为第一种或者第二种特殊情况。

旋转的角度，这里没有异议，应该作为灵活的参数输入。输入不同的角度可以得到不同的旋转结果，通常这里的角度单位不采用弧度值，而采用角度值。

还有一个需要考虑的问题，就是结果影像生成范围确定，可以选择将原始影像，整体通过变换后显示出来，或者只选择显示旋转后影像未超过特定区域的部分。

其实MATLAB中已经提供了imrotate函数，正是为了解决影像旋转的问题，但是需要注意的是，imrotate只支持部分影像格式，而对于超过计算机内存的情形是无能为力的。因此，还是需要自己写一个类似影像旋转功能的程序，后文将会对它进行新的包装，使其变成适用性更广泛、更有效的工具。

不妨进入MATLAB中学习函数imrotate，了解它是如何运行并得到正确的旋转影像的，如果能写出自己的程序，则一定会有更加深刻的认识和意想不到的收获。

利用命令help imrotate，可以看到MATLAB讲解imrotate函数。MATLAB提供了三种使用imrotate的方法，分别是：

```
B = imrotate(A,angle)
B = imrotate(A,angle,method)
B = imrotate(A,angle,method,bbox)
```

可以从最后一个用法，也是最复杂的用法考虑，因为它的变量是最多的，同时也涵盖了前两种用法的变量。从程序角度来看，函数imrotate提供了多态的方式，给不同需要的使用者调用，可以看出参数method和bbox是可以被省略的。应该会有默认的方式存在。这几个参数的含义如下：

(1) A是原始矩阵，B是对应旋转后的矩阵。

(2) angle是旋转的角度。从帮助文档中可以看出它的单位是角度而不是弧度。

(3) method表示采样方法，包含了最邻近采样('nearest')、双线性采样('bilinear')和双三次采样('bicubic')。默认方式为{'nearest'}。在帮助文档中，存在选择的参数类型，被大括号包含的参数为MATLAB默认设置。

(4) bbox表示输出的范围类型，有'crop'和'loose'两种方式。默认方式为'loose'。其中,'crop' 表示输出范围为原始影像范围,而 'loose' 表示输出旋转后的最大范围。通常 'loose' 方式比 'crop' 范围大,即比原始影像范围大。

了解了函数 imrotate 的用法之后,还可以进入到 imrotate 函数的实现部分查看。使用命令 edit imrotate 之后,可以看到函数 imrotate 在过程中的真实面目。略过绿色的注释之后,第一部分函数 parse_input 是将可能输入的多种情况,进行统一的识别,并赋值给特定的变量 A、ang、method、bbox。这些变量所代表的意思和上文解析的参数意义是一致的,这里不再赘述。

值得一提的是,varargin 是 MATLAB 处理多态的一种方式,不需要像 C++使用多态时,要重复写不同接口的函数,尽管这些函数的实现大同小异。这是 MATLAB 比较方便之处。

在函数体内的 varargin,既可以看作是一个函数,也可以看作是一个 MATLAB 内部特定存在的变量,用来存储函数输入参数列表。因为参数类型和参数大小的不确定性,所以 varargin 采用元胞数组的形式组织数据。它将函数中可变的参数输入统一组织为一个元胞数组。元胞数组与结构体不同的地方在于,结构体中的域是不存在顺序之分的,但在数组和元胞数组中,顺序或者位置的不同,获取到的数据是完全不同的,因此在输入参数的顺序上存在严格的界定——函数的用法格式是必须固定的。

但在某些特殊函数用法中仍然可以看到,将部分参数顺序调换还是可以达到相同的结果。那是因为在参数列表中,MATLAB 加入了关键词的索引。如函数 imread 在读取 tif 影像中提供了关键词 'Index','Info','PixelRegion'。这些关键词索引很好地将不需要特定顺序的变量一一分隔开,并明确了关键词紧接着的一个变量代表的是该关键词。以此做到关键词和关键词变量的组合之间可以无序,但仍然可以识别不同变量的效果。

回到函数 imrotate,接下来代码的部分做了很清晰的判断。首先是判断参数的有效性,输入矩阵是否为空,以及判断旋转的角度是否为特殊的角度,如±90°、180°等。之所以对这些特殊角度进行处理,主要是实现效率会更快速。但缺点也十分明显,就是代码缺乏整体一致性。特殊情况特殊处理之后,代码连贯的逻辑被打破。

最后一部分,即最关键的旋转逻辑部分,它采用的是计算旋转的几何变换、明确重采样方式以及计算结果影像的范围。最后采用内置不可见的函数,以特定的输入参数完成矩阵的旋转操作。

从 MATLAB 的函数 imrotate 中,可以学习到可变参数的输入以及通过构造抽象的几何变换关系,而不是通过特定公式计算变换后点的位置。当然最后的计算过程被 MATLAB 隐藏了,但是可以想象计算过程是如何进行的。

我们是否也能写一个类似的 MATLAB 程序完成矩阵的旋转操作呢?不妨试一试。首先明确需求,只有在明确了影像旋转的需求后,再开始着手编写,避免到后来再一步一步地往上累加功能。

其实需求很简单,就是做到和函数 imrotate 的结果一致,但此时还不够准确。准确的需求是以影像中心点为旋转不变点,以影像顺时针为旋转方向,输出参数次序为原始矩阵、顺时针旋转角度、可变参数。可变参数包含重采样方法以及决定显示旋转后的结果影像范围。

接下来我们可以动手编写一下这样的程序了。首先,考虑实现程序需要哪几个步骤,以及步骤的先后关系,将这些可以用注释的方式写进 m 文件中,不要急着将每行代码都写完。例如,可以这样写:

```
functionrI = myImrotate(I,angle,varargin)
                                          % 获取必要的计算参数                ①
                                          % 角度转换为弧度                    ②
                                          % 由结果影像范围,计算几何转换关系    ③
                                          % 计算结果影像                      ④
end
```

第②步是角度转换为弧度。从逻辑上看,与其他三个步骤的操作不对等。这是一个很小的操作,但为了防止忘记单位转换,提醒自己不要在这里犯错,所以还是加入进来。那么看看第①步是如何做到的,不妨可以这样写:

```
function rI = myImrotate(I,angle,varargin)
[method,bbox] = ParseInputs(varargin{:});          % 获取必要的计算参数
angle = angle * pi / 180;                          % 角度转换为弧度
                                                   % 由结果影像范围,计算几何转换关系
                                                   % 计算结果影像
end

function [method,bbox] = ParseInputs(varargin)
inputNum = length(varargin);                       % 输入参数的个数
method = 'nearest';
bbox = 'loose';
switch inputNum
    case 0
    case 1
        method = varargin{1};
    case 2
        method = varargin{1};
        bbox = varargin{2};
    otherwise
        error('Too many input arguments.');
end
end
```

这里需要提到的是,有些不是绝对的限制条件,但是在代码编写者中间会存在一些固定的命名方式,如驼峰式命名法、下划线式命名法。为了保证个人习惯风格的统一,以及在阅读代码过程中可以更方便、快捷地了解代码内容,这里作一些非强制性的公共约定:

(1) 使用驼峰式命名。

(2) 主函数为了区分 MATLAB 的内置函数 imrotate,所以采用了 myImrotate 的命名。

(3) 自身定义的子函数命名统一采用大写字母开头,也是为了尽量避免与 MATLAB 内置函数重名,虽然 MATLAB 中也存在一些大写字母开头的函数,但相对较少。

(4) 变量则一般采用小写字母开头,除非一些特定意义且不容易产生歧义的变量名。

回到代码上来,varargin 可以不用全部替代输入参数,可以选择代替部分可变的参数。这里的写法是与函数 imrotate 不同的地方。输入参数的个数,可以用上面的函数 length,也可以用 nargin。varargin、nargin 等这类有关函数输入/输出参数的函数或者变量,可以通过帮助文档找到其中的一个函数,再根据 see also 的关联特性,找到其他相关的函数。所以,利用帮助文档是一件很方便的事情,只需记住一个最常用的,然后通过关联的方式帮助查询,经过多次的关联查询之后,之前没有记住的函数也能逐渐记住。

还需要注意的是,影像旋转的方法和范围,与函数 imrotate 并不完全一致。在函数 imrotate 中,方法和范围的关键词可以有很多形式,所以里面的判断过程会相对复杂,而这里只

是做了简单的复制,没有对可能复杂的输入参数做更细节的判断和筛选。

子函数 ParseInput 是编写的一个函数,而不是 MATLAB 中自带的函数。对 MATLAB 内置函数比较熟悉之后,经常可以看到在函数内部存在一个特定的与 ParseInput 类似功用的函数。这个函数的作用是为了方便对多种输出参数方式的支持,并解析输入参数。而采用子函数而不是直接在主函数中编写,原因在于这样能更好地明确主函数的代码逻辑和层次结构。尤其是当输入参数发生变更时,只需要对子函数进行相应调整,勿需过多牵涉主函数的内容。

对代码分层,采用不同的函数处理,不仅在逻辑上清晰每一步的目的,而且将整个逻辑次序合理准确地分割成相对独立的部分。同时将各个环节分摊到各个相对独立的函数中,可以极大地去除主函数中计算和逻辑细节部分,保留主干计算和逻辑部分。此时再去编写相对独立的子函数,考虑的问题层次会降低,而且更专注于子函数本身的逻辑和目的,降低思考的复杂程度。

另外,这段代码中出现的 pi 对应的是 MATLAB 内置的圆周率数值,在角度转换成弧度的时候使用。

接下来是比较关键的两步操作了。

第③步是计算原始影像和结果影像之间的几何关系,以及结果影像大小和坐标系偏移。如下所示:

```
angle = angle * pi / 180;   % 角度转换为弧度
R = CalculateTransformMatrix(angle);   % 计算原始影像和结果影像之间几何转换关系
inSz = size(I);   % 计算结果影像
if  strcmpi(bbox,'loose')
    xIn = [1;1;inSz(2);inSz(2)];   % 由四个角点变换后的位置,计算结果影像的大小
    yIn = [1;inSz(1);inSz(1);1];
    [xOut,yOut] = In2Out(R,xIn,yIn);
    xOutMin = floor( min(xOut) );   % 像素取整
    yOutMin = floor( min(yOut) );
    xOutMax = ceil( max(xOut) );
    yOutMax = ceil( max(yOut) );
    outSz = [yOutMax, xOutMax] - [yOutMin, xOutMin] + 1;
    xOffset = xOutMin;      % 记录结果影像的左上角点,
    yOffset = yOutMin;      % 相对于原始影像坐标系的位置
elseif strcmpi(bbox,'crop')
    outSz = inSz(1:2);
    xOffset = 1;
    yOffset = 1;
end
```

这一步计算的是结果影像的大小以及因影像旋转产生了影像范围的偏移。这里计算的几何关系实际上是一个旋转矩阵 R,它与旋转角度和默认定义的旋转方向是相关的。另外,结果影像的大小在裁切方式('crop')时,与原始影像大小相同;而在非裁切模式(也就是全图模式)时,是通过原始影像四个角点坐标,经过旋转变换后得到新的位置,然后计算最小最大行列值,求出结果影像范围。旋转后偏移,根据旋转后的结果影像在原始坐标系中的位置定义,它是连接旋转前和旋转后坐标系的桥梁,不可或缺。

代码中的 CalculateTransformMatrix 和 In2Out 也是编写的子函数。前者是计算旋转对应的几何变换矩阵,后者是输入点到输出点的计算。

第④步是通过几何关系计算结果影像每个像素的灰度值。

```
dataType = class(I);      % 原始影像数据类型
bandNum = size(I,3);      % 波段数
rI = zeros([outSz,bandNum],dataType);          % 计算结果影像的格网点位置
[xOut,yOut] = meshgrid(1:outSz(2),1:outSz(1));
xOut = xOut(:) - 1 + xOffset;                  % 计算结果影像格网点
yOut = yOut(:) - 1 + yOffset;                  % 相对于原始影像坐标系的位置
[xIn,yIn] = Out2In(R,xOut,yOut);               % 对应的原始影像坐标

for k = 1:size(I,3)                            % 按波段遍历
    tmp = double( I(:,:,k) );                  % 改变数据类型,
                                               % 满足函数 interp2 的要求,
                                               % 构造临时变量 tmp
    tmp = interp2(tmp, xIn, yIn, method);      % 采用 method 方法,内插灰度
    rI(:,:,k) = reshape(tmp, outSz);
end
```

这里需要注意的是,旋转后的矩阵 rI 是先定义再使用,而 tmp 和其他变量却没有经历定义的过程,就直接生成了结果。这样使用的区别在于,rI 在定义之后的使用过程中,用到的并非是 rI 本身,而是 rI 中的一部分,在每个 for 循环结构中,使用的都是 rI 第三维的某一层数据。

在需要操作变量中的某一部分,而不是全部的时候,就需要事先声明变量,即确定它的大小和类型。直接操作变量本身(即直接生成变量本身)时,MATLAB 会根据相应的函数返回值确定变量的大小和类型。

值得注意的是,在遍历结果影像中各个位置时,采用的是 meshgrid 而非双重 for 循环的方式,也是为了更好地节省时间,提高执行效率的一种空间转换时间的方式。这里之所以采用向量化编程的执行方式,取决于每个结果影像像素坐标的运算方式是否具有很强的一致性。

在波段遍历的过程中,仍采用的是 for 循环,也印证了并非 MATLAB 向量化就一定完全摒弃 for 循环,而是在合适的情况下才使用。波段数量与像素个数相比,通常不会太多。较少次数的 for 循环在 MATLAB 中是可以接受的。但也不能走入唯向量化编程的另一个极端。相反,过度的向量化,可能会将原本简单的问题变得更加复杂。

此时,在灰度内插过程中,考虑到了三维矩阵的情况,所以这套代码和函数 imrotate 一样,是能够支持三维矩阵旋转操作的。

```
functionR = CalculateTransformMatrix(angle)
R = [
    cos(angle), - sin(angle);
    sin(angle),  cos(angle);
    ];
end

function [xout,yout] = In2Out(R,xin,yin)
p = [xin,yin] * R;      % 这里默认输入的 xin,yin 分别是 1 列向量,
                        % 即 n - by - 1 的矩阵
xout = p(:,1);
yout = p(:,2);
end

function [xin,yin] = Out2In(R,xout,yout)
```

```
p = [xout,yout] / R;        % 这里默认输入的 xout,yout 分别是 1 列向量,
                            % 即 n - by - 1 的矩阵
xin = p(:,1);
yin = p(:,2);
end
```

这三个子函数虽然很简单,似乎并不用将其剥离为一个函数的程度,但在其他相似的问题中,将这些函数定义清楚是十分必要的。从函数抽象的角度看,函数 CalculateTransformMatrix 定义了一种特殊的几何变换,也就是旋转。函数 In2Out 和 Out2In 定义了原始点和结果点之间的几何对应关系。如果将这种方法推广到任意变换当中去,也可以不用改动太多代码,就能达到新的效果。这样看来,定义好函数能起到事半功倍的效果。

当然,函数写完是需要经过调试错误,以及设计和运行测试用例,来验证程序的正确性的。选择 MATLAB 中常见的几张图像进行测试验证即可。通常会选用一张灰度图像(如 moon.tif)和一张彩色图像(如 pears.png)进行测试验证。

单元测试代码可如下编写:

```
function myImrotateUnitTest(path)
I = imread(path);

figure;
subplot(2,3,1);
imshow(I);                       % 显示原图

rI1 = myImrotate(I,30);          % 原图旋转 30°
subplot(2,3,2);
imshow(rI1);

rI1 = myImrotate(I,-30);         % 原图旋转 -30°
subplot(2,3,3);
imshow(rI1);

rI2 = myImrotate(I,60,'nearest','crop');    % 原图旋转 60°,裁切,采样方式为最邻近
subplot(2,3,4);
imshow(rI2);

rI3 = myImrotate(I,90,'bilinear','loose');   % 原图旋转 90°,不裁切,采样方式为双线性
subplot(2,3,5);
imshow(rI3);

rI4 = myImrotate(I,180,'bicubic','loose');    % 原图旋转 180°,不裁切,采样方式为双三次
subplot(2,3,6);
imshow(rI4);
end
```

测试基本覆盖了常见的用法和参数,但没有采用穷举的方式,而是采用抽样测试几种特定的方法。试验代码如下:

```
myImrotateUnitTest('moon.tif');                % 结果见图 8.2.1
```

```
myImrotateUnitTest('pears.png');               % 结果见图 8.2.2
```

对比程序结果后,基本可以确认程序的正确性。同时,在 MATLAB 中也为单元测试提供了一些基础函数库。

图 8.2.1　moon.tif 格式旋转单元测试结果图

图 8.2.2　pears.png 格式旋转单元测试结果图

8.3 影像缩放

影像缩放,也是影像几何变换的一种特殊形式。按照采样点位置的不同,以及采样策略的不同,缩放存在许多不同的方式。比较常见的缩放方式有间隔采样的方式,例如“2 倍缩小”就是通过选取第 1 列、第 1 行,或者第 2 列、第 2 行为起始点,每间隔 2 行 2 列选取新的点作为缩放后影像的像点。由于间隔采样方式不存在非整像素的问题,所以也就不需要重采样,只需要检索查询,没有额外的计算,速度比较快。

还有一些特殊的缩放方式,如 MATLAB 中提供的 imresize 函数,就是对影像进行缩放的操作。它按照影像左上角像素的左上角点为不变点,所有缩放后的影像点,按照与不变点位置远近进行缩放计算,进而得到结果影像上点所对应原始影像的坐标,通过重采样后,计算出结果影像。这里影像缩放功能不仅需要计算缩放后的位置,还需要考虑非整像素点的重采样问题。影像重采样时,还考虑了采样后影像边缘容易产生的锯齿问题,增加了抗锯齿的操作。

通过命令 edit imresize 可以探究 MATLAB 中缩放图像算法的计算方式。其实,对于 MATLAB 中的影像缩放函数 imresize,从主函数上看,实现过程十分清晰简单。

```
params = parseInputs(varargin{:});
```

该函数是将多种可变的输入参数都以公共的函数接口,存储到同样的一套参数结构中,方便后续处理过程的同时,也达到了函数多态的使用。

```
checkForMissingOutputArgument(params, nargout);
```

该函数的字面意思也能理解,是用于检查缺失的输出参数,能够起到函数多态输出的效果。

```
A = preprocessImage(params);
```

这个函数是将影像预处理,对于输入不同类型的影像,有不同的预处理方式,如索引影像将变为 RGB 影像,逻辑影像将变为 uint8 类型的影像。

```
% Determine which dimension to resize first.
order = dimensionOrder(params.scale);
```

从注释上看,该函数是为了决定处理维度的优先级。

如果说之前的部分都是将函数的基本信息确定下来,那么接下来的两个部分,是整个函数 imresize 的核心处理部分。

```
% Calculate interpolation weights and indices for each dimension.
weights = cell(1,2);
indices = cell(1,2);
for k = 1:2
    [weights{k}, indices{k}] = contributions(size(A, k), ...
        params.output_size(k), params.scale(k), params.kernel, ...
        params.kernel_width, params.antialiasing);
end
```

这一步是计算影像中每一维的内插权重和索引。无论是二维的灰度影像还是三维的彩色影像,都是在二维方向进行内插计算,第三维将沿用前两维的计算方式。同时影像宽高可能并不相同,在第一维和第二维的权重索引也会产生不同的长度,所以此处采用的是两个元胞数组存储权重和索引。符号“...”是 MATLAB 中用于连接上下两行的特殊符号。

```
if isPureNearestNeighborComputation(weights{1}) && ...
        isPureNearestNeighborComputation(weights{2})
    B = resizeTwoDimUsingNearestNeighbor(A, indices);
else
    B = A;
    for k = 1:numel(order)
        dim = order(k);
        B = resizeAlongDim(B, dim, weights{dim}, indices{dim});
    end
end
```

此时，分情况处理可能是为了提升影像处理效率。最邻近采样方式，不需要考虑权重大小，只与最邻近的点有关。而其他的采样方式，会充分考虑周围邻域内的像素灰度及权重关系，从原理上看更加真实和可靠。

```
[B, map] = postprocessImage(B, params);
```

最后一步则将处理后的影像再做后处理，还原为输入的影像数据类型。也就是前处理和后处理相互对应。这种做法的可能原因为采样函数要求输入的影像类型为固定类型，所以需要影像前后处理，进行数据类型的统一转换。

从函数 imresize 中可以了解到，其整体处理思路是按照一定维度次序，先后处理影像，而维度在影像缩放的算法过程中是相互独立的，所以可以采用这种方式。此外，每个像素的处理方式都是相同的，因此记录了每个像素与其相邻像素间的索引和权重，套用在影像中的各个像素中，从而得到采样后的影像灰度。

子函数 resizeAlongDim 中用到了 MATLAB 内联函数 imresizemex（用于按维度缩放影像），实现过程不可见。接口根据子函数 resizeAlongDim 中的内部实现可以得到。

函数 imresize 另外一个核心部分——索引和权重计算过程，在子函数 contributions 中。子函数 contributions 的接口是如下定义的：

```
function [weights, indices] = contributions(...
in_length, out_length,scale, kernel, kernel_width, antialiasing)
```

其中，in_Length 为输入长度，out_length 为输出长度，scale 为缩放系数，kernel 为函数句柄或者函数指针，kernel_width 为函数最大作用范围，antialiasing 为是否使用抗锯齿。

其中有几处需要关注的是

```
if (scale < 1) && (antialiasing)
    % Use a modified kernel to simultaneously interpolate and
    % antialias.
    h = @(x) scale * kernel(scale * x);
    kernel_width = kernel_width / scale;
else
    % No antialiasing; use unmodified kernel.
    h = kernel;
end
```

这里说明了采样抗锯齿操作使用的方法，采用的是增大邻域范围的方式，以及计算出的缩放倍率 scale。当影像为缩小，且采用抗锯齿操作时，可扩大核函数的邻域宽度和影响范围，减少因固定邻域范围产生的锯齿现象。

```
% Output - space coordinates.
x = (1:out_length)';
% Input - space coordinates. Calculate the inverse mapping such that 0.5
```

```
 % in output space maps to 0.5 in input space, and 0.5 + scale in output
 % space maps to 1.5 in input space.
u = x/scale + 0.5 * (1 - 1/scale);
 % What is the left - most pixel that can be involved in the computation?
left = floor(u - kernel_width/2);
 % What is the maximum number of pixels that can be involved in the
 % computation?    Note: it's OK to use an extra pixel here; if the
 % corresponding weights are all zero, it will be eliminated at the end
 % of this function.
P = ceil(kernel_width) + 2;
 % The indices of the input pixels involved in computing the k - th output
 % pixel are in row k of the indices matrix.
indices = bsxfun(@plus, left, 0:P - 1);
```

这里 indices 记录的是某一维上的所有像素对应的邻域像素的绝对位置。

```
 % The weights used to compute the k - th output pixel are in row k of the
 % weights matrix.
weights = h(bsxfun(@minus, u, indices));
 % Normalize the weights matrix so that each row sums to 1.
weights = bsxfun(@rdivide, weights, sum(weights, 2));
 % Clamp out - of - range indices; has the effect of replicating end - points.
indices = min(max(1, indices), in_length);
```

此时，weights 计算的是邻域像素的相对位置在核函数中的权重关系。通常，远离中心像素的权重越小，靠近中心像素的权重就越大。具体计算数值与核函数相关。这里指代核函数的为 h，表示一个抽象的函数句柄或者函数指针。权重还经过了归一化操作，也限定了在 indices 邻域越界后的处理方式。

```
 % If a column in weights is all zero, get rid of it.
kill = find(~any(weights, 1));
if ~isempty(kill)
    weights(:,kill) = [];
    indices(:,kill) = [];
end
```

最后这一步是为了节省内存空间的特殊处理设计。当权重中存在完全为 0 的列时，可以将该列的权重和索引都删除，减少存储空间。

还有一个关键的地方，就是函数句柄或者函数指针的部分。这样设计的好处无疑是影响深远的。很多时候，常常会遇到需要变换核心部分的算法，比如更改或者增加一个内层函数，使得算法在试验中可以提供更灵活和弹性的工作方式。

对程序的设计有时可能不够好，如内层函数没有很好地被抽象出来，而是简单地嵌入到了代码的逻辑当中；此时，为了达到更好的目的，于是修改，之后往往引发整段代码的大量改动，引起难以估计的后果。这时更多的人可能选择放弃，甘于程序的平庸和算法的单一。如果是这样，不妨借鉴 MATLAB 中函数 imresize 的处理方式。通过借鉴，不难找出自身的缺陷和不足；通过对比，可以增加在程序观念上的新认识。

```
function [names,kernels,widths] = getMethodInfo
 % Original implementation of getMethodInfo returned this information as
 % a single struct array, which was somewhat more readable. Replaced
 % with three separate arrays as a performance optimization. - SLE,
 % 31 - Oct - 2006
```

```
names = {'nearest', 'bilinear', 'bicubic', 'box', ...
                   'triangle', 'cubic', 'lanczos2', 'lanczos3'};
kernels = {@box, @triangle, @cubic, @box, @triangle, @cubic, ...
           @lanczos2, @lanczos3};
widths = [1.0 2.0 4.0 1.0 2.0 4.0 4.0 6.0];
```

上述代码相当于对所有内核函数必要参数的归纳总结。变量 names 记录的是对应函数调动中所有可能的特殊字符;变量 kernels 记录的是与 names 一一对应的所有函数句柄或者函数指针;变量 widths 则记录对应特定 kernels 的邻域宽度。

再看这些函数句柄或者函数指针的出处,都来自于函数 imresize 的子函数。

```
function f = cubic(x)
% See Keys, "Cubic Convolution Interpolation for Digital Image
% Processing," IEEE Transactions on Acoustics, Speech, and Signal
% Processing, Vol. ASSP-29, No. 6, December 1981, p. 1155.
absx = abs(x);
absx2 = absx.^2;
absx3 = absx.^3;
f = (1.5*absx3 - 2.5*absx2 + 1) .* (absx <= 1) + ...
    (-0.5*absx3 + 2.5*absx2 - 4*absx + 2) .* ...
    ((1 < absx) & (absx <= 2));

function f = box(x)
f = (-0.5 <= x) & (x < 0.5);

function f = triangle(x)
f = (x+1) .* ((-1 <= x) & (x < 0)) + (1-x) .* ((0 <= x) & (x <= 1));

function f = lanczos2(x)
% See Graphics Gems, Andrew S. Glasser (ed), Morgan Kaufman, 1990,
% pp. 156-157.
f = (sin(pi*x) .* sin(pi*x/2) + eps) ./ ((pi^2 * x.^2 / 2) + eps);
f = f .* (abs(x) < 2);

function f = lanczos3(x)
% See Graphics Gems, Andrew S. Glasser (ed), Morgan Kaufman, 1990,
% pp. 157-158.
f = (sin(pi*x) .* sin(pi*x/3) + eps) ./ ((pi^2 * x.^2 / 3) + eps);
f = f .* (abs(x) < 3);
```

以上列举了多个不同的函数表达。从中可以看出,不同的内核函数都有严格的划分,并与程序逻辑完全抽象分离。当需要改变某一种字符对应的内核函数时,只需在初始归纳的部分,修改其一一对应关系即可。如果增加新的特殊字符和内核函数,也只需在初始归纳的部分增加其一一对应关系,并新建一个与新增函数句柄同名的子函数实现,也就完成了对增加函数的补充。这样对于程序的修改将会是最小的。修改越少,对程序的破坏也越小,意味着出错的机会越少。

这种程序设计的思想,无论是从代码维护还是代码可读性方面,都十分值得深入学习和借鉴。利用这种做法,可以将原本可能混在一起的算法逻辑和运算,清楚明白地分解成不同的部分,最大程度地降低了逻辑和运算的耦合性。同时,借助函数抽象,将非逻辑的不同运算部分,也就是上文提到的各个不同的子函数,合并为统一的函数句柄指针 kernel 或 h。统一函数接口,但区分各个函数内部的实现细节,达到用法上一致但效果上不同的强烈对比,极大简化了程序在使用上的难度,尽可能提供弹性扩展空间的最大化。看到这样的程序设计,不得不为之击节叫好。

8.4 影像纠正

影像纠正也就是更广义的影像几何变形的一种直观表达。它是将原始影像依据某种特定的纠正函数,计算出纠正后影像的范围和形状。这里抽象出的纠正函数可以是此前提到的平移、旋转、缩放等一系列几何变换,也可以是这些几何变换的某种组合形成的复合几何变换。

刚体变换就是不存在大小、形状的改变,只具有平移或者旋转的几何变换。仿射变换就是保持平行直线仍然平行的几何变换,它包含了平移、旋转和错切。透视变换或者单应变换,可能连平行关系都无法保持,但它的特性是保持影像中直线仍然为直线。

在MATLAB中,这些几何变换关系可以统一由一个函数来生成,即cp2tform函数。在较新的版本中使用的是新函数fitgeotrans。它的作用是,将两个一一对应的点集设置成几何变换参数的形式后,可以得到由两个点集之间相互转换的几何变换关系;但在某些特殊的变换关系中,只存在一种几何变换关系,通常是第1个点集到第2个点集的逆变换。

这个几何变换关系的形式由使用者指定,里面包含了常见的几种转换关系,如仿射变换、透视变换、二次多项式、三次多项式、三角网小面元以及移动二次曲面等。这个几何变换可以是多个简单的几何变换的组合,还可以由使用者自行指定。这样几何变换使用起来就更加方便灵活。

此外,在得到点集之间的变换之后,要通过某个点集里的点,变换到相对应的另一个点集中时,MATLAB还提供了一组函数tformfwd和tforminv。

函数tformfwd顾名思义是向前变换,即顺着函数tform的形式变换。如果函数tfrom是由第1个点集转换到第2个点集,那么函数tformfwd就是输入第1个点集的点,然后输出第2个点集中对应的点。

函数tforminv则刚好相反。它是向后变换,与原始的函数tform生成方式相反,当得到第1个点集到第2个点集的变换后,它可以由第2个点集中的点,变换到相应第1个点集中的位置。

通常在tformfwd和tforminv两个函数中,使用函数tforminv会比较多,因为函数tform中可能只存在一种变换,即第1个点集到第2个点集的逆变换。正变换可能有不存在的情况。在纠正过程中使用逆变换会比较多,因为纠正的方式通常是反纠正。

反纠正,就是从结果影像出发,利用几何变换关系,建立结果影像和原始影像之间的一一对应关系;再通过重采样的手段,获取非整像素点的灰度,填充进对应的结果影像位置中。

因此在MATLAB中作几何纠正时,几何变换关系是可以通过不同的纠正方式生成,并被统一成一种形式的,也可以在两个点集之间被合理调用并进行互相计算。

下面通过一个抽象的几何变换关系完成影像的几何纠正。

影像纠正可以通过参考影像旋转过程中的代码形式进行新的组织。影像旋转中几何变化仅仅是一种旋转变化,可以通过一个二维旋转矩阵表示,而影像纠正中描述几何变化的函数更为复杂,形式也更为抽象,暂时可以通过MATLAB中的特殊几何变换结构描述。即由函数cp2tform或是函数maketform生成的几何变换结构体,为方便描述,将其简写成tform。在更高的MATLAB版本中,函数cp2tform将会被函数fitgeotrans所替代。

在影像旋转中,主函数的逻辑部分与更为复杂的几何纠正别无二致。关键是影像几何变换结构的描述形式，以及原始影像坐标和结果影像坐标之间的转换关系。之前采用的是由旋转角得到旋转矩阵，而此时可以由函数 maketform 人为指定某种特定变换，或者由函数 cp2tform 通过两组控制点集及特定几何变换模型得到。这里就采用 maketform 的方式得到影像几何变换结构体 tform：

```
tform = maketform('affine',[.5 0 0; .5 2 0; 0 0 1]);
```

实际上，旋转也可以通过函数 maketform 得到：

```
tform = maketform('affine',[ cos(angle), - sin(angle), 0;
                             sin(angle),   cos(angle), 0;
                             0,0, 1]);
```

另外，子函数 In2Out 和 Out2In 也将会发生相应的改变，如下所示：

```
function [xout,yout] = In2Out(tformIn2Out,xin,yin)
% 这里默认输入的 xin,yin 分别是 1 列向量，即 n - by - 1 的矩阵
[xout, yout] = tformfwd(tformIn2Out,xin,yin);
end

function [xin,yin] = Out2In(tformIn2Out,xout,yout)
% 这里默认输入的 xout,yout 分别是 1 列向量，即 n - by - 1 的矩阵
[xin, yin] = tforminv(tformIn2Out, xout, yout);
end
```

某些特殊的 tform 在创建之初时，并不一定同时存在正变换和逆变换的两个函数句柄。通常逆变换函数句柄一般是存在的，而正变换函数句柄可能不存在。因此有时需要计算两次 tform，分别是第 1 点集到第 2 点集，及第 2 点集到第 1 点集。此时子函数 In2Out 也将做出相应改变，如下所示：

```
function [xout,yout] = In2Out(tformOut2In,xin,yin)
% 这里默认输入的 xin,yin 分别是 1 列向量，即 n - by - 1 的矩阵
[xout, yout] = tforminv(tformOut2In,xin,yin);
end
```

影像旋转在 MATLAB 中存在函数 imrotate，而影像纠正在 MATLAB 中也存在几何变换函数。函数 imtransform 能够计算经过 tform 变换后的影像。

【例 8.4.1】 利用函数 imtransform 对影像作仿射变换。

```
I = imread('cameraman.tif');
tform = maketform('affine',[1 0 0; .5 1 0; 0 0 1]);
J = imtransform(I,tform);
imshow(I), figure, imshow(J)                    % 见图 8.4.1 和图 8.4.2
```

图 8.4.1 原始图像(例 8.4.1)

图 8.4.2 仿射变换后的图像

【例 8.4.2】 利用函数 imtransform 对影像作投影变换,影像变换范围和影像填充值都可以通过参数设置。

```
% Set up an input coordinate system so that the input image
% fills the unit square with vertices (0 0),(1 0),(1 1),(0 1).
I = imread('cameraman.tif');
udata = [0 1];  vdata = [0 1];
% Transform to a quadrilateral with vertices ( - 4 2),( - 8 3),
% ( - 3 - 5),(6 3).
tform = maketform('projective',...
[ 0 0;  1  0;  1  1; 0 1],[ - 4 2; - 8 - 3; - 3 - 5; 6 3]);
% Fill with gray and use bicubic interpolation.
% Make the output size the same as the input size.
[B,xdata,ydata] = imtransform(I, tform, 'bicubic', ...
                        'udata', udata,...
                        'vdata', vdata,...
                        'size', size(I),...
                        'fill', 128);
subplot(1,2,1), imshow(I,'XData',udata,'YData',vdata), ...
axis on
subplot(1,2,2), imshow(B,'XData',xdata,'YData',ydata), ...
axis on                                % 见图 8.4.3
```

图 8.4.3　原始图像与投影变换后的图像

8.5　本章小结

本章主要详细讲解了与影像几何处理相关的一些内容,主要包括两种影像坐标系统、影像旋转实现步骤及程序结构、影像缩放在 MATLAB 中的实现细节及从中借鉴和学习的经验,在影像旋转的基础上作影像纠正的更抽象形式的扩展。

通过本章介绍,初步了解了几何变换在影像处理过程中的基本思路就是建立几何变换关系,由结果影像坐标,经过结果影像到原始影像之间的几何变换关系,计算得到与结果影像坐标一一对应的原始影像位置,再通过原始影像灰度的二维内插得到影像灰度。这也就是数字影像反纠正的主要思想。

第 9 章 大数据影像处理

在试验过程中，能用到的影像数据一般都相对较小，可以通过计算机内存直接读取，并通过整体运算计算得到结果影像。实际上，常常会遇到各种各样的大数据影像超过普通计算机可用内存最大值的情况。如果按照此前的方法，将影像通过内存直接读取，则结果是超出内存限制，计算机提示报错。

针对这种"特殊"情况，如何做出有效应对处理，解决无法处理影像的问题呢？当然，增加计算机内存是一种硬件选择，但是否可以从软件的角度考虑对大数据影像处理的支持呢？答案无疑是肯定的。下面介绍如何将内存无法一次性读入内存的影像，通过软件的方式处理影像。

9.1 影像存储结构

影像的存储方式通常包含两部分：一部分是影像头文件信息，一部分是影像颜色信息。影像头文件信息包含了很多与影像相关的信息，如：影像宽高、影像波段数、单个像素所占字节数、影像数据类型、影像存储方式，影像是否存在金字塔，影像是否存在地理信息，影像是否被压缩及压缩方式等。

概括地看，影像头信息可以包括：

(1) 影像的基本信息，如影像宽高(也就是影像行列数)、影像波段数等；

(2) 影像在计算机中的存储信息，如单个像素的字节数、影像像素的排列方式，是否压缩及压缩方式，是否具有金字塔；

(3) 影像的其他信息，如地理信息、拍摄信息、日期等。

影像颜色信息为影像最基本的信息，存储了影像所有颜色值的有序排列，排列的顺序也存在多种特定方式，如按波段顺序保存格式 BSQ、按行顺序保存格式 BIL、按像元顺序保存格式 BIP。

BSQ 是按波段保存，即在保存第一个波段后，接着保存第二个波段，依次类推；BIL 是按行保存，保存第一个波段的第一行后，接着保存第二个波段的第一行，依次类推；BIP 是按像元保存，即保存第一个波段的第一个像元，之后保存第二波段的第一个像元，依次类推。有些影像存储过程中还可能是按固定的块大小进行存储。

尽管面对多种不同的数据存储方式，但处理影像的方式是相同的，只要将影像按原始影像头文件中的格式说明，以统一固定的格式读取到内存中，那么处理的方式就是一致的。如果将原始不同的格式，按照统一固定格式读入到内存，或是将统一固定格式按照不同的格式要求写入文件中，则是读/写影像功能函数需要考虑和解决的问题了。

9.2 影像分块

面对大数据的影像，当影像完全从文件转换到内存的过程中，受到来自现有可用内存的制约时，通过软件处理的方式，即影像分块的方法，进行影像处理。道理就如同矩阵乘法的计算过程中，通过分块矩阵简化矩阵形式，但又不影响其正常的运算过程。

对于普通的数据处理，影像处理过程只与影像本身像素灰度值相关；与其他像素产生不相关的情况下，可以直接进行分块处理，无须考虑其他影响因素。还有一些算法，在计算过程中需要考虑邻域范围内的其他像素灰度值，此时分块计算需要有一些额外的处理方式，如适当外扩。还有一些函数，必须通过全局统计才能进一步计算其灰度值，即在需要整幅影像信息的前提下，分两步进行：第一步先分块统计必要的全局信息，第二步利用计算获得的全局信息，再考虑后续的处理过程。

事实上，分块的过程是一种灵活处理影像的方法。在存储影像的过程中，就需要考虑使用时是否方便、读取是否高效的问题。如果能够通过影像的任意行列区间，都可以方便自如地获取局部矩形的影像灰度信息，无疑对于分块处理将是十分重要的一步。读取影像的局部矩形的灰度信息，与读整幅影像的过程相比，就是将需要的行列信息通过计算像素偏移或者字节偏移的方式，偏移到选定的局部范围内，保留需要的像素，跳过不在选定区域内的像素。因此，这种读取局部影像块的方式在算法实现上是可行的。为了能够处理大数据量的影像，这样读取局部影像块的做法也是必需的。

MATLAB 中提供了读取 TIF 格式的指定局部影像区域的功能。在读取影像函数 imread 中，针对 TIF 格式的影像，提供了几个特殊的参数用法：Index、Info、PixelRegion。其中，PixelRegion 可以指定局部影像矩形区域。使用说明中讲述比较详细。下面提供一个例子，让说明显得更加清楚。

```
rolMin = 100;
rolMax = 200;
colMin = 100;
colMax = 200;
I1 = imread('moon.tif',...
    'PixelRegion',{[rolMin,rolMax],[colMin,colMax]});
rolStep = 2;
colStep = 2;
I2 = imread('moon.tif',...
    'PixelRegion',{[rolMin,rolStep,rolMax],[colMin,colStep,colMax]});
```

矩阵 I1 获取的是影像 moon.tif 中的局部矩形范围[rolMin，rolMax]和[colMin，colMax]，行列的读取间隔默认为 1。矩阵 I2 获取的是影像 moon.tif 中的同样的局部矩阵范围，行的读取间隔为 rolStep，列的读取间隔为 colStep。

影像分块处理方式可以很灵活，不一定按照固定的分块方式进行。分块的方式可以是正方形分块，也可以是长方形分块；可以是无缝分块，也可以是带重叠的分块。总之，分块的原则是方便后续的计算，一切都是为了算法而准备。分块本质上只是处理大数据不可缺少的一种手段。

在 MATLAB 中存在分块处理函数 blockproc。函数 blockproc 的使用说明（以下摘录于 MATLAB 帮助文档中）包括以下四种用法：

```
B = blockproc(A,[MN],fun)
B = blockproc(src_filename,[M N],fun)
B = blockproc(adapter,[M N],fun)
blockproc(...,Name,Value,...)
```

第一种用法用于处理矩阵。A 为待分块的矩阵,[M N]为分块大小,fun 为函数句柄,是作用于每块的处理函数。

第二种用法可以直接作用于影像名称。

第三种用法可以按照自身的需要将分块处理机制作用于一个 Adapter 类,前提是这个类必须继承自 ImageAdapter 类,且必须具有类的构造函数、接口函数 readRegion,以及关闭已经打开的文件指针函数 close。一般的还需要有与函数 readRegion 对应的函数 writeRegion。

同时,这些函数的参数接口是统一固定的,形式如下:

```
function region_data = readRegion(obj, region_start, region_size)
function writeRegion(obj, region_start, region_data)
function close(obj)
```

(1) 参数 obj 是当前类对象的一个结构,和 C++中的 this 指针作用相同。

(2) 参数 region_start 是一个 1×2 的数组或者矩阵,记录的是起始点的行列号[rowMin, colMin]。

(3) 参数 region_size 也是一个 1×2 的数组或者矩阵,记录的是需要读取的影像块大小,也是用行列表示[row,col]。

(4) 参数 region_data 记录的是影像指定区域内的数据,也是一个矩阵。

需要说明的是,虽然 region_size 并没有指定影像在第三维的范围,但是一般而言,结果需要根据影像波段数的不同,自适应调整获得影像指定区域内所有波段的信息。即读影像的情况下,参数 region_data 可能为一个二维矩阵,也可能是一个三维矩阵。在写影像的过程中,需要注意 region_data 的第三维数量与影像的第三维是否一致的问题。

第四种用法提供了一些灵活的参数控制,使分块处理更灵活;也提供了一些特殊字符,区分特殊处理的方式。

(1) BorderSize 提供了外扩边界的大小,对应输入的是 1×2 的矩阵,外扩边界的方式为四周外扩。默认方式是[0,0],即不外扩。

(2) Destination 提供了目标位置。通常处理影像之后每块都对应一块处理结果,而处理过程因为是通过分块实现,类似于一个合久必分的过程,所以每块的结果需要经过一个分久必合的过程,使结果再合并为一个整体。Destination 后面所定义的参数类型和 blockproc 的第一个参数类型的可选范围是一致的,可以是影像名,也可以是 ImageAdapter 类的子类。当结果是矩阵时,直接在 blockproc 函数返回值赋值即可。

(3) PadPartialBlocks 提供了将其设置为 true 时,把每一个块或者矩阵外扩至指定的[M N]大小,外扩填充的元素采用的是 0。默认状态下是 false。

(4) PadMethod 提供了填充时可以采用的类型,可以是默认类型填入同一个值,如 0 等;可以是重复填充的方式,外扩部分采用最邻近边界填充的方式;还可以是待填充像素与边界像素成镜像对称的像素填充方式。

(5) TrimBorder 提供了将其设置为 true 时,将计算结果的边界去除的功能,防止在外扩时引起边界问题。默认状态下是 true。

(6) Parallel 提供了在设置为 true 时,可以根据计算的 CPU 数进行并行化处理。通常,在影像过大的情况下,每块都尽可能达到最大内存处理。在做并行化处理时将受内存的限制。默认状态下是 false。

使用说明中提到的函数句柄 fun,是根据不同需要进行指定的一个处理函数。需求不同,

处理函数的实现也是不同的。但这类处理函数的接口通常是一致的，如下所示：

```
function fun(block_struct)
function I = fun(block_struct)
```

参数 block_struct 可以采用其他任意的变量名命名，其形式是一致的，均为一个影像块信息的结构体。结构体 block_struct 包含几个基本的域，不同的域存储了不同的信息。例如：

（1）block_struct. border 存储的是影像边界宽度信息。

（2）block_struct. blockSize 存储的是影像块大小信息，不包含边界信息。

（3）block_struct. data 存储的是影像灰度值，包含外扩范围内的灰度值，可能包含外扩填充值。

（4）block_struct. imageSize 存储的是影像大小及行列号[rows,cols]。

（5）block_struct. location 存储的是影像块所在位置的行列号。

与此同时，函数 blockproc 支持读/写的格式有 TIFF（*. tif，*. tiff）和 JPEG2000（*.jp2，*.j2c，*.j2k），支持只读的格式有 JPEG2000（*.jpf，*.jpx）。从这个意义上说，blockproc 在数据类型的支持上是有其局限性的。在运行过程中，当大影像处理时间较长时，会增加一个进度条对话框提示。这在一些情况下并不十分必要，也欠缺一定的灵活性。

因此，也可以按照不同需求自己写一个在使用上和 blockproc 相类似的分块函数。以下提供几种分块的计算方法，按照不同的算法需要可以有不同的选择，其实分块的算法思想都是相同的。这里的分块大小只是为了更好地对小影像分块，仅作为参考使用。对于实际分块大小，还需要按照处理效率和内存两方面进行详细测试后，再进行设置。

```
imagePath = 'moon.tif';
blockLength = 128;   % 正方形分块的分块大小
imageInfo = imfinfo(imagePath);   % 影像头信息结构
rolMax = imageInfo.Height;
colMax = imageInfo.Width;
```

设置好必要参数后，可以用于后续计算。以下是用于无缝分块的一种简单形式：

```
for rmin = 1 : blockLength : rolMax
    for cmin = 1 : blockLength : colMax
        rmax = min(rmin + blockLength, rolMax);   % 越界处理
        cmax = min(cmin + blockLength, colMax);
        blockI = imread(imagePath,...    % 按计算的局部区域,读影像块
            'PixelRegion',[rmin,rmax],[cmin,cmax]);
    end
end
```

在 MATLAB 效率测试中，双层循环的效率比单层循环要低。相同循环次数的双层循环，其外层循环次数越多，效率越慢。鉴于此，无缝分块也可以采用以下这种分块方式：

```
blockSz = ceil([rolMax,colMax] ./ blockLength);
blockNum = prod(blockSz);
for k = 1:blockNum
    [r,c] = ind2sub(blockSz,k);   % 双层循环改为单层循环,计算每块的行列索引
    rmin = (r - 1) * blockLength + 1;   % 范围及越界处理
    cmin = (c - 1) * blockLength + 1;
    rmax = min(r * blockLength, rolMax);
    cmax = min(c * blockLength, colMax);
    blockI = imread(imagePath,...
        'PixelRegion',[rmin,rmax],[cmin,cmax]);
end
```

第二种无缝分块的方式，可能在效率上并不比第一种高，但胜在减少代码的循环嵌套，也增加了分块的灵活性。限定区域的矩形范围可以通过分块的行列信息进行不同方式的转换，也能针对后续带重叠分块的方式提供一种思路。

对于带有重叠的分块方式，可以采用与上面同样的方式进行，并且需要设置外扩边界，可以如下所示：

```
borderLength = 1;
for k = 1:blockNum
    [r,c] = ind2sub(blockSz,k);   % 双层循环改为单层循环，计算每块的行列索引
    xmin = (c - 1) * blockLength + 1;   % 最小列，cmin
    ymin = (r - 1) * blockLength + 1;   % 最小行，rmin
    xmax = min(c * blockLength, colMax);   % 最大列，cmax
    ymax = min(r * blockLength, rolMax);   % 最大行，rmax
    bxmin = max(xmin - borderLength, 1);                  % 外扩最小列
    bymin = max(ymin - borderLength, 1);                  % 外扩最小行
    bxmax = min(xmax + borderLength, colMax);             % 外扩最大列
    bymax = min(ymax + borderLength, rolMax);             % 外扩最小行
    blockIWithBorder = imread(imagePath,...
        'PixelRegion',[bymin,bymax],[bxmin,bxmax]);
end
```

如果只想单边重叠，可以将外扩边界进行灵活处理，获得上、下、左、右四个方向的其中一种重叠方式。在分块处理重叠方式中，还可以有很多分块方式，以下也是一种特殊的重叠形式：

```
for k = 1:blockNum
    [r,c] = ind2sub(blockSz,k);
    xmin = (c - 1) * blockLength + 1;   % 最小列，cmin
    ymin = (r - 1) * blockLength + 1;   % 最小行，rmin
    xmax = min(c * blockLength + 1, colMax);   % 最大列，cmax
    ymax = min(r * blockLength + 1, rolMax);   % 最大行，rmax
    blockIWithBorder = imread(imagePath,...
        'PixelRegion',[ymin,ymax],[xmin,xmax]);
end
```

值得说明的是，无论是何种分块方式，重要的是对分块的情况了如指掌，明白分块方式的每一块的位置、次序和相互关系，分清使用坐标所在的坐标系统，如影像坐标系和笛卡儿坐标系，(x,y)坐标和(row,col)坐标之间的关系。在使用 MATLAB 函数的过程中，尤其要注意区分(x,y)和(row,col)，不能互相混淆。最好是在一个函数中只出现一种命名形式的坐标记录，如只记录(x,y)坐标，或者只记录(row,col)坐标。否则，很容易将两者混为一谈，使得程序逻辑上可能产生偏差，引起不必要的错误，而往往这种错误是难以被发现的。

9.3 分块后处理

之前介绍的分块处理大数据的方法中，主要介绍了函数 blockproc 以及根据需要构造分块函数的两种方式。函数 blockproc 的后处理函数采用了函数句柄的方式，可以使用匿名函数、子函数或者内嵌函数。在构建的分块函数中，分块的后处理可以直接嵌入到分块的部分，也可以通过函数调用的方式进行。个人更倾向于采用分块函数调用的方式，分离处理大数据影像的分块步骤和处理步骤，能更加清晰地表达程序的含义和各部分的作用。

接下来要介绍的是不同的处理策略的分块实现。对于简单的影像灰度值处理且只与本身的灰

度值有关的运算,如波段运算等之类的算法,只用简单进行分块和运算的方式就可以正确执行。

【例 9.3.1】 利用函数 blockproc 对影像分块处理,交换红、绿波段灰度。

```
I = imread('peppers.png');
fun = @(block_struct) block_struct.data(:,:,[2 1 3]);
blockproc(I,[200 200],fun,'Destination','grb_peppers.tif');
figure;
imshow('peppers.png');
figure;
imshow('grb_peppers.tif');
```

这里的函数句柄 fun 的实际作用是将影像的第 1、2 波段顺序交换,从之前的 RGB 彩色变为了 GRB 彩色。这里每一个灰度的处理只与当前的灰度有关,与其邻域内的灰度无关。通过分块处理就可以得到正确的结果。而且由于原始影像较小,我们可以直接验证算法的正确性,如下所示:

```
I1 = imread('grb_peppers.tif');
I2 = I(:,:,[2,1,3]);
isequal(I1,I2)
ans =
    1
```

结果为 1 说明 I1 和 I2 是相等的,也说明算法是正确的、一致的。

```
fun = @(block_struct) ...
   std2(block_struct.data) * ones(size(block_struct.data));
I2 = blockproc('moon.tif',[32 32],fun);
figure;
imshow('moon.tif');                % 见图 9.3.1
figure;
imshow(I2,[]);                     % 见图 9.3.2
```

图 9.3.1　原始图像(例 9.3.1)

图 9.3.2　分块标准差赋值后的图像

这里对影像做了标准差的运算,并将标准差赋值为当前分块中的每个像素。这里两个例子,影像都不能整除分块大小,在边界的部分,分块函数默认没有填充为标准分块大小,然后进行处理。

【例 9.3.2】 利用函数 blockproc 对影像分块缩小图像。

```
fun = @(block_struct) imresize(block_struct.data,0.5);
I = imread('pears.png');
I2 = blockproc(I,[100 100],fun);
figure;
imshow(I);                    % 见图 9.3.3
figure;
imshow(I2);                   % 见图 9.3.4
```

图 9.3.3 原始图像(例 9.3.2)

图 9.3.4 分块缩小后的图像

在这个例子中,肉眼看,分块缩小后影像进行了整体缩小处理。可以再实际比较一下分块算法后的结果与不分块计算的结果是否一致。

```
I1 = imresize(I,0.5);
isequal(I1,I2)
ans =
     0
```

从结果看,这里分块处理后的结果与整体处理后的结果相比,产生了一定的偏差;与算法的预期产生了一定程度的"矛盾"。在使用分块方式处理大数据的时候,是否一些算法本身不能进行分块处理呢?答案无疑是否定的。从理论上说,分块策略没有对算法的本质造成影响,影响的仅仅是数据的部分。那么是否应该忽略这种看上去影响不大的偏差呢?这肯定也不行,不能因为效果上大同小异而对算法放弃控制,忽略看上去无足轻重的问题。这种忽略使得算法在某种程度上产生了不可控制的因素,也就是我们常说的 bug。

那么问题究竟出现在哪里呢?答案还是应该在函数 imresize 中查找。之前提到,函数 imresize 会将整幅影像的邻域索引和权重一并计算出来,将影像按照不同的维度分别处理。对于不同的影像位置,其对应的邻域索引和权重是不同的。这一点十分关键。

在此前的分块处理过程中,没有考虑到每一块在原始影像中的位置,而是将每一块作为独立的影像块进行缩小,也没有完全考虑当前影像块周围是否还存在邻域像素。当作为独立影像块处理时,相当于默认为周围没有邻域像素,不存在影像外扩,而此时与实际分块情况并不相符。在影像的中部,块与块之间是存在相邻关系的,此时整体缩小的结果必然会导致邻块的像素对本块像素的影响,而分块处理时,没有完全考虑到此种情形。

另外,采用函数 imresize 时,默认输入的影像块的起始点是(1,1),而采用分块策略时,每个独立影像块起始点在原始影像坐标系下,并非(1,1)。由于计算位置的不同,计算采样点的坐标也就不再完全相同。因此,分块处理采用直接 imresize 和整体处理采用 imresze 的方式必然会产生一些差异。如果想通过分块处理达到整体采用 imresize 的效果,必然不能简单地直接采用 imresize,而是需要剖析 imresize 的作用原理,深入到函数内部细节中去,再进行合理分块处理和运算。

为了大影像也能正确使用 imresize 的功能,可以仿照 MATLAB 中的函数 imresize,重新编写一个适用于分块的函数,不妨称为函数 myBlockImresize。在函数 myBlockImresize 中,仍然要用到函数 imresize 中的大部分功能,只是对阵分块做了进一步的处理。需要注意的是,不要轻易在 MATLAB 的内联函数中修改任何代码,以免因为不谨慎而造成错误,一般可以通过新增函数完成。在函数 myBlockImresize 中需要变化的核心代码,可参考例 9.3.3。这里不再一一列举函数 myBlockImresize 中与 imresize 函数重复的子函数代码。

【例 9.3.3】 利用函数 blockproc 对影像分块处理,缩小图像与函数 imresize 结果一致。

```
imgInfo = imfinfo(srcPath);                                 %获取原始影像信息
srcSz = [imgInfo.Height, imgInfo.Width];                    %原始影像大小
bandCount = imgInfo.BitDepth / 8;                           %影像波段数
dstSz = ceil(srcSz * ratio);                                %结果影像大小
blockSz = ceil(dstSz ./ blockLength);                       %块行列数
dstI = zeros([dstSz,bandCount],'uint8');                    %结果影像
blockNum = prod(blockSz);                                   %分块总数量
for iBlock = 1:blockNum   %按分块循环
    [r,c] = ind2sub(blockSz,iBlock);
    dstRowColMin = ([r,c] - 1) * blockLength + 1;   %分块边界
    dstRowColMax = [r,c] * blockLength;
    dstRowColMax = min([dstRowColMax;dstSz]);
    weights = cell(1,2);   %计算权重、索引
    indices = cell(1,2);
    srcRowColMin = nan(1,2);
    srcRowColMax = nan(1,2);
    for k = 1:2
          [weights{k}, indices{k}] = contributions(srcSz(k),...
            dstRowColMin(k):dstRowColMax(k), ratio, kernel,...
            kernel_width, antialiasing);
          srcRowColMin(k) = min(indices{k}(:));
          srcRowColMax(k) = max(indices{k}(:));
          indices{k} = indices{k} - srcRowColMin(k) + 1;
  end
I = imread(srcPath,...   %读原始影像对应范围
    'PixelRegion',{[srcRowColMin(1),srcRowColMax(1)],...
    [srcRowColMin(2),srcRowColMax(2)]});
if isPureNearestNeighborComputation(weights{1}) &&...   %采样内插
   isPureNearestNeighborComputation(weights{2})
    I = resizeTwoDimUsingNearestNeighbor(I, indices);
else
        for k = 1:2
            I = resizeAlongDim(I, k, weights{k}, indices{k});
        end
end
dstI(dstRowColMin(1): dstRowColMax(1),...   %结果影像合并
        dstRowColMin(2): dstRowColMax(2), :) = I;
end
```

其中,仍然需要部分引用函数 imresize 中用到的子函数及内联函数 imresizemex. mexw32 或者 imresziemex. mexw64。根据不同的 MATLAB 版本,mex 文件会有使用不同的库文件。针对分块的情形,对函数 contributes 做了接口上的处理,将原始的第二个参数 out_length 改为 out_vector,同时将

```
    % Output - space coordinates.
    x = (1:out_length)';
```

修改为如下形式：

```
    % Output - space coordinates.
    x = out_vector';
```

再次验证分块后的结果是否与不分块的结果一致：

```
path0 = 'pears.png';
path = 'pears.tif';
I = imread(path0);
imwrite(I,path);
I1 = imresize(I,0.5);
I2 = myBlockImresize(path,0.5);
isequal(I1,I2)
ans =
    1
```

因此也说明了影像处理过程中分块是出于通用的方法，对于不同的算法，尽管分块可能有时简单，有时复杂，但归根结底，大部分的问题是可以通过分块的形式解决大数据量的。

这里对函数 imresize 的内部机制的理解，针对分块做出了相应的调整，以达到分块处理和整体处理一致的效果。除了一些算法通过简单分块就能够解决，以及部分算法需要理解算法内层的机制外，还有可以通过运算技巧，规避对算法内层机制的剖析。毕竟，对底层函数的理解和为了分块而重新组织是一件繁杂的工作。

在影像滤波处理过程中，在分块处理过程中，就可以使用一些运算技巧来规避算法核心不支持分块的问题。通过对影像滤波过程的理解，因为滤波过程中采用了邻域内的像素灰度，因此在分块之初就需要设置好外扩大小。当需要用到的邻域范围增大，实际需要外扩的影像范围也随之增加。与此同时，处理影像滤波过程中还需要考虑对边缘的特殊处理。通常对边缘点的处理，主要是计算超界范围的外扩像素作为边缘像素的邻域，进而求出边缘像素。在分块的说明中也提及了三种外扩方法，分别是定值外扩、邻近外扩以及镜像外扩。同时也有让超界的邻域像素不参与运算过程的做法。由于外扩方式相对超界不处理的方式更为简单一些，所以重点讲述超界不处理的方式。

考虑到任一影像块进行滤波操作时，由于影像块的边缘像素没有足够的邻域像素信息计算支持，滤波窗口内的计算过程，需要人为估计边缘像素所缺失的邻域像素值。当人为的估计像素值与实际值存在一定偏差时，边缘计算的像素值会不准确，将对影像块造成边缘失真的现象。

同时分块的过程中，如果不考虑外扩的滤波处理，会很容易造成每一影像块的边缘失真，因此影像滤波等需要由邻域像素参与计算的算法，其分块过程必须做外扩处理。虽然外扩后影像块的边缘仍然失真，但外扩后影像块的非边缘像素，正好与非外扩影像块的所有像素一一对应，通过“取大做小”的方式，保证了所有位于影像内部像素的计算正确性。根据滤波窗口的移动过程，容易得到外扩像素数，且只需为滤波窗口的一半。

需要注意的是，每个影像块的边缘像素值，无论通过何种计算，都可以通过删除影像块边缘的方式，保留计算准确的内部非边缘点，也就是读取外扩影像块，输出计算后去除外扩边缘的影像块。

在这种计算方式下，输出的每个像素都考虑到了其周围的边缘像素，除了实际上也是原始影像块的边缘像素，可以保证每个点的计算过程是完全精确的。

除了考虑整幅影像都具有实际的像素值外，可能影像经过几何变换等纠正处理，存在黑色或其他颜色为背景的无效区域。此时,在滤波处理的过程中,靠近背景的区域如果仍然按照此前的处理,将产生一个与窗口大小相关的颜色过渡带。过渡带将从背景色到原始影像渐变过渡。背景区域的范围也将产生一定的偏差。为了将背景和影像有效区域完全分开,在背景的处理上,也要遵循边界处理的原则,保证背景不参与边界的像素运算。

在这些前提下,可以开始着手对影像带外扩分块后的后处理过程。针对每一块的两种边缘(一种是影像范围边缘,一种是影像背景边缘),可以进行统一处理,默认为同一种边缘。首先是确定影像有效区域。通过一定的外扩方式,区分影像中的无效区和有效区,可以采用二值图像进行简单区分。在影像内部仍然可能出现少量黑色的像素。这种现象也需要与影像背景区分开。这可以通过先验知识知道,因为内部存在的少量黑色像素不可能连续成片出现。通过二值图像处理方式去除空洞,利用计算黑色图斑面积的方法可以区分影像块中绝大部分的有效黑点和无效背景。

在获取了背景和有效区的二值影像后,后续就容易多了。计算滤波后的值,相当于一个加权平均的过程。而处于边缘区域的点由于边缘的因素,需要去除背景和边缘的影响。参与计算的点数在边缘和非边缘存在一定的差异。如果采用统一的滤波处理,背景和边缘都将被无形参与到计算过程中。此时需要进行简单的分离,将加权和的结果与权重和的结果分别进行计算,得到两者之比即为影像滤波后的结果。

加权和通过设置原始影像外扩固定值为 0,原始影像像素值与权重相互卷积作用后,在 0 值将其他不参与计算的背景和超界像素,排除在计算之外。利用二值影像区分的有效和无效区,同样采用卷积运算,得到有效像素,也就是权重和。由于二值影像中的 0 值与无效像素值对应,加权和的结果无形之中将无效像素排除在计算之外。在得到加权之和与权重之和后,直接通过加权和与权重和两者之比,即为加权平均值,也就是滤波结果。

下面从程序实现角度,考虑影像滤波的各个步骤的完成过程。

【例 9.3.4】 利用函数 blockproc 对影像分块处理,只对有效范围区域滤波。

```
function dstI = myBlockImfilter(srcPath,filterTemplate)
blockLength = 128;                                          % 分块大小
nanVal = 0;                                                 % 无效值
areaTol = 100;                                              % 面积阈值
dataType = 'uint8';                                         % 数据类型
borderLength = floor( max( size(filterTemplate) ) / 2);     % 外扩长度
borderLength = max(borderLength, areaTol);
imgInfo = imfinfo(srcPath);                                 % 影像头信息
bandCount = imgInfo.BitDepth / 8;                           % 波段数
sz = [imgInfo.Height, imgInfo.Width];                       % 影像大小
dstI = zeros([sz,bandCount],dataType);                      % 初始化
blockSz = ceil(sz ./ blockLength);
blockNum = prod(blockSz);                                   % 分块后的块个数
for k = 1:blockNum
    [r,c] = ind2sub(blockSz,k);
    xmin = (c - 1) * blockLength + 1;
    ymin = (r - 1) * blockLength + 1;
    xmax = min(c * blockLength,sz(2));
    ymax = min(r * blockLength,sz(1));
    bxmin = max(xmin - borderLength, 1);
    bymin = max(ymin - borderLength, 1);
    bxmax = min(xmax + borderLength, sz(2));
    bymax = min(ymax + borderLength, sz(1));
    I = imread(srcPath,'PixelRegion',{[bymin,bymax],[bxmin,bxmax]});
```

```
                                          %读外扩影像块
        bw = ~all(I == nanVal,3);         %判断是否都为无效值
        bw = imfill(bw,'holes');          %将内部的无效值作为有效值看待
        bw = bwareaopen(bw, areaTol);     %去除较小面积的有效值区域
        I = double(I);
        if nanVal ~= 0                    %无效值不为0
            iSz = size(I);
            I = reshape(I,[],bandCount);
            I(~bw,:) = 0;                 %将无效区域灰度设置为0
            I = reshape(I,iSz);
        end
```

```
        weightVal = imfilter(double(bw), filterTemplate);
        %计算像素邻域内有效区域的权重和
        I = imfilter(I, filterTemplate);        %计算像素邻域内有效区域的滤波和
        I = bsxfun(@rdivide, I, weightVal);     %计算像素邻域内有效区域的加权平均
        I = cast(I,dataType);
        I = I(ymin - bymin + 1:ymax - bymin + 1, xmin - bxmin + 1:xmax - bxmin + 1, :);
                                                %去除外扩部分
        dstI(ymin:ymax, xmin:xmax, :) = I;      %对应矩阵填充
    end
end
```

再对整体imfilter和分块的myBlockImfilter进行比较,发现:

```
path = 'moon.tif';
filterTemplate = ones(3)/9;
I = imread(path);
I1 = imfilter(I, filterTemplate);
I2 = myBlockImfilter(path,filterTemplate);
isequal(I1,I2)
ans =
0
```

从结果上看,与整体imfilter存在差异,原因是两者的算法略有差异。整体imfilter采用的是0值外扩的方式进行滤波,而现有的myBlockImfilter是边界不处理的方式,所以在边界处,两者在处理上有一定差异。通过比较结果发现,确实只在影像边缘存在差异,而在影像内部结果完全一致。

因此可以看到,不一定需要完全打破MATLAB中固有内部函数的结构和使用。有时适当的计算设计也可用于解决分块处理过程中,而不需要完全重构原始不支持分块处理的函数,同时能够大大简化代码编写的时间和代价。毕竟所使用的绝大部分MATLAB内部函数是经过了大量的测试验证的,具有很强的稳定性和提示错误信息的能力,使用时也会比较放心。

还有一种是分块过程中涉及了全局信息,处理过程也会麻烦一些,比如灰度线性拉伸处理。MATLAB中也提供了一些对于大影像统计处理的例子,如Computing Statistics for Large Images。内容讲述的是如何对大影像做统计,分块实现灰度线性拉伸的过程。

【例9.3.5】 利用函数blockproc对影像分块处理,对比度拉伸。

```
% Create the LanAdapter object associated with rio.lan.
input_adapter = LanAdapter('rio.lan');
% Select the visible R, G, and B bands.
input_adapter.SelectedBands = [3 2 1];
% Create a block function to simply return the block data unchanged.
identityFcn = @(block_struct) block_struct.data;
% Create the initial truecolor image.
truecolor = blockproc(input_adapter,[100 100],identityFcn);
```

```
% Display the un - enhanced results. figure;
imshow(truecolor);
title('Truecolor Composite (Un - enhanced)');          % 见图 9.3.5
```

正如 MATLAB 帮助文档中讲到的,第一步它构造了一个真彩色影像的矩阵,并显示出来。

```
adjustFcn = @(block_struct) imadjust(block_struct.data,...
    stretchlim(block_struct.data));
truecolor_enhanced = blockproc(input_adapter,[100 100],adjustFcn);
figure
imshow(truecolor_enhanced)
title('Truecolor Composite with Blockwise Contrast Stretch')     % 见图 9.3.6
```

图 9.3.5 原始真彩色合成图像(非增强)

图 9.3.6 分块对比度拉伸后的真彩色图像

第二步,直接采用灰度线性拉伸的分块方法,对影像做了增强处理,也就是第一次尝试。从结果上看,在影像中产生了明显的分块痕迹以及块与块之间的显著颜色差异,引起整体影像的颜色不均一。于是需要后续进一步考虑如何消除直接分块处理的问题。

```
classdef HistogramAccumulator < handle
    properties
        Histogram
        Range
    end

    methods
        function obj = HistogramAccumulator()
            obj.Range = [];
            obj.Histogram = [];
        end

        function addToHistogram(obj,new_data)
            if isempty(obj.Histogram)
                obj.Range = double(0:intmax(class(new_data)));
                obj.Histogram = hist(double(new_data(:)),obj.Range);
            else
                new_hist = hist(double(new_data(:)),obj.Range);
                obj.Histogram = obj.Histogram + new_hist;
            end
        end
    end
end
```

第三步，考虑到灰度线性拉伸处理函数 stretchlim 采用了整体影像的直方图信息，所以建立了一个统计直方图信息的类。

```
% Create the HistogramAccumulator object.
hist_obj = HistogramAccumulator();
% Split a sample image into 2 halves.
full_image = imread('liftingbody.png');
top_half = full_image(1:256,:);
bottom_half = full_image(257:end,:);
% Compute the histogram incrementally.
hist_obj.addToHistogram(top_half);
hist_obj.addToHistogram(bottom_half);
computed_histogram = hist_obj.Histogram;
% Compare against the results of IMHIST.
normal_histogram = imhist(full_image);
% Examine the results.  The histograms are numerically identical.
figure
subplot(1,2,1);
stem(computed_histogram,'Marker','none');
title('Incrementally Computed Histogram');
subplot(1,2,2);
stem(normal_histogram','Marker','none');
title('IMHIST Histogram');          % 见图 9.3.7
```

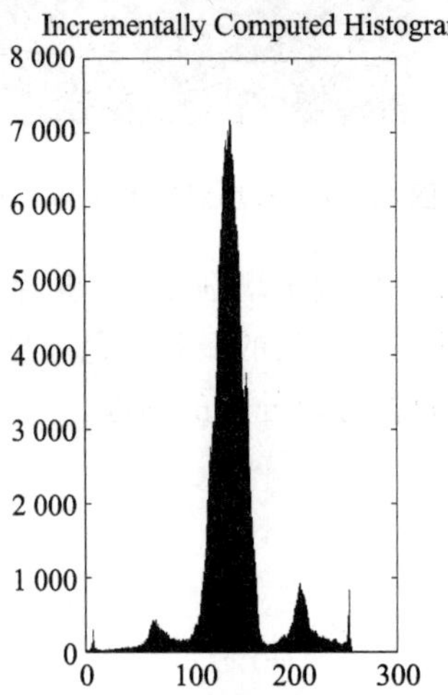

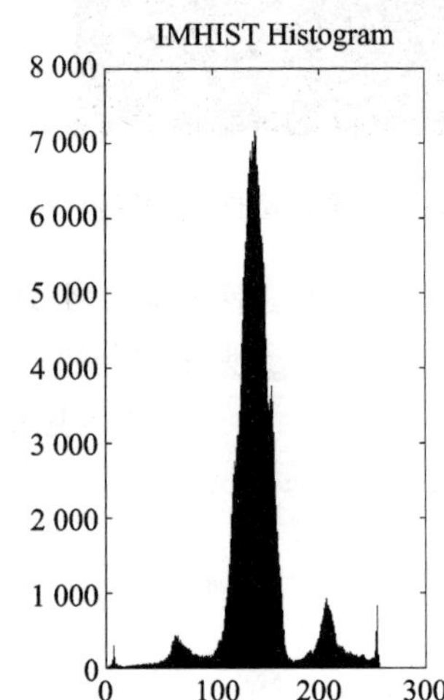

图 9.3.7　函数 imhist 得到的直方图

借助直方图统计类 HistogramAccumulator 完成了通过分块方式对影像直方图信息的统计，并与不分块方式的统计结果进行了比对，确认了分块方式与整体统计结果是一致的。

```
% Create the HistogramAccumulator object.
hist_obj = HistogramAccumulator();
% Setup blockproc function handle
addToHistFcn = @(block_struct)...
hist_obj.addToHistogram(block_struct.data);
% Compute histogram of the red channel.  Notice that the addToHistFcn
% function handle does generate any output.  Since the function handle we
% are passing to blockproc does not return anything, blockproc will not
% return anything either.
input_adapter.SelectedBands = 3;
```

```
blockproc(input_adapter,[100 100],addToHistFcn);
red_hist = hist_obj.Histogram;
% Display results.
figure
stem(red_hist,'Marker','none');
title('Histogram of Red Band (Band 3)');          %见图 9.3.8
% Compute histogram for green channel.
hist_obj = HistogramAccumulator();
addToHistFcn = @(block_struct) hist_obj.addToHistogram(block_struct.data);
input_adapter.SelectedBands = 2;
blockproc(input_adapter,[100 100],addToHistFcn);
green_hist = hist_obj.Histogram;
% Compute histogram for blue channel.
hist_obj = HistogramAccumulator();
addToHistFcn = @(block_struct) hist_obj.addToHistogram(block_struct.data);
input_adapter.SelectedBands = 1;
blockproc(input_adapter,[100 100],addToHistFcn);
blue_hist = hist_obj.Histogram;
```

第四步，将直方图统计类 HistogramAccumulator 运用到分块处理的过程中，分别按波段作了直方图统计。

```
computeCDF = @(histogram) cumsum(histogram) / sum(histogram);
findLowerLimit = @(cdf) find(cdf > 0.01, 1, 'first');
findUpperLimit = @(cdf) find(cdf >= 0.99, 1, 'first');
red_cdf = computeCDF(red_hist);
red_limits(1) = findLowerLimit(red_cdf);
red_limits(2) = findUpperLimit(red_cdf);
green_cdf = computeCDF(green_hist);
green_limits(1) = findLowerLimit(green_cdf);
green_limits(2) = findUpperLimit(green_cdf);
blue_cdf = computeCDF(blue_hist);
blue_limits(1) = findLowerLimit(blue_cdf);
blue_limits(2) = findUpperLimit(blue_cdf);
% Prepare argument for IMADJUST.
rgb_limits = [red_limits' green_limits' blue_limits'];
% Scale to [0,1] range.
rgb_limits = (rgb_limits - 1) / (255);
```

计算各个波段的整体截断值，并归一化到[0,1]的取件范围。

```
adjustFcn = @(block_struct) imadjust(block_struct.data,rgb_limits);
% Select full RGB data.
input_adapter.SelectedBands = [3 2 1];
truecolor_enhanced = blockproc(input_adapter,[100 100],adjustFcn);
figure;
imshow(truecolor_enhanced)
title('Truecolor Composite with Corrected Contrast Stretch')   %见图 9.3.9
```

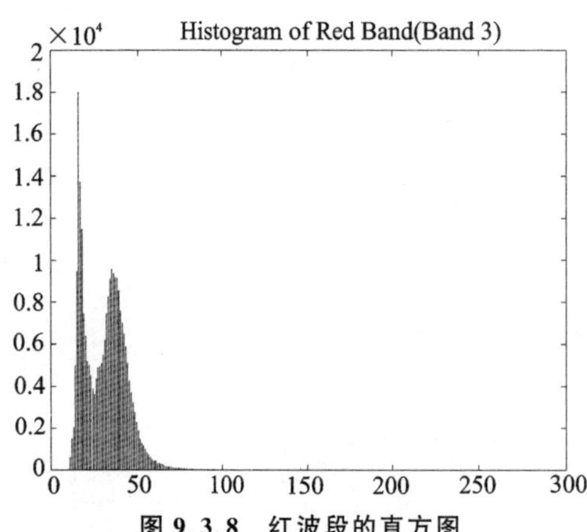

图 9.3.8 红波段的直方图

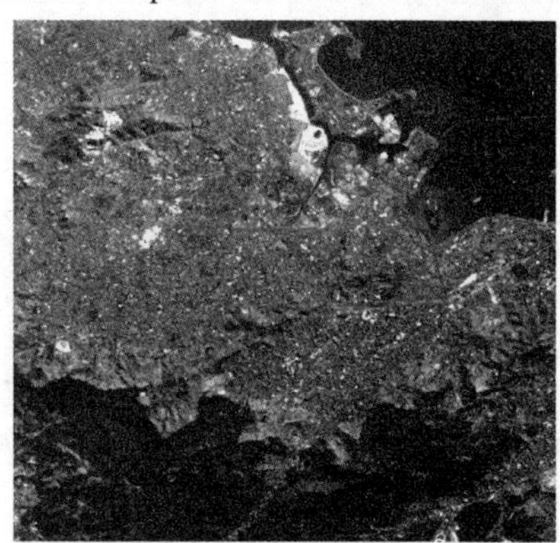

图9.3.9 正确的分块对比度拉伸真彩色合成图像

然后以计算的整体各波段的最小最大截断值，再对彩色影像做分块处理。

对比第二步的直接分块处理结果，以及经过了第三、四、五步之后的分块结果，不难看出，后一种方式与前一种方式的结果相比，不再产生明显的分块边界以及颜色不均一的问题。

从原理上看，前一种方式将各个影像块中灰度直方图信息单独使用，每块的灰度直方图都以自身的方式计算截断最小最大灰度，因此也产生了块与块之间极大的差异。反观后一种方式，将全局直方图信息先通过分块方式获得，然后以此为依据，计算了全局各波段的最小最大灰度，并将计算的最小最大灰度值作为影像增强的公共输入，不同块之间共用一套全局计算的最小最大灰度值。从而使各个块之间保持了整体效果的一致性，也没有产生明显的分块边界效果。

统计全局信息(如灰度直方图)时，采用的是先分块局部再合并成全局信息，再将整体信息用于分块处理。这里合并成全局信息的过程，相对简单，还存在另外一种合并全局信息的情况，则显得尤为复杂，比如对大影像做二值化边缘并提取边缘。在提取边缘的过程中，每一块的边缘信息都需要进行一次合并操作。合并之后的邻接多边形会形成更大的多边形。

由于需要用到的 MATLAB 示例影像格式为 png 格式，并不能支持分块读入，所以需要用 MATLAB 做一个简单的格式转换，将 png 格式转换为 tif 格式，如下所示：

```
I = imread('blobs.png');
imwrite(I,'blobs.tif');
imshow('blobs.tif');          % 见图 9.3.10
```

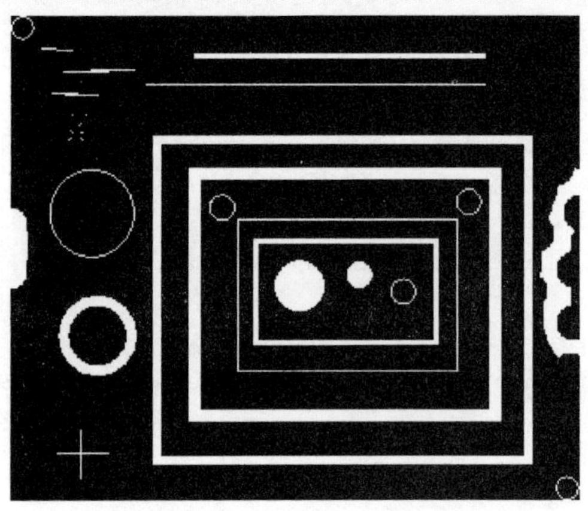

图 9.3.10 tif 格式图像显示

【例 9.3.6】 利用函数 blockproc 对影像分块处理,边缘提取处理。

```
function [x,y] = myBlockBwboundaries(srcPath)
blockLength = 128;
nanVal = 0;
borderLength = 1;
x = [];
y = [];
imgInfo = imfinfo(srcPath);
sz = [imgInfo.Height, imgInfo.Width];
blockSz = ceil(sz ./ blockLength);
blockNum = prod(blockSz);
for k = 1:blockNum
    [r,c] = ind2sub(blockSz,k);
    xmin = (c - 1) * blockLength + 1;
    ymin = (r - 1) * blockLength + 1;
    xmax = min(c * blockLength,sz(2));
    ymax = min(r * blockLength,sz(1));
    bxmin = max(xmin - borderLength, 1);
    bymin = max(ymin - borderLength, 1);
    bxmax = min(xmax + borderLength, sz(2));
    bymax = min(ymax + borderLength, sz(1));
    I = imread(srcPath,...
        'PixelRegion',{[bymin,bymax],[bxmin,bxmax]});
    cBlockBoundary = bwboundaries(bw);                  %元胞数组,行列
    boundaryNum = length(cBlockBoundary);               %边界数量
    if boundaryNum ~= 0
        cBlockRowCol = cell(boundaryNum * 2, 1);
        cBlockRowCol(1:2:end) = cBlockBoundary;         %将存储边界的元胞数组,间隔插入
        cBlockRowCol(2:2:end) = {nan(1,2)};             %间隔内填充无效值,
                                                        %作为分隔符
        blockRowCol = cat(1,cBlockRowCol{:});           %记录影像块中的相对行列,
                                                        %边界之间采用 nan 进行分隔
        xBlock = blockRowCol(:,2) + bxmin - 1;          %在整体影像中的 x 坐标
        yBlock = blockRowCol(:,1) + bymin - 1;          %在整体影像中的 y 坐标
        [x,y] = polybool('+',x,y,xBlock,yBlock);        %将各块边界合并到整体边界中
    end
end
end
```

再将得到的边界矢量和原始影像叠加显示:

```
[x,y] = myBlockBwboundaries('blobs.tif');
figure;imshow('blobs.tif');
hold on;plot(x,y,'-');
```

结果如图 9.3.11 所示。

由图 9.3.11 可以发现,在宽度为 1 的白色图斑中,没有找到边缘矢量。在程序中可以增加如下测试代码(新增初始为空的变量 xNew、yNew):

```
x = [];
y = [];
xNew = [];
yNew = [];
```

计算方式与 x、y 计算方式略有不同,如下所示:

```
[x,y] = polybool('+',x,y,xBlock,yBlock);
xNew = cat(1,xNew,xBlock);
yNew = cat(1,yNew,yBlock);
```

在程序最后保存变量 xNew、yNew：

```
save 1.mat xNew yNew;
```

再次运行完成后，加载 1.mat 文件，通过，重新显示 xNew、yNew：

```
load 1.mat
figure;imshow('blobs.tif');
hold on;plot(xNew,yNew,'r-');          % 见图 9.3.12
```

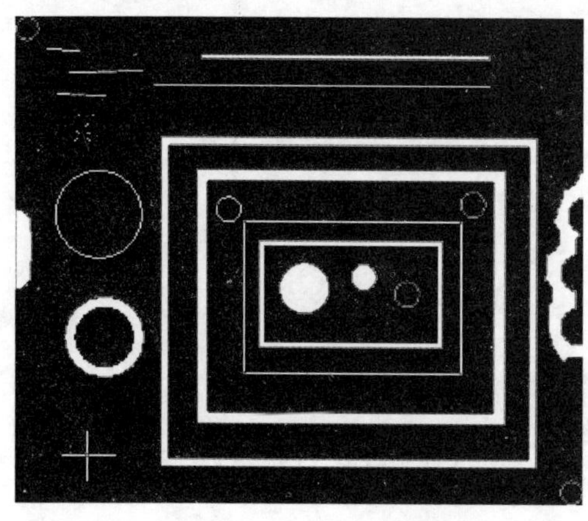

图 9.3.11　显示图像边界

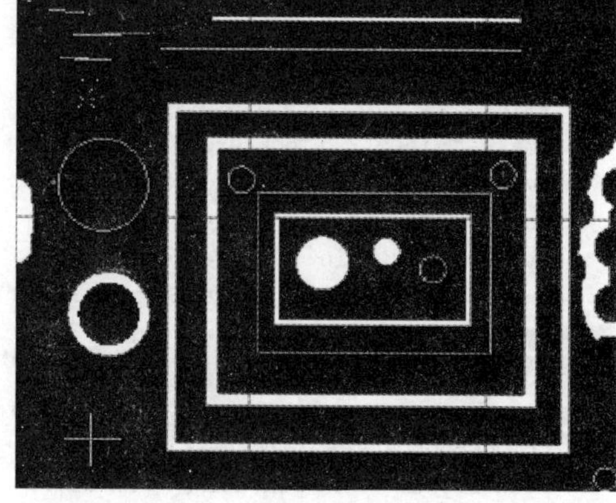

图 9.3.12　显示分块后所有边界

从图 9.3.12 中可以发现，不合并的矢量线中是包含宽度为 1 的图斑矢量的，经过合并处理后，宽度为 1 的图斑矢量被合并去掉。分析发现，宽度为 1 的图斑得到的矢量为一个封闭多边形，且多边形点互相重合。在矢量合并部分，此种多边形被去除掉。值得注意的是，所有的矢量线由多边形像素中心构成。如果计算的矢量多边形由像素边缘点构成，那么此时合并矢量过程中，将可以覆盖整幅图像的每个图斑。

如何利用现有的 MATLAB 函数 bwboundaries 计算出的像素中心矢量，转变为像素边缘矢量呢？可以通过建立一种像素中心矢量和像素边缘矢量关系的映射方式，通过像素中心矢量以及已知的映射关系，计算出对应的像素边缘矢量。

从平移的角度看，像素中心矢量与边缘矢量相差 0.5 个像素。将原始影像平移内插 0.5 个像素，可以获得内插后的影像。存在边缘的部分由于在 0 与 1 之间，所以内插值必定为大于 0 且小于 1 的结果，然后据此求出内插后影像的像素中心矢量，再根据平移变换求出内插前影像的像素边缘矢量。从一维坐标上看，其采样位置为 0.5:1:n+0.5。但需要注意的是，在某种特殊情况下，存在一定的问题。以下列举一个 5×5 矩阵的简单例子加以说明：

```
0  0  0  0  0
0  1  0  1  0
0  1  1  1  0
0  1  1  1  0
0  0  0  0  0
```

经过二维线性采样后,可得

0	0	0	0	0	0
0	0.25	0.25	0.25	0.25	0
0	0.5	0.75	0.75	0.5	0
0	0.5	1	1	0.5	0
0	0.25	0.5	0.5	0.25	0
0	0	0	0	0	0

由采样前和采样后的结果可以看出,原始图像中存在一个像素的凹陷,但采样后结果影像中被完全忽略了。两者经过函数 bwboundaries 后,计算出的矢量在形状上产生了一定的偏差效果。究其原因,是因为内插位置的像素之间存在 0 值跳变。而平移 0.5 个像素后,不能采样到跳变位置。因此针对可能跳变的位置需要进行额外采样,此时改进的方式是半像素采样。从一维坐标上看,采样像素位置则为 0.5:0.5:n+0.5。

```
function [x,y] = myBwboundaries(bw)
count = 0;   % 循环次数
h = ones(3);   % 计算四连通模板
h([1;3;7;9]) = 0;
sz = size(bw);   % 影像大小
x = 0.5 : 0.5 : sz(2) + 0.5;   % 计算像素角点单维坐标
y = 0.5 : 0.5 : sz(1) + 0.5;
I = zeros(sz + 2);   % 将原始影像四方向各外扩一个像素,并填充为 0
I(2:end - 1,2:end - 1) = bw;
x = x + 1;   % 计算外扩后像素角点单维坐标
y = y + 1;
[x,y] = meshgrid(x,y);                              % 计算像素角点格网
bw = interp2(I,x,y);                                % 内插像素角点灰度
bw = bw > 0 & bw < 1;                               % 确定影像边缘
sz = size(bw);                                      % 计算内插后影像大小
cBoundary = cell(0,1);                              % 存储整体边缘信息,元胞数组
while any(bw(:))                                    % 逐层搜索边缘,当影像全为 0 时,停止搜索
    count = count + 1;                              % 循环次数
    val = imfilter(double(bw),h);                   % 计算各像素四连通性
    ind = val = = 5;                                % 找出上下左右都连通的点的逻辑索引
    iCellBoundary = bwboundaries(bw,4);             % 四连通方式计算最外层边缘
    if count > 1                                    % 排除循环超过一次后,
                                                    % 因为保留的点,形成的单点边缘
        cLength = cellfun('size',iCellBoundary,1);
        ind = cLength = = 2;
        iCellBoundary(ind) = [];
    end
    cBoundary = cat(1,cBoundary,iCellBoundary);     % 合并到整体边缘
    rc = cat(1,cBoundary{:});                       % 计算边缘像素行列
    loc = sub2ind(sz, rc(:,1), rc(:,2));            % 计算边缘像素在影像中的线性索引
    bw(loc) = false;                                % 排除最外层边缘像素,
                                                    % 等价于将边缘像素值变为 0
    bw(ind) = true;                                 % 保留上下左右都连通的点,
                                                    % 可能是最外层边缘,
                                                    % 因为有两条边缘经过该点
end
boundaryNum = length(cBoundary);                    % 在边缘之间插入 nan 分隔
cRowCol = cell(boundaryNum * 2, 1);
```

```
cRowCol(1:2:end) = cBoundary;
cRowCol(2:2:end) = {nan(1,2)};
rc = cat(1,cRowCol{:});
ind = mod(rc,2) = = 0; % 去除原始影像中
% 任一方向上为整像素的点
ind = any(ind,2);
rc(ind,:) = [];
rc = rc / 2; % 换算到原始影像坐标
x = rc(:,2);
y = rc(:,1);
end
```

运算后的边缘结果与原始影像叠加显示：

```
bw = imread('blobs.tif');
[x,y] = myBwboundaries(bw);
figure;imshow('blobs.tif');
hold on;plot(x,y,'r - ');        % 见图 9.3.13
```

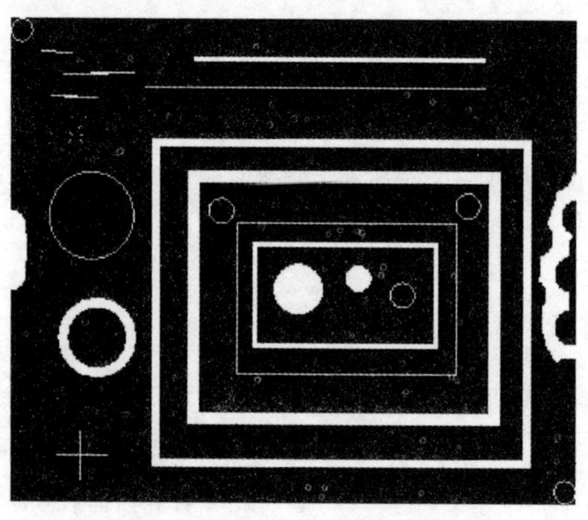

图 9.3.13 正确的分块后图像边界显示

结果和原始影像边缘完全套合，达到了预期的提取影像边缘的效果。还可以将函数 myBwboundaries 运用到 myBlockBwboundaries 中，这样分块时合并后的结果也不再出现之前的问题。

这种方法是对影像边缘的一种新的尝试，对于更大的图像，且速度要求更高的情况，这里的方法并不是最高效的。计算的时间开销主要在多个多边形矢量合并上，还可以在算法上做进一步的修改，使边缘提取的效率进一步提升。这里不再赘述，读者有兴趣可以自行设计和推敲。

9.4 本章小结

本章主要介绍了影像存储的三种结构：按波段存储的 BSQ、按行存储的 BIL 和按像素存储的 BIP。

还介绍了大影像在处理时普遍采用的分块策略，针对不同的算法，提出灵活分块以及外扩处理。

通过一些实例，具体说明了分块后可能会遇到的一些常见问题，并提供一些普遍、实用的经验和技巧，以及解决问题的思路和方法；最后，介绍了影像滤波的分块处理、影像缩小的分块处理和影像边缘矢量提取的分块处理。

第10章 特征提取与影像匹配

影像特征提取，简单来说就是提取影像中的有用信息的过程。它属于多个领域的交叉范畴，如影像处理、计算机视觉、模式识别等。这些领域都或多或少地用到了影像特征提取。

利用影像特征提取，可以做更多后续的影像操作和处理。对于单张影像而言，通过影像特征提取，可以识别影像中多种不同的目标，如植被、水域、居民地等；利用影像特征提取，可以找出两幅包含相同目标的影像中的同名点；对于连续运动的动态影像，通过影像特征提取，可以跟踪同一目标的运动过程和运动轨迹。

从信息论的角度看，影像也是一种特殊的视觉信息。影像中包含了物体所对应的颜色、形状、大小等一系列相关信息。相比其他信息，影像信息是物体反射的光线在成像面上显示的结果。人通过视觉获取影像中对应的灰度信息及其分布，从而感知得到影像信息所要表达的结果。视觉在这里至少包含了两个层次：一是感受，二是认知。当然在感知之上，还有更高层次、更抽象的人类思想活动，如理解、分析、联想。

特征提取的目的，就是尽可能地提取出所需要的信息，并利用这些信息能够对影像准确判断、识别和分析。目前，计算机视觉已经取得了一些进展，但与普通人能够短时间内准确获取影像中的主要信息相比，希望通过计算机来完全模拟人的视觉活动，仍然有不小的差距。

在摄影测量领域中，影像特征提取主要是通过提取特征，获取不同角度拍摄的影像中存在一一对应的同名影像位置。而在遥感领域中，特征提取更多的是用来识别目标、分析目标。通过对目标特征的提取，应用在其他影像上也能够准确识别出同一个或者同一类目标，借此再分析目标的性质和状态。所以从这个角度来看，摄影测量更侧重几何信息，遥感更侧重属性信息。

在 MATLAB 工具箱中，与特征检测相关的主要有影像处理工具箱（Image Processing Toolbox）和计算机视觉工具箱（Computer Vision System Toolbox）。在这些工具箱中，基本涵盖了一些影像处理的基本方法。

10.1 特征检测

为了提取影像中的信息，需要找出影像中具有明显地物信息的部分。通常，明显地物信息具有更强的识别性和普遍性，也就是所说的特征信息。特征信息的识别性与其他信息存在明显的差异性和识别度，而普遍性表示特征在一般影像中存在的数量足够多，能够满足被应用于实际的需要。

实际上，识别性和普遍性是一组矛盾体。它们从两个相反的角度说明了特征信息需要满足的条件。一般，识别性越高，特征条件就越苛刻，符合条件的特征就越少，特征的普遍性就越低；反之，识别性越低，普遍性就越高。同时，特征的识别性和普遍性要找到特征信息的平衡点。既能够有较高的区分度，能够准确识别符合条件的特征，还能在影像中找出更多的特征信息。

从几何角度来看，影像特征可以分为三类，也就是点特征、线特征和面特征。本节主要介绍几种典型的点、线特征。无论这些特征形状如何，最终都将被转化为一串代表某种特殊含义的信息，用来描述对应特征的具体特性。通过这些被记录的信息，进而识别和区分这些特征，甚至匹配和跟踪这些特征。

10.1.1 点特征检测

点特征检测是特征提取中比较常见的一种特征形式。特征在影像中的几何表现是通过点的方式进行表达。一个特征对应的是一个点。为了正确区分影像中的特征点和非特征点，需要筛选出影像中符合特征条件的点，并记录其位置。这里的特征条件根据检测算法的不同，会有所区别，但它们也存在一定的相同点，都是为了将人眼能够察觉到的明显点提取出来。下面介绍几种常见的特征点提取算子。

1. Moravec 算子

Moravec 算子是一种比较早期的角点检测算法。它定义的角点需要满足的条件是，与其相邻重叠区域相比，其具备较低的自相似性。

Moravec 算子会检测有影像中的所有像素点。以像素点为一个窗口中心，设定一个窗口范围，以像素为单位，沿水平、垂直、左对角线、右对角线四个方向记录在窗口内邻近像素的差平方和，以四个方向上最小的差平方和作为该点的兴趣值。通过一定的兴趣值阈值来判断该点是否是候选点，然后再在一定区域内选择最大兴趣值的候选点作为特征点使用。所以 Moravec 算子可以简单地理解为选取最大最小灰度方差点作为特征点。

兴趣值越高，说明该点邻域范围内的相似程度越低，是明显特征点的概率越大；反之兴趣值越低，说明该点周围的灰度比较平均，相似性程度越大，越不可能是明显特征点。

当点处于水平边缘或者垂直边缘，且计算方向与边缘垂直时，方差将会增大；当计算方向与边缘平行时，方差会减小。因为统计的是每个方向的最小方差值，所以在四种方向上的边缘点会被排除。当然 Moravec 算子也存在一定的局限性，它并不是一个各向同性的算法，当边缘方向和搜索的四个方向不一致时，会错误地将点设置为候选点，同时也对噪声点比较敏感。

由于 MATLAB 中并没有内置函数对应 Moravec 算子的功能，有兴趣的读者可以借助 MATLAB 编程的方式，完成对 Moravec 算子的了解和熟悉。不妨可以试着写一个实现 Moravec 算子的程序，同时也能练习 MATLAB 编程。

2. Förstner 算子

Förstner 算子也是用于提取特征点的一种常见方法。它选取特征点的条件是，通过 Robert梯度和灰度协方差矩阵，找出尽可能小而接近于圆的误差椭圆的点。

Förstner 算子也是利用了像素之间的 Robert 梯度关系，也就是左右对角线方向。还是通过水平方向和垂直方向的灰度差异，以及对角线方向的灰度差异，建立该点的灰度协方差矩阵；然后通过灰度协方差矩阵判断该点是否为候选点。同样，在一定区域内选择最优的候选点作为 Förstner 特征点使用。在 MATLAB 中也没有直接可以使用的 Förstner 算子函数，但是可以通过 MATLAB 编程的方式实现 Förstner 算子的功能。

3. Harris 算子

对于 Harris 算子，在 MATLAB 中有与之对应的角点提取函数。在比较旧的版本中采用的是函数 corner，比较新的版本中更倾向于采用角点探测类 vision. CornerDetector。两者的用法大同小异。

1)函数 corner 的用法

```
C = corner(I)
C = corner(I, method)
C = corner(I, N)
C = corner(I, method, N)
C = corner(..., Name,Value)
```

用法中的一些特殊变量名称含义,需要简单说明:

(1) C 表示角点的位置,是一个 $m \times 2$ 的矩阵,第一列表示 x 坐标,第二列表示 y 坐标。

(2) I 表示单波段影像块,是一个二维矩阵。

(3) method 表示角点探测方法,是一个字符串,可以选用 'Harris'、'MinimumEigenvalue' 两种方法,默认为 'Harris'。

(4) N 表示个数,是影像中最多选取的角点个数。默认为 200。

【例 10.1.1】 利用函数 corner 得到影像角点坐标。

```
I = checkerboard(50,2,2);
C = corner(I);
imshow(I);
hold on
plot(C(:,1), C(:,2), 'r*');            % 见图 10.1.1
```

图 10.1.1 在图像上显示提取的角点位置

2)角点探测类 vision.CornerDetector 的用法

```
cornerDetector = vision.CornerDetector
cornerDetector = vision.CornerDetector(Name,Value)
```

仅当类属性 CornerLocationOutputPort 为 true 时,有以下用法:

```
LOC = step(cornerDetector,I)
```

仅当类属性 MetricMatrixOutputPort 为 true 时,有以下用法:

```
METRIC = step(cornerDetector,I)
```

当类属性 CornerLocationOutputPort 和 MetricMatrixOutputPort 同时为 true 时,有以下用法:

```
[LOC,METRIC] = step(cornerDetector,I)
```

角点探测类也是有多种角点探测算法，包含了 Harris corner detection（Harris&Stephens）、Minimum eigenvalue（Shi & Tomasi）、Local intensitycomparison（Rosten & Drummond）三种。另外，还提供了大量的算法参数用于修改和试验，这里就不再过多介绍，可以查阅相关的 MATLAB 帮助文档。这里主要介绍的是角点探测类里面的几个基本函数。

- vision.CornerDetector.clone 表示复制相同的一个类对象；
- vision.CornerDetector.getNumInputs 表示获取期望的输入参数个数；
- vision.CornerDetector.getNumOutputs 表示获取输出参数个数；
- vision.CornerDetector.isLocked 锁定所有属性的状态；
- vision.CornerDetector.release 允许输入参数和属性的改动；
- vision.CornerDetector.step 执行类操作，在这里是执行角点提取操作。

在 MATLAB 的系统类中，基本都包含 clone、getNumInputs、getNumOutputs、isLocked、release 和 step 这几种操作。

【例 10.1.2】 利用函数 vision.CornerDetector 得到影像角点坐标。

```
I = im2single(imread('circuit.tif'));   % 读影像
cornerDetector = vision.CornerDetector(...   % 建立角点探测对象
'Method','Local intensity comparison (Rosten & Drummond)');
pts = step(cornerDetector, I);   % 将角点探测作用于影像
color = [1 0 0];   % 建立画图标记插入对象
drawMarkers = vision.MarkerInserter('Shape', 'Circle',...
'BorderColor', 'Custom', 'CustomBorderColor', color);
J = repmat(I,[1 1 3]);   % 将影像变为 RGB 影像
J = step(drawMarkers, J, pts);   % 将标记插入作用于影像和点
imshow(J); title ('Corners detected in a grayscale image');     % 见图 10.1.2
% 显示影像和点
```

图 10.1.2　在图像上显示提取的角点位置

4. 其他点探测算子

除了角点提取函数 corner 外，MATLAB 中还提供了一些流行而特殊的特征点提取函数，如 SURF 特征点提取函数 detectSURFFeatures、MSER 特征点提取函数 detectMSERFeatures，等等。下面介绍这两种特征点提取函数的基本用法。

函数 detectSURFFeatures 的基本用法如下：

```
POINTS = detectSURFFeatures(I)
POINTS = detectSURFFeatures(I,Name,Value)
```

函数 detectMSERFeatures 的基本用法如下：

```
REGIONS = detectMSERFeatures(I)
REGIONS = detectMSERFeatures(I,Name,Value)
```

其中，I 表示影像矩阵，Name 表示函数特定参数字符串，Value 表示对应函数参数字符串的值。Name、Value 两者一般成对出现。

函数 detectSURFFeatures 的参数比较简单，一共有三个，分别是：

(1) 'MetricThreshold' 表示 SURF 特征点的测度阈值，为一个非负值，默认值为 1 000。测度阈值越高，点的特征越明显，所选取的点也越少。

(2) 'NumOctaves' 表示组的数量，可以选取 1～4 之间的整数。默认值是 3。该值设置越大，选取的点所对应的尺度就越大。

(3) 'NumScaleLevels' 表示一组包含的层数，可以选取 3～6 之间的整数。默认值是 4。增加层数可以发现更多的特征点。

函数 detectMSERFeatures 的参数也比较简单，同样是三个，分别是：

(1) 'ThresholdDelta' 表示测试区域稳定性的步距大小。可选择的范围为(0,100]，一般选取的范围为[0.8,4]，默认值为 2。该值越小，选择的区域越多。

(2) 'RegionAreaRange' 表示区域面积范围，为一个 1×2 的矩阵。第一个值为区域最小值，第二个值为区域最大值。默认取值为[30,14000]。

(3) 'MaxAreaVariation' 表示在不同强度的区域之间的最大变化容忍，为一个正值。增加这个值会得到更多的区域，但整体稳定性会下降。一般范围为[0.1,1.0]，默认取值为 0.25。

结果 POINTS 对应的是 SURF 特征点对象，而 REGIONS 对应的是 MSER 特征区域对象。两者分别是类 SURFPoints 和类 MSERRegions 的对象。这两类对象中都包含了与算法相关的信息。这种将特征点采用类方式表达，很好地封装了特征点所对应的属性，并且提供了一种新的对象化思维，有些时候可以大胆尝试一些对象化的思路，不再局限于函数化、过程化编程。

下面再提供这两种探测特征点的函数在 MATLAB 帮助文档中的使用方式。

【例 10.1.3】 利用函数 detectSURFFeatures 得到影像 SURF 特征点并显示。

```
%提取 SURF 特征点
I = imread('cameraman.tif');
points = detectSURFFeatures(I);
figure;
imshow(I);
hold on;
plot(points.selectStrongest(10));        %见图 10.1.3
```

【例 10.1.4】 利用函数 detectMSERFeatures 得到影像 MSER 特征点并显示。

```
%提取 MSER 特征点
I = imread('cameraman.tif');
```

```
regions = detectMSERFeatures(I);
figure;
imshow(I);
hold on;
plot(regions);          % 见图 10.1.4
```

图 10.1.3　在图像上显示最强的 10 个 SURF 特征点位置

图 10.1.4　在图像上显示 MSER 特征点位置

值得说明的是，SURFPoints 类对象 points 采用了类方法 selectStrongest 找最强的 10 个特征点。函数 plot 在绘制 SURFPoints 对象和 MSERRegions 对象时，发生了重载，绘制的过程和结果，与 plot 点和线的情况是不相同的。

10.1.2　线特征检测

讨论完了点特征检测，下面介绍线特征检测的一些常用方法，如一阶差分算子和二阶差分算子。

一阶差分算子就是水平和竖直方向的两种梯度算子。通过差分计算设定差分阈值，可以直接得到影像在水平和竖直方向上的边缘信息。两者的形式也十分简单，分别是[-1,1]和[-1;1]，或者反过来，[1,-1]和[1;-1]。

二阶差分算子种类比较多，基本原理也是利用中心像素灰度与邻域像素灰度之间的差异性，设定不同权重，计算出线特征的位置。二阶差分算子主要包括 Robert 算子、方向差分算子、sobel 算子、Prewitt 算子、Laplace 算子、高斯-拉普拉斯算子（LOG 算子）和 canny 算子等。这些二阶差分算子基本都是从中心像素出发，设计权重计算窗口，计算出各个像素的卷积和，进而判断是否为线特征点。

在 MATLAB 的影像处理工具箱(Image Processing Toolbox)中，有一部分这些常见的线特征检测算子。通过函数 edge 可以调用不同的边缘检测方法。下面介绍边缘检测函数 edge 的基本用法，如下所示：

```
BW = edge(I)

BW = edge(I,'sobel') % sobel 算子
```

```
BW = edge(I,'sobel',thresh)
BW = edge(I,'sobel',thresh,direction)
[BW,thresh] = edge(I,'sobel',...)

BW = edge(I,'prewitt') % prewitt 算子
BW = edge(I,'prewitt',thresh)
BW = edge(I,'prewitt',thresh,direction)
[BW,thresh] = edge(I,'prewitt',...)

BW = edge(I,'roberts') % roberts 算子
BW = edge(I,'roberts',thresh)
[BW,thresh] = edge(I,'roberts',...)

BW = edge(I,'log') % log 算子
BW = edge(I,'log',thresh)
BW = edge(I,'log',thresh,sigma)
[BW,threshold] = edge(I,'log',...)

BW = edge(I,'zerocross',thresh,h) % zerocross 算子
[BW,thresh] = edge(I,'zerocross',...)

BW = edge(I,'canny') % canny 算子
BW = edge(I,'canny',thresh)
BW = edge(I,'canny',thresh,sigma)
[BW,threshold] = edge(I,'canny',...)
```

(1) BW 表示一个逻辑矩阵,内部由 0 和 1 构成,也就由 false 和 true,其中 true 所对应的位置就是探测出边缘的位置。

(2) I 表示一个二维矩阵,也就是一个单波段灰度图像对应的矩阵。

(3) 'sobel'、'prewitt' 等这些字符串表示边缘检测算子的类型,采用字符串区分。

(4) thresh 表示阈值,direction 表示方向,sigma 表示标准差,h 表示滤波窗口矩阵。

最简单和最直接的用法是第一种用法,默认方式是 sobel 算子。

需要注意的是,边缘检测函数 edge 生成的不是矢量结果,而是二值影像结果,将属于检测出的边缘信息,设置为 true 的方式。以下是 MATLAB 帮助文档中函数 edge 的示例。

【例 10.1.5】 利用函数 edge 得到影像边缘线特征并显示。

```
I = imread('circuit.tif');
BW1 = edge(I,'prewitt');
BW2 = edge(I,'roberts');
BW3 = edge(I,'canny');
subplot(2,2,1); imshow(I); title('origin');
subplot(2,2,2); imshow(BW1); title('prewitt');
subplot(2,2,3); imshow(BW2); title('roberts');
subplot(2,2,4); imshow(BW3); title('canny');          % 见图 10.1.5
```

而在计算机视觉工具箱(Computer vision Toolbox)中,尝试使用类的处理方式进行边缘检测。边缘检测类名称为 vision. EdgeDetector,其用法如下:

```
H = vision.EdgeDetector
H = vision.EdgeDetector(Name,Value)
```

其中,H 表示边缘检测类对象,Name 表示类属性,Value 表示类属性值。

边缘检测类 vision. EdgeDetector 中也可以选择不同的算法进行边缘检测。其对应的属性为 'Method',可供选择的方法名称有 Sobel、Prewitt、Roberts、Canny。其中默认算法为 Sobel。

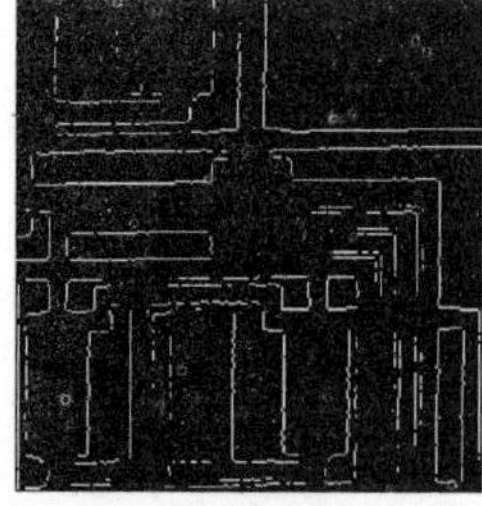

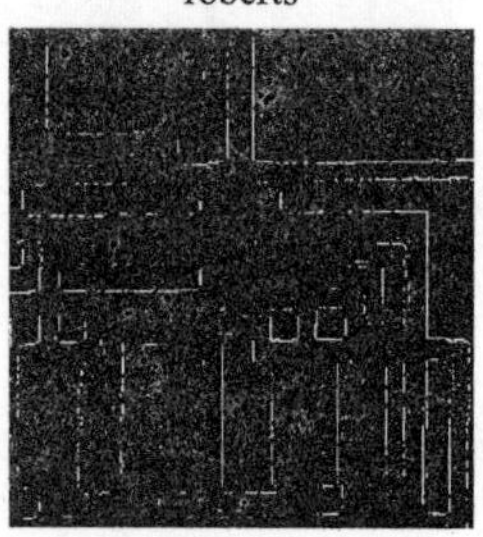

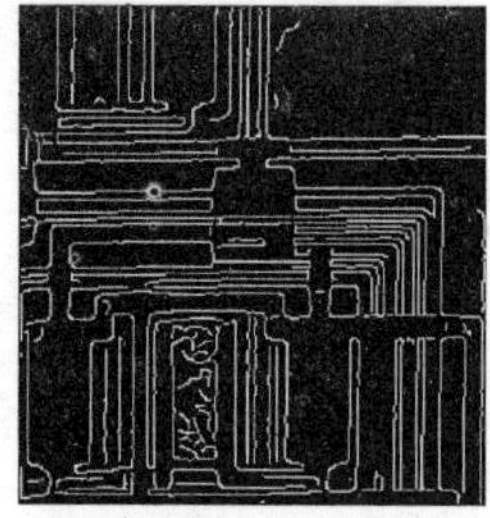

图 10.1.5　对比显示原始与 3 种边缘检测后的图像

【例 10.1.6】　利用边缘检测类 vision.EdgeDetector 得到影像边缘线特征并显示。

```
hedge = vision.EdgeDetector;    % 创建边缘检测对象 hedge,
                                % 默认方式为 Sobel 边缘检测算子

hcsc = vision.ColorSpaceConverter(...    % 创建色彩空间转换对象 hcsc,
'Conversion', 'RGB to intensity');    % 从 RGB 空间转换到单波段灰度空间

hidtypeconv = vision.ImageDataTypeConverter(...    % 创建影像类型转换对象 hidtypeconv,
'OutputDataType','single');    % 输出数据类型为 single
img = step(hcsc, imread('peppers.png'));    % 对影像矩阵执行色彩空间转换
img1 = step(hidtypeconv, img);    % 对影像矩阵执行数据类型转换
edges = step(hedge, img1);    % 对影像矩阵执行边缘检测

figure;imshow(img1);    % 显示影像边缘检测结果
figure;imshow(edges);           % 见图 10.1.6
```

图 10.1.6　灰度图像及边缘检测后的图像

需要注意的是，从结果上看，边缘特征提取与角点特征提取两者有较大的不同。角点特征提取后，MATLAB 输出结果为各个不同角点类对象，其中必然包含点的坐标及相关属性信息。而边缘特征提取后的结果为一幅二值化图像，图像中像素值为 1 的点代表其位于边缘特征上。

10.2　特征描述

特征检测后，就可以得到一些特征点以及特征点的兴趣值。这里的兴趣值就是通过特征计算后得到描述特征点的一种方式。通常这样单一的兴趣值描述只简单记录了少量的值，往往无法满足将特征点进行区分的要求。为了更好地区分特征点之间的内在差异，特征点的描述需要更多的数值进行表示，也就是信息意义上的特征向量（注意，这里要与数学意义上矩阵论里的特征向量进行区分）。特征向量在数量上尽可能少，但同时又能够很好地区分各个不同的特征。对于非特征点，尽管它不是特征点，实际上也可以存在对应的特征向量对它进行描述，表达出它的特殊性。特征向量在选取和计算的过程中，需要考虑是否能用尽量少的信息准确描述出特征点的相关特性。既要合理区分不同的点，还要使相同的点表示为相同或者相近的结果。

在特征描述中，最简单的就是邻域灰度窗口的方式。通过直接选取点周围一定窗口大小的灰度区域，利用局部区域的灰度顺序描述，表达出该点的特殊性。它用到了点的局部特性，并忠实地记录了其窗口内的所有灰度值。这是特征描述中直接也相对简单的办法。它的局限性体现在对一张影像作一个简单的几何变换（如旋转变换），对于相同的一个点，再采用邻域灰度窗口对其描述，所描述的内容将发生较大的变化。此时，相同点的特征描述发生了明显的差异，不再满足同一个或者同一类点的特征描述的相似性。

因此，又产生了一些其他的特征描述方法。这些方法通常基于一些不变特性的特征描述，如 SIFT（Scale - Invariant Feature Transform）特征描述算子、SURF（Speeded Up Robust Features）特征描述算子、MSER（Maximally Stable Extremal Regions）特征描述算子等。SIFT 特征描述算子提出了尺度空间的概念，将尺度因素纳入特征统计的范畴内，并利用区域内的最大梯度方向决定特征的主方向，形成了尺度、方向综合考虑的特征描述，减少了特征大小和角度差异对特征描述的影响。SURF 特征描述算子在 SIFT 特征描述算子的基础上对算法做了一些改动，效率有了明显的提升。MSER 特征描述算子则是提出了区域仿射不变特性的一种描述算法，考察的是影像区域的稳定性。

MATLAB 的计算机视觉工具箱（Computer Vision Toolbox）里有一些对特征描述算子的函数和类。其中，与特征描述相关的函数包含 extractFeatures、detectSURFFeatures、detectMSERFeatures，与特征点相关的类包含 SURF 特征点类 SURFPoints、MSER 特征区域类 MSERRegions。

函数 extractFeatures 的基本用法如下：

```
[FEATURES,VALID_POINTS] = extractFeatures(I,POINTS)
[FEATURES,VALID_POINTS] = extractFeatures(I,POINTS,Name,Value)
```

其中，I 为影像矩阵；POINTS 为点坐标或者特征点类对象，如 SURFPoints 类对象或者 MSERRegions 类对象；Name 为函数特定参数字符串；Value 为对应参数的值；FEATURES 为有效点的描述矩阵；VALID_POINTS 为有效点坐标。

函数 extractFeatures 包含三个特殊字符串参数：

（1）'Method' 表示特征描述的方法，可以有三种选择：'Block' 表示邻域灰度矩阵描述；'SURF' 表示用 SURF 特征描述；'Auto' 表示用输入 POINTS 的类型所对应的描述，如普通的坐标采用邻域灰度矩阵描述，SURFPoints 用 SURF 特征点描述，MSERRegions 用 MSER 特征区域描述。默认方式为 'Auto'。

（2）'BlockSize' 表示采用邻域灰度矩阵描述时的正方形窗口大小。默认值为 11。

（3）'SURFSize' 表示采用 SURF 特征描述时的特征纬度选择。只可以采用 64 或者 128 维，默认为 64 维。

下面介绍 MATLAB 帮助文档提供的提取特征描述的几种用法。

【例 10.2.1】 利用函数 extractFeatures 提取 Harris 角点对应的特征描述。

```
I = imread('pout.tif');  % 读图像
hcornerdet = vision.CornerDetector;  % 生成角点探测对象
points = step(hcornerdet, I);  % 将加点探测作用于图像，探测角点
[features, valid_points] = extractFeatures(I, points);  % 描述角点
figure; imshow(I);  % 显示影像
hold on;  % 显示所有点
plot(points(:,1),points(:,2),'.');
hold on; % 显示有效的兴趣点
plot(valid_points(:,1), valid_points(:,2), 'y.')  % 见图 10.2.1
```

【例 10.2.2】 利用函数 extractFeatures 提取 SURF 特征点对应的特征描述。

```
I = imread('cameraman.tif');        % 读图像
points = detectSURFFeatures(I);   % 探测图像 SURF 特征点
[features, valid_points] = extractFeatures(I, points);
% 获取描述图像的 SURF 特征点的特征向量
figure; imshow(I);       % 显示图像
hold on;                 % 显示有效特征点中最强的 10 个特征点，
                         % 显示 SURF 特征方向
plot(valid_points.selectStrongest(10),'showOrientation',true);   % 见图 10.2.2
```

图 10.2.1　显示图像及可以特征描述的角点位置

图 10.2.2　显示图像、提取的最强的 10 个 SURF 特征点以及对应的主方向

【例 10.2.3】 利用函数 extractFeatures 提取 MSER 特征点对应的特征描述。

```
%读图像
I = imread('cameraman.tif');
%探测 MSER 特征区域
regions = detectMSERFeatures(I);
%用 SURF 特征向量描述 MSER 特征
[features, valid_points] = extractFeatures(I, regions);
%显示图像
figure; imshow(I);
%显示 SURF 特征,显示特征方向
hold on;
plot(valid_points,'showOrientation',true);          %见图 10.2.3
```

图 10.2.3　显示图像、可以特征描述的 SURF 特征点以及对应的主方向

需要额外说明的是,SURFPoints 可以通过类函数 selectStrongest 选取一定数量的最强特征;SURFPoints 和 MSERRegions 可以被函数 plot 重载,并通过特殊字符串 'showOrientation' 设置为 true,显示对应点的方向。

10.3 影像匹配

影像匹配是摄影测量的基础。在非数字摄影测量时代,采用全人工选点,找匹配点的方式不仅效率低,而且工作量大。在数字摄影测量时代,通过计算机进行影像处理,无论从效率和人力上都具备全面领先的优势,也将操作员从繁重枯燥的选点工作中解脱出来。

如果从影像匹配点数量上区分,则可以简单分为特征匹配和密集匹配两个方面。特征匹配是在影像上选取少量的特征点用作影像匹配的候选点,而密集匹配则是针对整景影像,逐像素地进行匹配工作,其匹配点的数量和难度都比普通特征匹配更复杂和困难。因此,从匹配过程的方法上也会有明显的差异。

10.3.1 特征匹配

影像特征匹配是通过对两张影像提取点及其对应的特征描述,利用特征描述判断两张影像上的点是否为同名点的过程。这里就对匹配过程有了相对严格的要求，首先，两张影像上的像点在数量上有足够多；其次，探测点的方法具有获取不同影像中的部分同名点的能力；最后，提取的特征描述能够准确而明显地区分同名点和非同名点。不仅要求探测点的方式具有一定的普遍适用性，同时还要具备较强的同名点识别能力。

最常见和可靠的匹配方法是相关系数匹配。从另外一个角度看，相关系数匹配是从一些更简单的匹配方法慢慢过渡形成的。例如，比较两个描述矢量的相似程度。这里就存在各种各样的匹配算法。下面对这些常见的方法一一介绍。

1. 无约束影像匹配

影像匹配可以追溯到信号相关性。无论是信号相关还是匹配相关，最常见的方法是计算两个信号或者特征描述向量的相关系数。如果存在两个向量，那么计算两者是否相关的简单方式就是判断两者的差异。采用绝对值的原因是，如果差值符号相反，直接相加则两个差异抵消了一部分，无法准确说明向量的实际差异，所以采用绝对值的方式计算。这就是差绝对值的相关性测度。

采用差平方和的相似性测度，同样能够得到两个向量完全相关的结论。差平方和测度与差绝对值测度的方式大同小异，只是在表现差异性的结果上略有不同。

这里采用的是相关函数测度，与上述的差绝对值、差平方和测度的结果相反，相似性不再是 0，而是 0.5。

由于差绝对值和差平方和测度对于平移向量的操作不具有不变特性，所以采用相关函数测度计算，经过平移后，相关函数测度会发生明显变化。那么如何使平移后的向量仍然具备平移前的测度值呢？可以将向量去重心化，消除平移影响，再采用相关函数方式，结合两者的测度方式，就是协方差函数测度。它能够消除平移对于测度的影响。协方差函数对于缩放向量的操作不具有不变特性。那么如何使缩放后的向量仍然具备缩放前相同的测度呢？可以对向量长度做归一化处理。对于平移、缩放后的向量仍然具有一致的测度值，这就是所要提及的相关系数测度。

从几何意义上理解，差绝对值是两个向量之差在各个坐标轴上投影长度之和。差平方和是两个向量之差的模。相关函数是一个向量在另一个向量的数量积。协方差函数是两个向量的投影长度。相关系数是两个向量的夹角余弦。从数学意义上讲，相关系数是一种具有向量平移、缩放不变特性的测度。这里的平移、缩放是指特征向量的平移、缩放，不是影像的平移缩放。

采用邻域灰度窗口以及相关系数匹配发现，实际中大量影像中同名点的邻域灰度窗口并非一个稳定的特征向量。这个灰度窗口受影像几何变形及光照影响十分明显。因此直接采用灰度窗口及相关系数匹配，只对于几何变形较小且光照不存在较大差异的影像有较好效果，而这样的要求对于影像匹配较为严苛。

实际中，影像的特征向量在特征描述时，往往发现不存在简单的线性关系，而是具有较为复杂的几何变化和灰度变化。这些特殊复杂的影像，对于上文提及的 SIFT 和 SURF 等特征提取方法，在几何变形和光照变化两方面均有一定的稳定性，基本能够满足这两个方面的要求。

由于 SIFT 和 SURF 算法探测点为尺度旋转不变的极值点（这些点的位置具有较强的局部稳定性），所以这些算法在探测点时具有一定的同名点探测能力。其次，这些方法都采用了多级金字塔和多个尺度变换层，随着金字塔和层数的递增，提取的局部稳定点数量也会大大增加,具有一定普遍适用性。最后,在匹配方法上,较好地提出了如何区分同名点和非同名点。

除了采用相关系数测度外,这里针对 SIFT 和 SURF 算法的匹配方法,通常采用次邻近距离与最邻近距离之比的结果。在 MATLAB 的计算机视觉工具箱(Computer Vision Toolbox)中,也包含了与影像匹配相关的一些基本方法。函数 extractFeatures 涵盖了差绝对值、差平方和、相关系数、最邻近距离、次邻近距离与最邻近距离之比等方法。下面介绍函数 extraFeatures 的基本用法,如下所示:

```
INDEX_PAIRS = matchFeatures(FEATURES1,FEATURES2)
[INDEX_PAIRS,MATCH_METRIC] = matchFeatures(FEATURES1,FEATURES2)
[INDEX_PAIRS,MATCH_METRIC] = matchFeatures(FEATURES1,FEATURES2,Name,Value)
```

(1) FEATURES1、FEATURES2 为特征向量,两者数量上可以不同,但向量维度必须一致。如 FEATURES1 可以是 $m\times p$ 矩阵,FEATURES2 可以是 $n\times p$ 矩阵。第一维代表向量个数,第二维代表向量维度。

(2) Name 和 Value 分别是函数 matchFeatures 的特殊字符参数及对应的值。

(3) INDEX_PAIRS 为一个 $k\times 2$ 的矩阵,记录了匹配成功的 FEATURES1 和 FEATURES2 中的线性索引。如 INDEX_PAIRS 等于[2,3],就表示 FEATURES1 中的第 2 个特征向量和 FEATURES2 中的第 3 个特征向量匹配成功。

(4) MATCH_METRIC 表示每组匹配采用的测度所对应的计算值。

函数 matchFeatures 的 Name 可以设置的特殊字符串包括以下几种:

(1) 'Method' 表示使用的匹配方法,有三种方式可以选择。'Threshold ' 表示阈值匹配;'NearestNeighborSymmetric' 表示最邻近距离匹配;'NearestNeighborRatio' 表示最邻近距离与次邻近距离的比值。默认为 'NearestNeighborRatio'。

阈值匹配可能导致结果 FEATURES1 和 FEATURES2 中的点存在一个特征多个匹配特征的可能。最邻近匹配使每个特征只匹配特征向量集合中最邻近的一个匹配结果。最邻近距离与次邻近距离的比值,可以用于消除歧义匹配结果。最邻近距离与次邻近距离之比越小,说明最邻近的特征向量与点集中其他特征向量差异程度越大,可识别度越高,同时又是最接近的特征向量,所以匹配正确的可能性越大;反之亦然。

(2) 'Metric' 表示当选择阈值匹配时可以选择的测度方式,有三种方式可供选择。'SAD' 表示差绝对值(Sum of absolute differences);'SSD' 表示差平方和(Sum of square differences);'normxcorr' 表示相关系数(Normalized cross - correlation)。默认为 'SSD'。

(3) 'MatchThreshold' 表示匹配阈值,是一个百分数,选取范围为(0,100)。超过阈值的匹配结果将被拒绝。匹配阈值设置得越大,则匹配出的点数将越多。默认为 1.0。

(4) 'MaxRatio' 用于最邻近与次邻近距离比值的方法的阈值,为一个数值,通常设置范围为(0,1)。增加阈值,得到的匹配点越多。默认为 0.6。

(5) 'Prenormlized' 对应一个逻辑值,表示是否已经将特征向量 FEATURES1 和 FEATURES2 预先标准单位化处理。当设置为 true 时,表示特征向量 FEATURES1 和 FEATURES2 已经被标准单位化。当设置为 false 时,表示特征向量 FEATURES1 和 FEATURES2 未被标准单位化。默认为 'false'。

下面摘自 MATLAB 帮助文档函数 matchFeatures 中的两个应用示例。

【例 10.3.1】 利用 MATLAB 对左右两幅图像提取角点及匹配。

```
I1 = rgb2gray(imread('viprectification_deskLeft.png'));   % 读影像,
                                                           % RGB 图像转换为灰度图像
I2 = rgb2gray(imread('viprectification_deskRight.png'));

cornerDetector = vision.CornerDetector;   % 找到角点
points1 = step(cornerDetector, I1);
points2 = step(cornerDetector, I2);

[features1, valid_points1] = extractFeatures(I1, points1);     % 提取邻域窗口特征向量
[features2, valid_points2] = extractFeatures(I2, points2);

index_pairs = matchFeatures(features1, features2);             % 匹配特征向量
matched_points1 = valid_points1(index_pairs(:, 1), :);        % 检索匹配的特征点位置
matched_points2 = valid_points2(index_pairs(:, 2), :);

figure; % 显示匹配同名点,忽略错误匹配点外,可以看出图像的平移效果
showMatchedFeatures(I1, I2, matched_points1, matched_points2);     % 见图 10.3.1
```

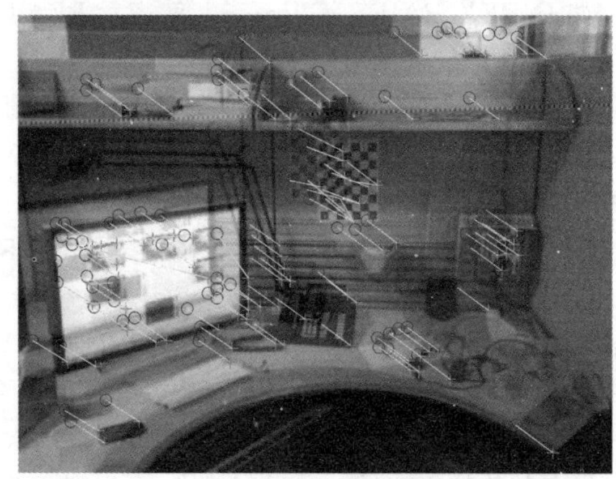

图 10.3.1 显示匹配左右影像的 Harris 角点

【例 10.3.2】 利用 MATLAB 对左右两幅图像提取 SURF 特征点及匹配。

```
I1 = imread('cameraman.tif');   % 读图像,
I2 = imresize(imrotate(I1, -20), 1.2);   % 并生成一个顺时针旋转 20°并放大 1.2 倍的影像

points1 = detectSURFFeatures(I1);   % 探测 SURF 特征点
points2 = detectSURFFeatures(I2);

[f1, vpts1] = extractFeatures(I1, points1);   % 获取描述 SURF 特征点的特征向量
[f2, vpts2] = extractFeatures(I2, points2);

index_pairs = matchFeatures(f1, f2, 'Prenormalized', false);   % 匹配 SURF 特征向量

matched_pts1 = vpts1(index_pairs(:, 1));   % 检索匹配的特征点位置
matched_pts2 = vpts2(index_pairs(:, 2));

figure;   % 显示匹配的特征点,忽略其中的错误匹配点,可以看出图像的旋转和缩放效果
showMatchedFeatures(I1,I2,matched_pts1,matched_pts2);
legend('matched points 1','matched points 2');      % 见图 10.3.2
```

可以看出，无论是平移、旋转、缩放后的图像匹配，结果中都存在错误匹配的结果。而使用的图像基本属于较为理想的影像。对于几何变形和光照差异更大的影像，错误匹配结果更是在所难免。尽管如此，也需要尽可能地识别出错误匹配点。通过无约束的影像匹配，只能部分减少歧义匹配结果，仍然无法完全去除匹配结果中可能存在的错误匹配点。

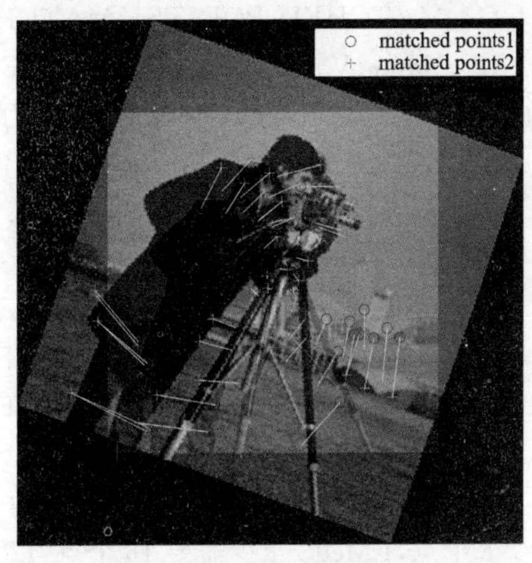

图 10.3.2　显示匹配左右影像的 SURF 特征点

2. 几何约束影像匹配

既然无约束影像匹配方式无法去除错误匹配点，那么转换一种思路，通过物方约束影像匹配，看是否可以减少可能存在的错误匹配点的数量。物方约束影像匹配的基本思路是，根据两景影像之间固有一致连续的几何关系，不仅对特征向量作匹配约束，同时对同名点在影像中的几何位置进行约束，使匹配准确率进一步提高。

由于物方约束影像匹配利用了两景影像间固有一致连续的几何关系，又利用了特征向量的匹配约束，所以分化为两种匹配模式。第一种是先作匹配约束，再作几何约束；第二种则是先作几何约束，再作匹配约束。

第一种方式的运作模式是先通过无约束影像匹配结果，建立影像全局几何变换模型，计算模型近似参数，从而区分和判断匹配点中的错误同名点。由于全局几何变换模型中存在错误匹配点，如果直接将所有匹配点作为观测值进行计算，可能引起模型参数的错误估计，所以需要将这些错误观测值在计算过程中逐一检测出来。

在模型参数估计计算过程中，又出现了选权迭代方法和随机采样一致性方法（Random Sample Consensus，RANSAC）。这两种方法都假设正确的同名点的个数占全部点的多数。不同的是，选权迭代法通过降低权重实现错误点不干预正确模型参数解算，随机采样一致性采用在点集合中选取随机样本，再经过迭代优化策略，并经过多次试验直到某一组模型参数最佳，并达到概率意义上的置信区间。

在 MATLAB 中，对带几何约束的影像匹配也有部分涉及，其中主要用到的是函数 estimateFundamentalMatrix、类 vision. GeometricTransformEstimator。两者在用法上大同小异。函数 estimateFundamentalMatrix 所用到的几何模型为基础矩阵，对于具有明显视差的图像，效果会更好，估计错误匹配点的方法更多一些。类 vision. GeometricTransformEstimator 用来估计两组点的几何关系，几何模型可以不限于投影变换，使用的估计错误匹配的方法只支持两种。下面介绍这两种几何约束的基本使用方法：

```
F = estimateFundamentalMatrix(MATCHED_POINTS1,MATCHED_POINTS2)

[F,INLIERS_INDEX] = estimateFundamentalMatrix(...
MATCHED_POINTS1,MATCHED_POINTS2)

[F,INLIERS_INDEX,STATUS] = estimateFundamentalMatrix(...
MATCHED_POINTS1,MATCHED_POINTS2)

[F,INLIERS_INDEX,STATUS] = estimateFundamentalMatrix(...
MATCHED_POINTS1,MATCHED_POINTS2,Name,Value)
```

(1) MATCHED_POINTS1、MATCHED_POINTS2 表示对应的匹配点坐标。

(2) Name、Value 表示函数 estimateFundamentalMatrix 的特殊字符串参数及对应值。

(3) F 为基本 3×3 矩阵，表示估计匹配点的几何关系。

(4) INLINERS_INDEX 表示符合几何关系的匹配点线性索引。

(5) STATUS 表示一个 int32 的状态值。

① 当状态值为 0 时，表示没有问题；

② 当状态值为 1 时，表示输入的 MATCHED_POINTS1、MATCHED_POINTS2 至少存在一个矩阵的列数不为 2(即第二维大小不为 2)；

③ 当状态值为 2 时，表示 MATCHED_POINTS1、MATCHED_POINTS2 的个数不相等，即第一维不相等；

④ 当状态值为 3 时，表示输入的点的个数不足，Norm8Point、RANSAC、MSAC 方法至少需要 8 个点，LMedS 至少需要 16 个点，LTS 至少需要 ceil(800/ InlierPercentage)个点。

函数 estimateFundamentalMatrix 中可以出现的特殊字符串和对应的值，如下所示：

(1) 'Method' 表示使用的估计方法，可以有 'Norm8Point'、'LMedS'、'RANSAC'、'MASC'、'LTS' 五种选择。默认方式为 'LMedS'。

(2) 'OutputClass' 表示输出数据类型，可以选择双精度类型 'double' 和单精度类型 'single'。

(3) 'NumTrials' 表示随机试验的最大次数。该参数在 'Method' 为 'LMedS'、'RANSAC'、'MASC'、'LTS' 情况下使用。默认值为 500。

(4) 'DistanceType' 表示距离类型，可以选择代数距离 'Algebraic'、桑普森距离 'Sampson'。为了计算速度更快，设置参数为 'Algebraic'；对于几何距离，设置参数为 'Sampson'。此参数在 'Method' 为 'LMedS'、'RANSAC'、'MASC'、'LTS' 情况下使用。默认为 'Sampson'。

(5) 'DistanceThreshold' 表示距离阈值，用于找出超出阈值范围的匹配点。该值为一个正值。此参数在 'Method' 为 'RANSAC'、'MASC' 情况下使用。默认值为 0.01。

(6) 'Confidence' 表示置信值，用于找出符合几何关系的最大数量有效点。该值是一个百分数，取值范围为(0,100)。此参数在 'Method' 为 'RANSAC'、'MASC' 情况下使用。默认值为 99。

(7) 'InlierPercentage' 表示符合几何关系的有效点占所有点的百分比。该值是一个百分数，取值范围为(0,100)。此参数在 'Method' 为 'LTS' 情况下使用。默认值为 50。

(8) 'ReportRuntimeError' 表示是否报告运行时的错误。该值为逻辑值。当取 true 时，可以报告运行时的错误。当取 false 时，可以通过检查 STATUS 状态，判断计算出的基础矩阵是否有效。

以下是在 MATLAB 帮助文档中函数 estimateFundamentalMatrix 的示例。

【例 10.3.3】 采用 RANSAC 方法计算基本矩阵。

```
load stereoPointPairs;    % 加载立体匹配点对数据

fRANSAC = estimateFundamentalMatrix(...
        matched_points1,matched_points2,...
```

```
            'Method', 'RANSAC',...           % 用 RANSAC 方法，估计基础矩阵
            'NumTrials', 2000,...            % 最大试验次数 2000
            'DistanceThreshold', 1e-4);      % 距离阈值 1e-4
```

【例 10.3.4】 采用 Least Median of Squares(LMS)方法，找出符合几何关系的匹配点。

```
load stereoPointPairs;  % 加载立体匹配点对数据
[fLMedS, inliers] = estimateFundamentalMatrix(...                  % 用 LMS 方法，估计基础矩阵
        matched_points1,matched_points2, 'NumTrials', 2000);       % 最大试验次数 2000

I1 = imread('viprectification_deskLeft.png');                      % 读取影像
I2 = imread('viprectification_deskRight.png');

figure;  % 显示原始匹配点
showMatchedFeatures(I1, I2, matched_points1, matched_points2,...
                    'montage','PlotOptions',{'ro','go','y--'});
title('Putative point matches');        % 见图 10.3.3

figure;  % 显示符合几何关系的匹配点
showMatchedFeatures(I1,I2,...
    matched_points1(inliers,:),matched_points2(inliers,:),...
    'montage','PlotOptions',{'ro','go','y--'});
title('Point matches after outliers were removed');        % 见图 10.3.4
```

Putative point matches

图 10.3.3 显示左右影像的原始匹配点对

Point matched after outliers were removed

图 10.3.4 显示左右影像中符合几何关系的匹配点对

【例 10.3.5】 采用 Normalized Eight-Point 算法计算基本矩阵。

```
%加载立体匹配点对数据
load stereoPointPairs;
%通过已知的同名点线性索引得到同名点对
inlierPts1 = matched_points1(knownInliers, :);
inlierPts2 = matched_points2(knownInliers, :);

%采用 Normalized Eight-Point 估计基本矩阵
fNorm8Point = estimateFundamentalMatrix(...
                    inlierPts1, inlierPts2,'Method','Norm8Point')
```

同样,类 vision.GeometricTransformEsitmator 的作用也是估计几何变换关系,而且估计的几何关系一般是较为理想和简单的几何模型,如刚体变换、仿射变换和投影变换。它的基本使用方法如下:

```
H = vision.GeometricTransformEstimator
H = vision.GeometricTransformEstimator(Name,Value)
```

其中,Name、Value 表示类的特殊字符串和其对应值;H 为 vision.GeometricTransformEsitmator 对象。Name 对应的特殊字符可以是如下字符串:

(1) Transform 表示几何变换模型,有 Nonreflective similarity、Affine、Projective 三种模型可以选择。默认方式为 Affine。

(2) ExcludeOutliers 表示是否排除不符合几何关系的点对,设置值为逻辑值。设置为 true,表示迭代计算几何关系时排除不符合几何关系的点对。设置为 false,表示所有点参与计算几何关系。默认为 true。

(3) Method 表示排除不符合几何关系点对的方法,有 Random Sample Consensus (RANSAC) 、Least Median of Squares 两种方式可以选择。默认为 Random Sample Consensus (RANSAC) 。

(4) AlgebraicDistanceThreshold 表示代数距离阈值,为一个正的数值。在设置 Transform 为 Projective,Method 为 'Random Sample Consensus (RANSAC) ' 的情况下使用。默认值为 2.5。

(5) PixelDistanceThreshold 表示像素距离阈值,为一个正的数值。在设置 Transform 为 Nonreflective similarity 或者 Affine,Method 为 Random Sample Consensus (RANSAC) 的情况下使用。默认值为 2.5。

(6) NumRandomSamplingsMethod 表示用于如何确定采样间距的方法,可以选择 Specified value、Desired confidence。Desired confidence 用于设置采样间距为最大百分比。在设置 ExcludeOutliers 为 true,Method 为 Random Sample Consensus (RANSAC) 的情况下使用。默认值为 Specified value。

(7) NumRandomSamplings 表示随机采样次数,为一个正的数值。在设置 NumRandomSamplingsMethod 为 Specified value 的情况下使用。默认值为 500。

(8) DesiredConfidence 表示可能找出的一组最多点对的可能性,为一个正的百分数,取值范围为(0,100)。在设置 'NumRandomSamplingsMethod' 为 Desired confidenc 的情况下使用。默认值为 99。

(9) MaximumRandomSamples 表示最大的采样间距,为一个正整数值。在 NumRandomSamplingsMethod 为 Desired confidence 的情况下使用。默认值为 1000。

(10) InlierPercentageSource 表示用于停止采样条件,可以选择 Auto、Property 方式。采用 Auto 表示停止条件不采用其他设置的属性值。在设置 Method 为 Random Sample Consensus (RANSAC) 的情况下使用。默认为 Auto。

(11) InlierPercentage 表示符合条件的点对占全部点数的百分,作为停止采样条件。在设置 InlierPercentageSource 为 Property 的情况下使用。默认值为 75。

(12) RefineTransformMatrix 表示是否重新定义变换矩阵,为一个逻辑值。当设置为 true 时,表示迭代时会额外计算变换矩阵。在设置 ExcludeOutliers 为 true 的情况下使用。默认值为 false。

(13) TransformMatrixDataType 表示变换矩阵的数据类型,可以选择 single、double 两种方式。

接来下介绍在 MATLAB 帮助文档中类 vision. GeometricTransformEstimator 的示例。

【例 10.3.6】 将缩小和旋转后的影像恢复为原始影像。

```
Iin = imread('cameraman.tif');   %读影像

figure;  %显示影像
imshow(Iin);
title('Base image');             %见图 10.3.5

Iout = imresize(Iin, 0.7);   %生成缩小 0.7 和逆时针旋转 31°的影像
Iout = imrotate(Iout, 31);

figure;  %显示缩小和旋转后的影像
imshow(Iout);
title('Transformed image');              %见图 10.3.6
```

图 10.3.5　显示基准影像

图 10.3.6　显示缩小和旋转后的几何变形影像

```
ptsIn = detectSURFFeatures(Iin);   %对两幅图像探测 SURF 特征点
ptsOut = detectSURFFeatures(Iout);
[featuresIn, validPtsIn] = extractFeatures(Iin, ptsIn);   %描述 SURF 有效点
                                                           %和对应的特征向量
```

```
[featuresOut, validPtsOut] = extractFeatures(Iout, ptsOut);

index_pairs = matchFeatures(featuresIn, featuresOut);   %匹配特征向量

matchedPtsIn= validPtsIn(index_pairs(:,1));   %检索匹配成功的特征点
matchedPtsOut = validPtsOut(index_pairs(:,2));

figure;   %在图像上显示匹配的 SURF 特征点
showMatchedFeatures(Iin,Iout,matchedPtsIn,matchedPtsOut);
title('Matched SURF points, including outliers');   %见图 10.3.7
gte = vision.GeometricTransformEstimator;   %建立几何转换关系估计对象,
                                            %几何变换模型为 'Nonreflective similarity'
gte.Transform = 'Nonreflective similarity';

[tform,inlierIdx] = step(gte,...   %将几何转换关系估计作用于匹配点对
            matchedPtsOut.Location, matchedPtsIn.Location);   %得到几何变换关系
                                                              %和符合几何关系的线性索引

figure;   %在图像上显示符合几何关系的匹配点对
showMatchedFeatures(Iin,Iout,...
matchedPtsIn(inlierIdx),matchedPtsOut(inlierIdx));
title('Matching inliers');                          %见图 10.3.8
legend('inliersIn', 'inliersOut');
```

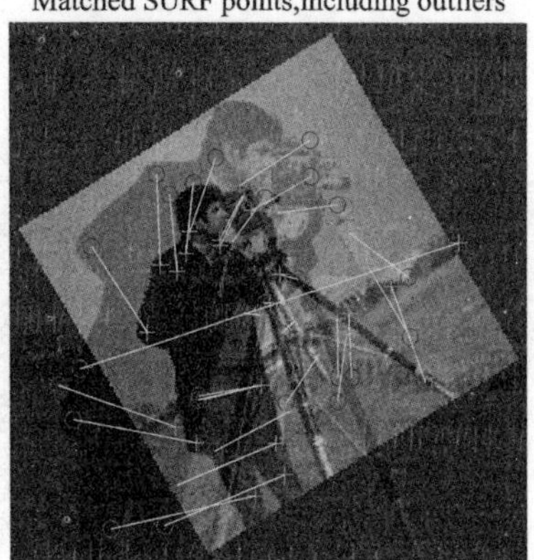

图 10.3.7　显示匹配的 SURF 特征点

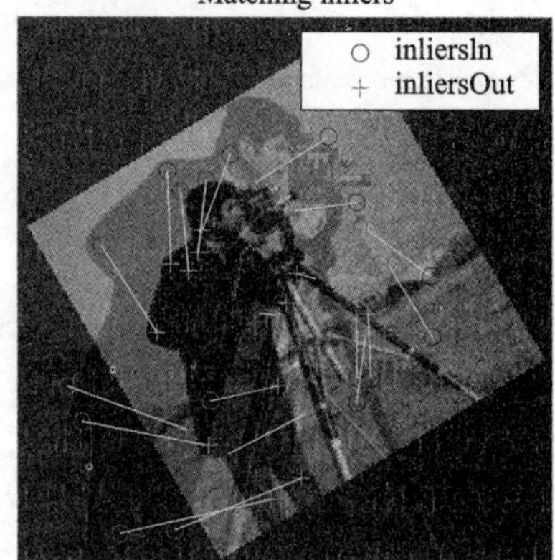

图 10.3.8　显示符合估计的几何变形的匹配点

```
agt = vision.GeometricTransformer;   %建立几何转换对象
Ir = step(agt, im2single(Iout), tform);%将计算出的几何变换,
                                       %作用于变换后的影像,生成新的变换影像
figure;   %显示新的变换影像,将变换后的影像恢复到变换前
imshow(Ir);
title('Recovered image');   %见图 10.3.9
```

【例 10.3.7】　利用特定点对对图像作几何变换。

```
input = checkerboard;   %棋盘图像
[h, w] = size(input);   %获取图像的高、宽
inImageCorners = [1 1; w 1; w h; 1 h];   %计算原始图像的四个角点
outImageCorners = [4 21; 21 121; 79 51; 26 6];   %原始图像四个角点对应的结果图像位置
```

```
hgte1 = vision.GeometricTransformEstimator(...    %建立几何关系估计对象
     'ExcludeOutliers', false);
tform = step(hgte1, inImageCorners, outImageCorners);   %通过四个角点及对应点,
                                                        %估计几何关系
hgt = vision.GeometricTransformer;   %建立几何变换对象
output = step(hgt, input, tform);   %将计算的几何变换作用于原始图像,
                                    %得到变换后的结果图像
figure;   %显示原始图像和结果图像
imshow(input);
title('Original image');      %见图 10.3.10
figure;
imshow(output);
title('Transformed image');      %见图 10.3.11
```

Recovered image

图 10.3.9　显示恢复几何变形后的影像

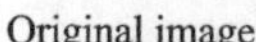

图 10.3.10　原始图像

Transformed image

图10.3.11　几何变换后的图像

以上介绍的都是先作匹配约束，再作几何约束的方法和例子。同样，也可以先作几何约束，再作匹配约束。这里可以利用前面介绍的方法得到几何约束结果，作为新的匹配约束的初始条件，也可以直接利用已有的影像初始几何关系作为几何约束条件，如铅垂线轨迹法（Vertical Line Locus，VLL）。

铅垂线轨迹法采用的是影像成像几何条件为初始几何约束，由于各个地面点高程的不确定性，通过影像成像几何，建立同一平面坐标的不同高程水平面对应的匹配点对，计算在高程变化过程中，匹配点对的匹配测度的变化。当匹配结果在靠近某一点附近产生匹配测度升高，

且超过匹配阈值时，将匹配点对所对应的高程设置为地面点对应的高程值。如果从匹配的角度考虑，无论高程如何变化，配对点的位置始终与影像成像几何有关，也就是在成像几何条件的约束下，进行的影像匹配过程。

铅垂线轨迹法也是对像点的一种核线约束。核线约束条件在 MATLAB 中也存在类似功能。函数 epipolarLine 可以计算立体像对的核线方程。下面介绍函数 epipolarLine 在 MATLAB 中的用法：

```
LINES = epipolarLine(F,PTS)
LINES = epipolarLine(F',PTS)
```

其中，F 为 3×3 矩阵，表示基础矩阵。

例如，假设 P_1 对应影像 I1 上的点，对应影像 I2 上的点为 P_2；F' 为 F 的转置矩阵；则 F 满足以下方程：

$$[P_2 \quad 1] \times \boldsymbol{F} \times \begin{bmatrix} P_1 \\ 1 \end{bmatrix} = 0$$

其中，PTS 为 $m\times2$ 矩阵，表示影像中的点，顺序为 x、y。

LINES 为 $m\times3$ 矩阵，表示核线方程的 3 个系数。核线方程形式为

$$Ax + By + C = 0$$

对应的矩阵方程形式为

$$\text{LINES} \times \begin{bmatrix} x \\ y \\ 1 \end{bmatrix} = 0$$

下面介绍在 MATLAB 帮助文档中函数 epipolarLine 的应用。

【例 10.3.8】 利用立体像对和函数 epipolarLine 生成核线。

```
load stereoPointPairs   % 加载立体像对
[fLMedS, inliers] = estimateFundamentalMatrix(...   % 估计基础矩阵
matched_points1,matched_points2,'NumTrials',4000);

% Show the inliers in the first image.
I1 = imread('viprectification_deskLeft.png');

figure;  % 显示在第一张影像中的符合条件的内部点
subplot(1,2,1);
imshow(I1);
title('Inliers and Epipolar Lines in First Image');
hold on;
plot(matched_points1(inliers,1), matched_points1(inliers,2), 'go')

% Compute the epipolar lines in the first image.
epiLines = epipolarLine(fLMedS',...          % 计算在第一张影像上的核线
matched_points2(inliers, :));


% Compute the intersection points of the lines and the image border.
pts = lineToBorderPoints(epiLines, size(I1));  % 计算核线的相交点和影像边界

% Show the epipolar lines in the first image
line(pts(:, [1,3])', pts(:, [2,4])');   % 显示第一张影像的核线
```

```
% Show the inliers in the second image.
I2 = imread('viprectification_deskRight.png');
subplot(1,2,2);
imshow(I2);   %显示第二张影像的符合条件的内部点
title('Inliers and Epipole Lines in Second Image');   %见图 10.3.12
hold on;
plot(matched_points2(inliers,1), matched_points2(inliers,2), 'go')

% Compute and show the epipolar lines in the second image.
epiLines = epipolarLine(fLMedS,...            %计算和显示在第二张影像上的核线
matched_points1(inliers, :));
pts = lineToBorderPoints(epiLines, size(I2));
line(pts(:, [1,3])', pts(:, [2,4])');
truesize;
```

图 10.3.12　显示影像核线

判断影像是否包含核线函数 isEpipoleInImage,它的用法如下：

```
ISIN = isEpipoleInImage(F,IMAGESIZE)
ISIN = isEpipoleInImage(F',IMAGESIZE)
[ISIN,EPIPOLE]= isEpipoleInImage(...)
```

(1) F 表示基础矩阵,可以由函数 estimateFundamentalMatrix 获取。

(2) IMAGESIZE 表示影像大小,也就是影像行列数,为 1×2 矩阵。

(3) ISIN 表示逻辑值,判断核线是否在影像范围内。

(4) EPIPOLE 表示核线位置,为 1×2 矩阵。

下面介绍函数 isEpipoleInImage 的一些基本用法。

【例 10.3.9】　由立体像对计算基础矩阵,判断核线是否在影像内。

```
load stereoPointPairs
f = estimateFundamentalMatrix(...
    matched_points1,matched_points2,'NumTrials',2000);
imageSize = [200 300];
[isIn,epipole] = isEpipoleInImage(f,imageSize)
isIn =
     1
epipole =
  256.2989   99.8516
```

【例 10.3.10】　直接由提供了的基础矩阵判断核线是否在影像内。

```
f = [0 0 1; 0 0 0; -1 0 0];
imageSize = [200, 300];
```

```
[isIn,epipole] = isEpipoleInImage(f',imageSize)
isIn =
    0
epipole =
  1.0e+308 *
         0    1.7977
```

除了匹配点对可能出现错误匹配的情况，还可能出现匹配点对位置不够精确的问题。这里就涉及匹配点对优化、精化的问题。最常用的方式为最小二乘匹配。最小二乘匹配是将测量平差中最小二乘理论纳入到匹配算法中，借以优化匹配点对的准确位置。

在初始匹配点对位置误差很小的情况下，最小二乘匹配假设影像局部范围内，两景影像在几何位置上存在仿射变形，在像素灰度上存在线性关系。由仿射变形参数以及灰度变形参数，建立局部范围内的误差方程，计算匹配点对的几何位置改正数，通过改正数修正和精化匹配点对的几何位置。

10.3.2 配准纠正

配准纠正与特征匹配相比，需要的匹配点对在达到一定数量的前提下，要求匹配精度更高，点位分布更均匀。通过足够数量、分布均匀、具有较高精度的同名点对，估计影像的整体几何变形，进而以参考影像为模板，将目标影像纠正到参考影像的坐标系中，使两者尽可能地完全重合，达到配准纠正的目的。不难看出，配准纠正的前提还是需要匹配的，同时又对匹配提出了一个较高的要求。

在这里 MATLAB 提供了一些自动配准纠正函数。这些函数同样也用到了影像灰度相关的匹配方法，如相位相关等。下面逐一介绍这些函数的用法。

函数 imregcorr 是基于相位相关计算二维影像的几何变形的函数。它的基本用法如下：

```
tform = imregcorr(moving,fixed)
tform = imregcorr(moving,fixed,transformtype)
tform = imregcorr(moving,Rmoving,fixed,Rfixed,...)
tform = imregcorr(...,Name,Value,...)
```

(1) moving 为待配准的影像。fixed 为基准影像。

(2) transformtype 表示影像几何变形类型。

(3) Rmoving、Rfixed 分别表示待配准的影像、基准影像的空间参考信息。

(4) Name 可以设置的属性名称为 'Window'，对应的属性值为逻辑值。当设置为 true 时，采用 blackman 窗口，有助于提高稳定性。

以下选自 MATLAB 帮助文档中函数 imregcorr 的示例，其中的一些函数，如 affine2d 等，都来自于较新的 MATLAB 版本。

【例 10.3.11】 利用函数 imwarp 按特定变形生成几何变形后影像。利用函数 imregcorr 估计原始影像和几何变形影像之间的关系。

```
fixed  = imread('cameraman.tif');
theta = 20;        %旋转参数
S = 2.3;           %缩放参数
tform = affine2d([S. * cosd(theta) - S. * sind(theta) 0;  %几何变形模型
                  S. * sind(theta) S. * cosd(theta) 0;
                              0 0 1]);
moving = imwarp(fixed,tform);  %影像几何变形和平移
moving = moving + uint8(10 * rand(size(moving)));
figure, imshowpair(fixed,moving,'montage');       %见图 10.3.13
```

若您对此书内容有任何疑问，可以凭在线交流卡登录MATLAB中文论坛与作者交流。

图 10.3.13 显示几何变形后的影像

```
tformEstimate = imregcorr(moving,fixed);   % 估计影像几何变形
Rfixed = imref2d(size(fixed));

movingReg = imwarp(moving,tformEstimate,...   % 将变形后的影像按估计的几何变形纠正
            'OutputView',Rfixed);

figure, imshowpair(fixed,movingReg,'montage');     % 见图 10.3.14
figure, imshowpair(fixed,movingReg,'falsecolor');  % 见图 10.3.15
```

图 10.3.14 并列显示原始影像和恢复后的影像

同样,函数 imregconfig 是基于灰度的影像自动配准参数生成函数。通过设置不同类型的条件,自动生成影像配准的经验参数,并可直接用于自动配准。函数 imregconfig 的基本用法如下:

```
[optimizer,metric] = imregconfig(modality)
```

(1) modality 表示影像获取模型类型,有单模型 'monomodal' 和多模型 'multimodal' 两种方式。

图 10.3.15 叠加显示原始影像和恢复后的影像

(2) optimizer 表示配准优化参数,metric 表示配准测度。

与此优化参数和测度对应的是函数 imregister,用于根据不同配准优化参数及测度,对待配准影像,以逼近参考影像的方式纠正。函数 imregister 的基本用法如下:

```
moving_reg = imregister(moving,fixed,...
                        transformType,optimizer,metric)
[moving_reg,R_reg] = imregister(moving,Rmoving,...
                        fixed,Rfixed,transformType,optimizer,metric)
[...] = imregister(...,Name,Value)
```

(1) moving 表示待配准影像,fixed 表示参考影像。

(2) Rmoving、Rfixed 分别表示待配准影像、参考影像的空间参考。

(3) tranformType 表示几何变形类型,包含平移 'translation'、刚体 'rigid'、相似 'similarity'、仿射 'affine' 共四种变形。

(4) optimizer 表示优化方法,metric 表示优化测度。

(5) Name、Value 表示函数 imregister 的特殊字符串参数及对应的值。

【例 10.3.12】 利用函数 imregconfig 自动图像配准。

```
fixed  = imread('pout.tif');
moving = imrotate(fixed, 5, 'bilinear', 'crop');
imshowpair(fixed, moving,'Scaling','joint');
[optimizer, metric]  = imregconfig('monomodal')   % 自适应生成自动配准参数和测度

optimizer =
  registration.optimizer.RegularStepGradientDescent
  Properties:
    GradientMagnitudeTolerance: 1.000000e-04
             MinimumStepLength: 1.000000e-05
             MaximumStepLength: 6.250000e-02
            MaximumIterations: 100
            RelaxationFactor: 5.000000e-01

metric =
```

```
  registration.metric.MeanSquares
  This class has no properties.

movingRegistered = imregister(moving,fixed,...   %自动配准纠正
                              'rigid',optimizer, metric);
figure;
imshowpair(fixed, movingRegistered,'Scaling','joint');   %见图 10.3.16
```

图 10.3.16　显示原始影像和恢复后的影像

最后,可以通过一个整体运用特征提取和影像匹配的 MATLAB 示例,连贯地串联相关的功能和展示实际的效果。其中示例选自 MATLAB 的计算机视觉工具箱 examples 中的立体影像纠正 Stereo Image Rectification。

【例 10.3.13】　利用 MATLAB 函数生成左右图像对应的匹配点对案例。

```
 % Step 1: Read Stereo Image Pair
 %读立体影像对

I1 = im2double(rgb2gray(imread('yellowstone_left.png')));
I2 = im2double(rgb2gray(imread('yellowstone_right.png')));
imshowpair(I1, I2,'montage');
title('I1 (left); I2 (right)');     %见图 10.3.17
```

I1(left);I2(right)

图 10.3.17　显示左右影像

```
figure; imshowpair(I1,I2,'ColorChannels','red-cyan');
title('Composite Image (Red-Left Image, Cyan-Right Image)');  %见图 10.3.18
```

```
% Step 2: Collect Interest Points from Each Image
% 收集每景影像的兴趣点

blobs1 = detectSURFFeatures(I1, 'MetricThreshold', 2000);
blobs2 = detectSURFFeatures(I2, 'MetricThreshold', 2000);
figure; imshow(I1); hold on;
plot(blobs1.selectStrongest(30));
title('Thirty strongest SURF features in I1');     % 见图 10.3.19
```

图 10.3.18　叠加显示左右红青立体影像

图 10.3.19　显示左影像上最强的 30 个 SURF 特征点

```
figure; imshow(I2); hold on;
plot(blobs2.selectStrongest(30));
title('Thirty strongest SURF features in I2');     % 见图 10.3.20
```

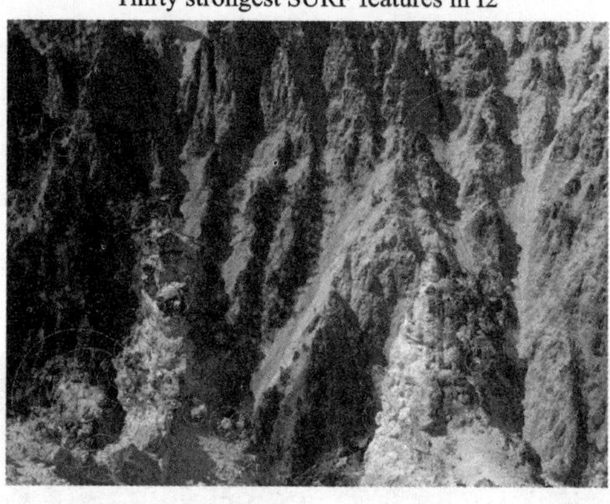

图 10.3.20　显示右影像上最强的 30 个 SURF 特征点

```
% Step 3: Find Putative Point Correspondences
% 找出假定存在的同名点

[features1, validBlobs1] = extractFeatures(I1, blobs1);
[features2, validBlobs2] = extractFeatures(I2, blobs2);
indexPairs = matchFeatures(features1, features2, 'Metric', 'SAD', ...
                          'MatchThreshold', 5);
matchedPoints1 = validBlobs1.Location(indexPairs(:,1),:);
matchedPoints2 = validBlobs2.Location(indexPairs(:,2),:);
```

```
figure;
showMatchedFeatures(I1, I2, matchedPoints1, matchedPoints2);
legend('Putatively matched points in I1',...
'Putatively matched points in I2');   %见图 10.3.21
```

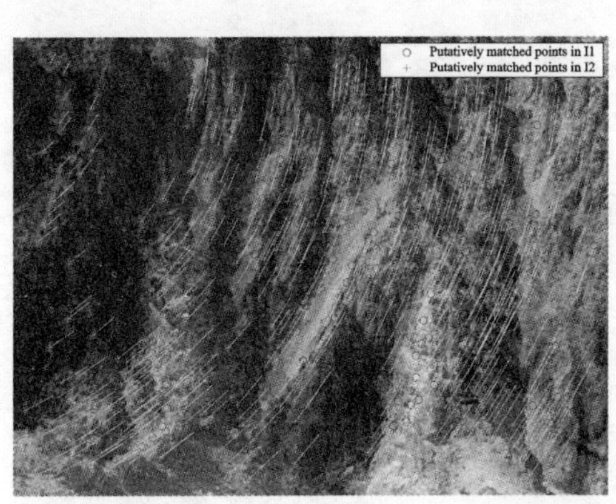

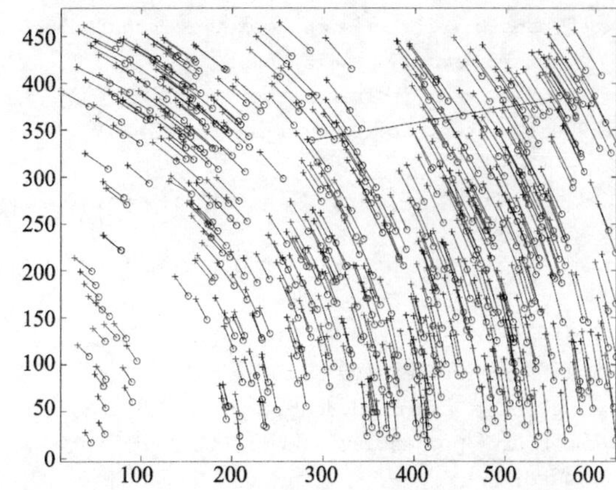

图 10.3.21　显示初始匹配后的同名点及位置关系

```
% Step 4: Remove Outliers Using Epipolar Constraint
%采用核线约束移除错误匹配点

[fMatrix, epipolarInliers, status] = estimateFundamentalMatrix(...
  matchedPoints1, matchedPoints2, 'Method', 'RANSAC', ...
  'NumTrials', 10000, 'DistanceThreshold', 0.1, 'Confidence', 99.99);
if status ~= 0 ||...
  isEpipoleInImage(fMatrix, size(I1)) || ...
isEpipoleInImage(fMatrix', size(I2))
error(['For the rectification to succeed, the images must ',
        'have enough corresponding points and the epipoles must be ',
        'outside the images.']);
end
inlierPoints1 = matchedPoints1(epipolarInliers, :);
inlierPoints2 = matchedPoints2(epipolarInliers, :);
figure;
showMatchedFeatures(I1, I2, inlierPoints1, inlierPoints2);
legend('Inlier points in I1', 'Inlier points in I2');   %见图 10.3.22
```

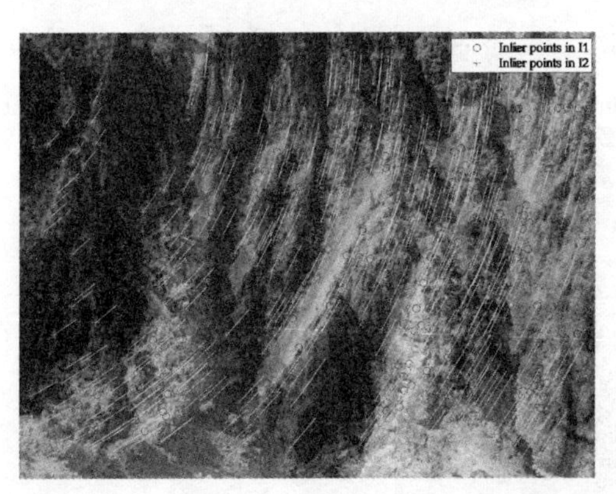

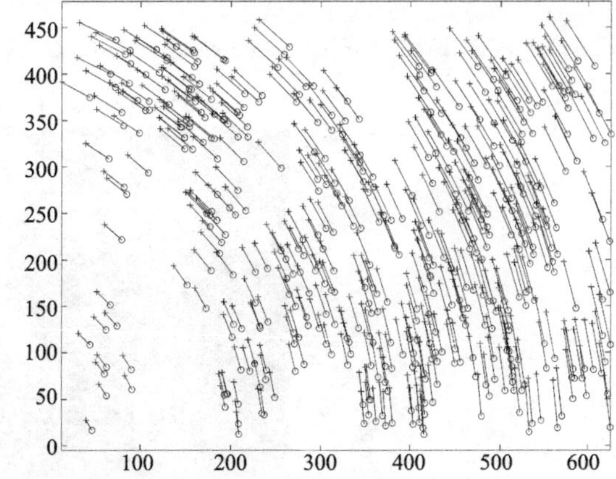

图 10.3.22　显示经过核线约束后的同名点及位置关系

```
% Step 5: Rectify Images
%纠正影像

[t1, t2] = estimateUncalibratedRectification(fMatrix, ...
  inlierPoints1, inlierPoints2, size(I2));
geoTransformer = vision.GeometricTransformer(...
'TransformMatrixSource', 'Input port');
I1Rect = step(geoTransformer, I1, t1);
I2Rect= step(geoTransformer, I2, t2);

% transform the points to visualize them together with the rectified
% images
%将原始影像的点经过几何变换转换到纠正后影像上

pts1Rect = tformfwd(double(inlierPoints1),...
maketform('projective', double(t1)));
pts2Rect = tformfwd(double(inlierPoints2),...
maketform('projective', double(t2)));
figure;
showMatchedFeatures(I1Rect, I2Rect, pts1Rect, pts2Rect);
legend('Inlier points in rectified I1',...
'Inlier points in rectified I2');     %见图 10.3.23
```

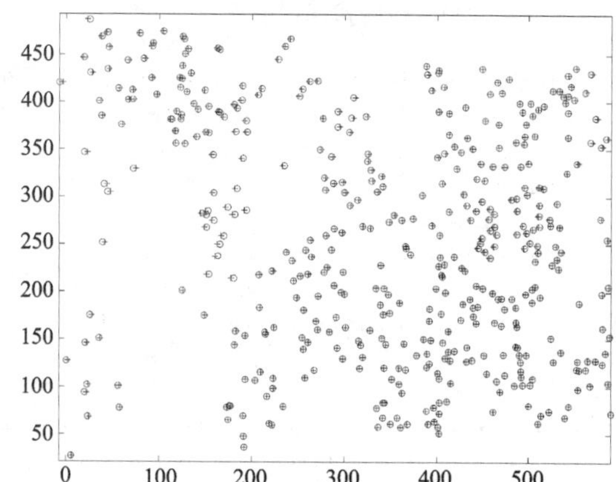

图 10.3.23　显示经过变形后的左右影像重叠区

```
Irectified = cvexTransformImagePair(I1, t1, I2, t2);
figure, imshow(Irectified);
title('Rectified Stereo Images (Red - Left Image, Cyan - Right Image)');     %见图 10.3.24
```

Rectified Stereo Images(Red−Left Image,Cyan−Right Image)

图 10.3.24　显示红青立体像对的纠正后影像

如果将上述过程中的参数对于任意的立体像对进行自适应设置，并将上述过程合并，则一般化纠正过程称为一个函数形式，如下所示：

```
% Step 6: Generalize The Rectification Process
%一般化纠正过程
cvexRectifyImages('parkinglot_left.png', 'parkinglot_right.png');   %见图 10.3.25
```

图 10.3.25　显示左右立体像对的纠正后影像

10.3.3　密集匹配

密集匹配，虽然也是需要对影像进行匹配操作，但与特征匹配不同，它要求更多的匹配点，需要覆盖整景影像。密集匹配的目的是为了建立影像所对应的数字表面模型，从摄影测量的角度来看，也就是常说的数字地面模型 DTM(Digital Terrian Model)；从近景摄影测量的角度来看，是建立局部空间的视差模型。为了建立更好的获得连续空间的视差值，通常需要密集的匹配点通过局部内插再逐步逼近的方式，获取视差图及数字表面模型。

在 MATLAB 的计算机视觉工具箱 Compute Vision Toolbox 中，也包含了视差计算功能。视差计算函数 disparity 的基本用法如下：

```
D = disparity(I1,I2)
D = disparity(I1,I2,ROI1,ROI2)
D = disparity(I1,I2,Name,Value)
```

(1) I1、I2 表示两幅不同角度拍摄的具有同一位置的水平核线影像，也就是说两幅影像由原始影像纠正后，使同名像点都位于影像的同一行。I1、I2 为二维矩阵。当没有兴趣区设置时，要求 I1、I2 的大小相同。

(2) ROI1，ROI2 表示两张影像中的同名兴趣区域，表示方式为[x，y，width，height]，x、y 表示起始点位置，width、height 表示兴趣区宽高。

(3) D 表示两幅影像的视差图结果。同样也是二维矩阵。

(4) Name、Value 分别表示函数的特殊字符串参数及对应的值，可以有如下几种特殊的字符串参数。

① 'ContrastThreshold' 表示对比度阈值，为一个标量，取值范围为(0,1]。当参数为 1 时，函数使用最小的像素数，当参数下降后，函数将使用更多的像素数。默认值为 0.5。

② 'BlockSize' 表示分块长度，为一个奇数的整数，取值范围为(0,255]。

③ 'DisparityRange' 表示视差范围，是 1×2 的向量，这个参数的形式为[minDisparity，maxDisparity]，最大最小的视差应为整数。同时最大最小视差之差应该满足被 16 整除。默认值为[0,64]。

④ 'TextureThreshold' 表示纹理阈值，取值范围为[0,1]。它定义了一个像素需要考虑的

可靠的最小纹理值。越小的纹理阈值，计算每个像素就越少考虑可靠性。当增加这个值时，更多像素会被标记为低可靠性的区域。默认值为 0.000 2。

⑤ 'UniquenessThreshold' 表示最小的唯一阈值，为一个非负整数。这个值设置越小，视差计算中也越少考虑可靠性。它定义的是当前优化视差估计与更小的优化视差估计之间的比值。默认值为 15。

⑥ 'DistanceThreshold' 表示距离阈值，为非负整数，定义了左右影像之间的最大距离。降低这个值，视差图将变得更可靠，设置为空时，将不考虑这个参数。默认值为[]。

这个函数会将不可靠的视差值用负的单精度最大值-realmax('single')标记出来。

【例 10.3.14】 利用函数 disparity 生成立体像对视差图。

```
I1 = rgb2gray(imread('scene_left.png'));   % 加载影像，并转换为灰度矩阵
I2 = rgb2gray(imread('scene_right.png'));
figure; imshowpair(I1,I2,'ColorChannels','red-cyan');   % 采用红、青颜色显示
title('Red-cyan composite view of the stereo images');

d = disparity(I1, I2, ...      % 计算水平核线影像的视差图
'BlockSize', 35, ...
'DisparityRange', [-6 10],...
'UniquenessThreshold', 0);
marker_idx = (d == -realmax('single'));      % 将标记为不可靠的视差值，
                                              % 采用可靠视差的最小值填充
d(marker_idx) = min(d(~marker_idx));

figure;   % 显示视差图
imshow(mat2gray(d));
```

Red-cyan composite view of the stereo image

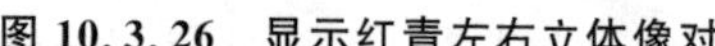

图 10.3.26 显示红青左右立体像对

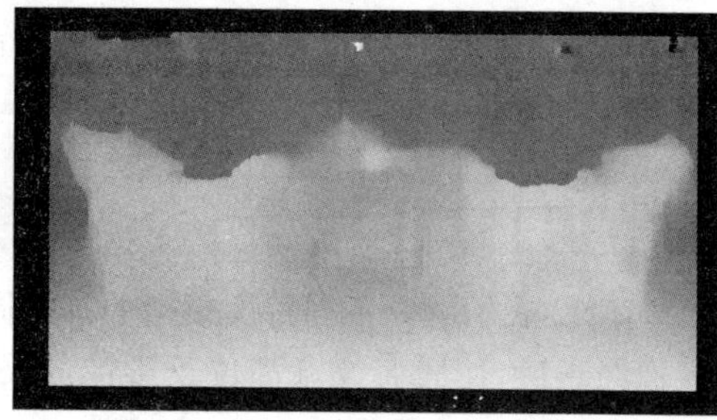

图 10.3.27 显示左右立体像对的纠正后影像

同样，这里也展示一个关于视差图生成的示例，也来源于 MATLAB 的计算机视觉工具箱示例 examples 中的立体视觉 Stereo Vision。由于示例的代码较长，涉及了大量的计算机视觉方法运用，所以分步介绍代码块的内容和实现。

【例 10.3.15】 利用 MATLAB 生成立体像对视差图案例。

```
% 第一步，读立体像对
% Step 1. Read Stereo Image Pair
hIdtc = vision.ImageDataTypeConverter;
hCsc = vision.ColorSpaceConverter('Conversion','RGB to intensity');
leftI3chan = step(hIdtc,imread('vipstereo_hallwayLeft.png'));
leftI = step(hCsc,leftI3chan);
rightI3chan = step(hIdtc,imread('vipstereo_hallwayRight.png'));
```

```
rightI = step(hCsc,rightI3chan);
figure(1), clf;
imshow(rightI3chan), title('Right image');  % 见图 10.3.28

figure(2), clf;
imshowpair(rightI,leftI,'ColorChannels','red - cyan'), axis image;
title('Color composite (right = red, left = cyan)');  % 见图 10.3.29
```

图 10.3.28　显示右影像

图 10.3.29　显示红青混色影像

```
%第二步,简单的影像窗口匹配
% Step 2. Basic Block Matching
Dbasic = zeros(size(leftI), 'single');
disparityRange = 15;
% Selects (2 * halfBlockSize + 1) - by - (2 * halfBlockSize + 1) block.
halfBlockSize = 3;  % 选择窗口大小为 2 * halfBlockSize + 1
blockSize = 2 * halfBlockSize + 1;

% Allocate space for all template matcher System objects.
tmats = cell(blockSize);  % 预分配匹配模板的对象空间

% Initialize progress bar
hWaitBar = waitbar(0, 'Performing basic block matching...');  % 初始化进度条
nRowsLeft = size(leftI, 1);
% Scan over all rows.
for m = 1:nRowsLeft                    % 遍历所有行
    % Set min/max row bounds for image block.
    minr = max(1,m - halfBlockSize);  % 设置影像窗口的最小最大的行边界
    maxr = min(nRowsLeft,m + halfBlockSize);

    % Scan over all columns.
    for n = 1:size(leftI,2)  % 遍历所有列
        minc = max(1,n - halfBlockSize);
        maxc = min(size(leftI,2),n + halfBlockSize);

        % Compute disparity bounds.
        mind = max( - disparityRange, 1 - minc );  % 计算所有视差边界
        maxd = min( disparityRange, size(leftI,2) - maxc );

        % Construct template and region of interest.
        template = rightI(minr:maxr,minc:maxc);  % 构建模板和兴趣区域
```

```
        templateCenter = floor((size(template) + 1)/2);
        roi = [minc + templateCenter(2) + mind - 1 ...
               minr + templateCenter(1) - 1 ...
               maxd - mind + 1 1];

        % Lookup proper TemplateMatcher object; create if empty.
        if isempty(tmats{size(template,1),size(template,2)})   %查找模板匹配对象,
                                                               %如果为空,则创建
            tmats{size(template,1),size(template,2)} = ...
                vision.TemplateMatcher('ROIInputPort',true);
        end
            thisTemplateMatcher = ...
                tmats{size(template,1),size(template,2)};

        % Run TemplateMatcher object.
        loc = step(thisTemplateMatcher, leftI, template, roi);   %执行模板匹配对象
        Dbasic(m,n) = loc(1) - roi(1) + mind;
    end
        waitbar(m/nRowsLeft,hWaitBar);   %设置进度条
end
close(hWaitBar);  %关闭进度条
figure(3), clf;
imshow(Dbasic,[]), axis image, colormap('jet'), colorbar;
caxis([0 disparityRange]);
title('Depth map from basic block matching');   %见图 10.3.30
%第三步,子像素估计
%Step 3. Sub - pixel Estimation

DbasicSubpixel = zeros(size(leftI), 'single');
tmats = cell(2 * halfBlockSize + 1);
hWaitBar = waitbar(0,'Performing sub - pixel estimation...');
for m = 1:nRowsLeft

    % Set min/max row bounds for image block.
    minr = max(1,m - halfBlockSize);   %设置影像窗口的最小最大行边界
    maxr = min(nRowsLeft,m + halfBlockSize);

    % Scan over all columns.
    for n = 1:size(leftI,2)   %遍历所有列
        minc = max(1,n - halfBlockSize);
        maxc = min(size(leftI,2),n + halfBlockSize);

        % Compute disparity bounds.
        mind = max( - disparityRange, 1 - minc );   %计算视差边界
        maxd = min( disparityRange, size(leftI,2) - maxc );

        % Construct template and region of interest.
        template = rightI(minr:maxr,minc:maxc);   %构建模板和兴趣区域

        templateCenter = floor((size(template) + 1)/2);
        roi = [minc + templateCenter(2) + mind - 1 ...
               minr + templateCenter(1) - 1 ...
               maxd - mind + 1 1];

        % Lookup proper TemplateMatcher object; create if empty.
```

```
        if isempty(tmats{size(template,1),size(template,2)})      %查找模板匹配对象,
                                                                  %如果为空,则创建
            tmats{size(template,1),size(template,2)} = ...
                vision.TemplateMatcher('ROIInputPort',true,...
                'BestMatchNeighborhoodOutputPort',true);
        end
        thisTemplateMatcher = ...
                tmats{size(template,1),size(template,2)};

        % Run TemplateMatcher object.
        [loc,a2] = step(thisTemplateMatcher, leftI, template, roi);   %进行模板匹配
        ix = single(loc(1) - roi(1) + mind);

        % Subpixel refinement of index.
        DbasicSubpixel(m,n) = ix - 0.5 * (a2(2,3) - a2(2,1)) ...   %子像素位置估计
            / (a2(2,1) - 2 * a2(2,2) + a2(2,3));
    end
    waitbar(m/nRowsLeft,hWaitBar);
end
close(hWaitBar);
figure(1), clf;
imshow(DbasicSubpixel,[]), axis image, colormap('jet'), colorbar;
caxis([0 disparityRange]);
title('Basic block matching with sub - pixel accuracy');   %见图 10.3.31
```

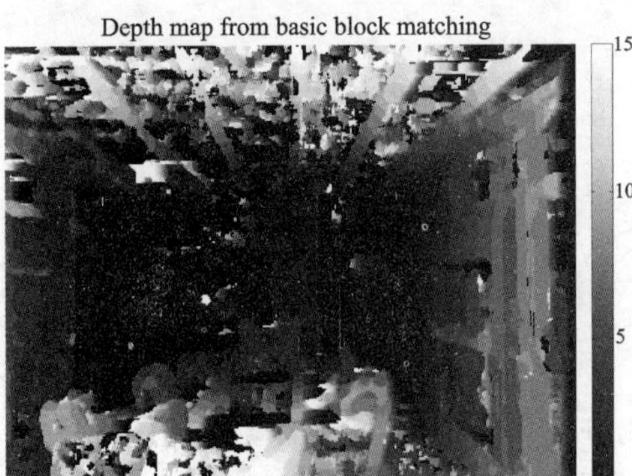

图 10.3.30　显示基于块匹配的深度图

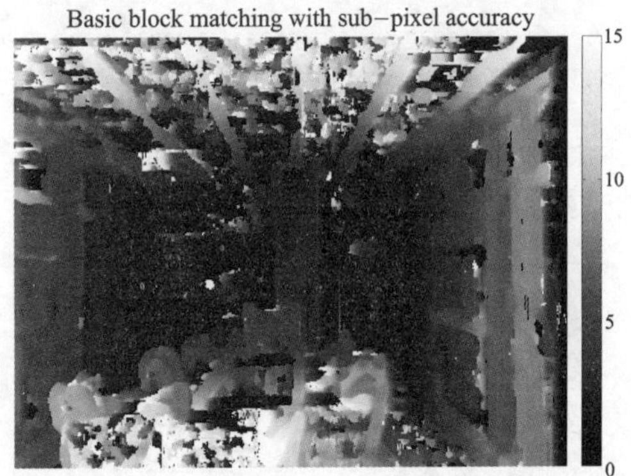

图 10.3.31　显示基于子像素精度的块匹配

```
%第四步,动态规划
%Step 4. Dynamic Programming

Ddynamic = zeros(size(leftI), 'single');

% False infinity
finf = 1e3;   %假的无穷大对应的值,为了使动态规划可以正常计算
disparityCost = finf * ones(size(leftI,2), 2 * disparityRange + 1,...
'single');

% Penalty for disparity disagreement between pixels
disparityPenalty = 0.5;   %设置相邻像素间视差不一致的惩罚值
hWaitBar = waitbar(0,'Using dynamic programming for smoothing...');
```

```
% Scan over all rows.
for m = 1:nRowsLeft  %遍历所有行
    disparityCost(:) = finf;

    % Set min/max row bounds for image block.
    minr = max(1,m - halfBlockSize);  %设置影像窗口最小最大行边界
    maxr = min(nRowsLeft,m + halfBlockSize);

    % Scan over all columns.
    for n = 1:size(leftI,2)  %遍历所有列
        minc = max(1,n - halfBlockSize);
        maxc = min(size(leftI,2),n + halfBlockSize);

        % Compute disparity bounds.
        mind = max( -disparityRange, 1 - minc );  %计算视差边界
        maxd = min( disparityRange, size(leftI,2) - maxc );

        % Compute and save all matching costs.
        for d = mind:maxd  %计算和保存匹配代价
            disparityCost(n, d + disparityRange + 1) = ...
                sum(sum(abs(leftI(minr:maxr,(minc:maxc) + d) ...
                - rightI(minr:maxr,minc:maxc))));
        end
    end

% Process scan line disparity costs with dynamic programming.
optimalIndices = zeros(size(disparityCost), 'single');     %采用动态规划的方法,
                                                           %处理每行的视差代价
cp = disparityCost(end,:);
for j = size(disparityCost,1) - 1: - 1:1

    % False infinity for this level
    cfinf = (size(disparityCost,1) - j + 1) * finf;  %初始设置为伪无穷大值

    % Construct matrix for finding optimal move for each column
    % individually.
    [v,ix] = min([cfinf cfinf cp(1:end - 4) + 3 * disparityPenalty;   %单独建立每一列
                  cfinf cp(1:end - 3) + 2 * disparityPenalty;          %的最佳移动矩阵
                  cp(1:end - 2) + disparityPenalty;
                  cp(2:end - 1);
                  cp(3:end) + disparityPenalty;
                  cp(4:end) + 2 * disparityPenalty cfinf;
                  cp(5:end) + 3 * disparityPenalty cfinf cfinf],[],1);
    cp = [cfinf disparityCost(j,2:end - 1) + v cfinf];

        % Record optimal routes.
        optimalIndices(j,2:end - 1) = (2:size(disparityCost,2) - 1) + ...
                                      (ix - 4);  %记录最佳路径
    end

    % Recover optimal route.
    [~,ix] = min(cp);  %记录最佳路径
    Ddynamic(m,1) = ix;
    for k = 1:size(Ddynamic,2) - 1
        Ddynamic(m,k + 1) = optimalIndices(k, ...
```

```
            max(1, min(size(optimalIndices,2),...
            round(Ddynamic(m,k)) ) ) );
    end
    waitbar(m/nRowsLeft, hWaitBar);
end
close(hWaitBar);
Ddynamic = Ddynamic - disparityRange - 1;
figure(3), clf;
imshow(Ddynamic,[]), axis image, colormap('jet'), colorbar;
caxis([0 disparityRange]);
title('Block matching with dynamic programming');     % 见图 10.3.32
% 第五步,影像金字塔处理
% Step 5. Image Pyramiding

% Construct a four - level pyramid
pyramids = cell(1,4);  % 建立四层金字塔
pyramids{1}.L = leftI;
pyramids{1}.R = rightI;
for i = 2:length(pyramids)
    hPyr = vision.Pyramid('PyramidLevel',1);
    pyramids{i}.L = single(step(hPyr,pyramids{i - 1}.L));
    pyramids{i}.R = single(step(hPyr,pyramids{i - 1}.R));
end

% Declare original search radius as + / - 4 disparities for every pixel.
% 声明每个像素的视差原始搜索半径 + / - 4
smallRange = single(3);
disparityMin = repmat( - smallRange, size(pyramids{end}.L));
disparityMax = repmat( smallRange, size(pyramids{end}.L));

% Do telescoping search over pyramid levels.
for i = length(pyramids): - 1:1   % 在金字塔水平伸缩搜索
    Dpyramid = vipstereo_blockmatch(pyramids{i}.L,pyramids{i}.R, ...
        disparityMin,disparityMax,...
        false,true,3,...
        true,... % Waitbar
        ['Performing level - ',num2str(length(pyramids) - i + 1),...
        ' pyramid block matching...']);  % Waitbar title,进度条
    if i > 1
        % Scale disparity values for next level.
        hGsca = vision.GeometricScaler(...   % 下一级金字塔的视差需要乘以缩放系数
            'InterpolationMethod','Nearest neighbor',...
            'SizeMethod','Number of output rows and columns',...
            'Size',size(pyramids{i - 1}.L));
        Dpyramid = 2 * step(hGsca, Dpyramid);

        % Maintain search radius of + / - smallRange.
        disparityMin = Dpyramid - smallRange;   % 保持搜索半径 + / - 最小范围
        disparityMax = Dpyramid + smallRange;
    end
end
figure(3), clf;
imshow(Dpyramid,[]), colormap('jet'), colorbar, axis image;
caxis([0 disparityRange]);
title('Four - level pyramid block matching');  % 见图 10.3.33
```

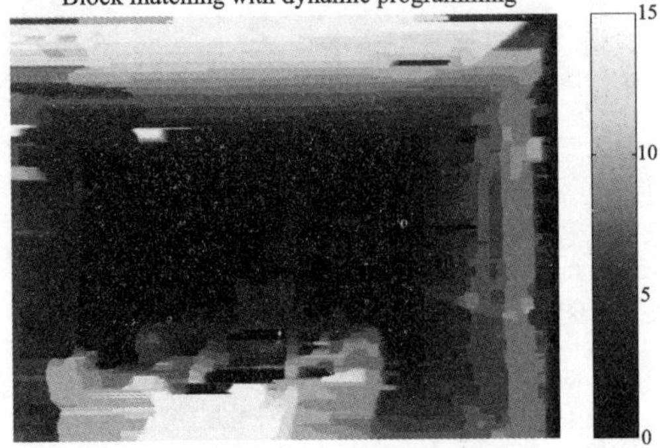

图 10.3.32　显示基于动态规划的块匹配

图 10.3.33　显示四层金字塔的块匹配

```
%第六步,合并金字塔和动态规划结果
% Step 6. Combined Pyramiding and Dynamic Programming

DpyramidDynamic = vipstereo_blockmatch_combined(leftI,rightI, ...
    'NumPyramids',3, 'DisparityRange',4, 'DynamicProgramming',true, ...
    'Waitbar', true, ...
    'WaitbarTitle', 'Performing combined pyramid and dynamic programming');
figure(3), clf;
imshow(DpyramidDynamic,[]), axis('image'), colorbar, colormap jet;
caxis([0 disparityRange]);
title('4 - level pyramid with dynamic programming');   %见图 10.3.34
DdynamicSubpixel = vipstereo_blockmatch_combined(leftI,rightI, ...
    'NumPyramids',3, 'DisparityRange',4, 'DynamicProgramming',true, ...
    'Subpixel', true, ...
    'Waitbar', true, ...
    'WaitbarTitle', ['Performing combined pyramid and dynamic ',...
    'programming with sub - pixel estimation']);
figure(4), clf;
imshow(DdynamicSubpixel,[]), axis image, colormap('jet'), colorbar;
caxis([0 disparityRange]);
title('Pyramid with dynamic programming and sub - pixel accuracy');   %见图 10.3.35
```

图 10.3.34　显示四层金字塔的动态规划

图 10.3.35　显示动态规划金字塔子像素精度

```
%第七步,反投影
%Step 7. Backprojection

% Camera intrinsics matrix
%相机本质矩阵
K = [409.4433      0  204.1225
           0  416.0865  146.4133
           0       0     1.0000];

% Create a sub - sampled grid for backprojection.
%建立反投影的子像素采样格网
dec = 2;
[X,Y] = meshgrid(1:dec:size(leftI,2),1:dec:size(leftI,1));
P = K\[X(:)'; Y(:)'; ones(1,numel(X), 'single')];
Disp = max(0,DdynamicSubpixel(1:dec:size(leftI,1),1:dec:size(leftI,2)));
hMedF = vision.MedianFilter('NeighborhoodSize',[5 5]);

% Median filter to smooth out noise.
%中值滤波平滑噪声
Disp = step(hMedF,Disp);

% Derive conversion from disparity to depth with tie points:
%通过连接点将视差图转换到深度图
knownDs = [15   9   2]'; % Disparity values in pixels
knownZs = [4  4.5 6.8]';

% World z values in meters based on scene measurements.
%基于场景测量的世界坐标系 Z 值单位是米

% least squares
%最小二乘
ab = [1./knownDs ones(size(knownDs), 'single')] \ knownZs;

% Convert disparity to z (distance from camera)
%转换视差到 Z(从相机到物体的距离)
ZZ = ab(1)./Disp(:)' + ab(2);

% Threshold to [0,8] meters.
%距离阈值范围设置为[0,8]米
ZZdisp = min(8,max(0, ZZ ));
Pd = bsxfun(@times,P,ZZ);

% Remove near points
%移除太近或太远的点
bad = Pd(3,:)>8 | Pd(3,:)<3;
Pd = Pd(:,~bad);

% Collect quantized colors for point display
%量化显示点的颜色
Colors = rightI3chan(1:dec:size(rightI,1),1:dec:size(rightI,2),:);
Colors = reshape(Colors,...
[size(Colors,1) * size(Colors,2) size(Colors,3)]);
Colors = Colors(~bad,:);
cfac = 20;
C8 = round(cfac * Colors);
```

```
[U,I,J] = unique(C8,'rows');
C8 = C8/cfac;
figure(2), clf, hold on, axis equal;
for i = 1:size(U,1)
plot3( - Pd(1,J = = i), - Pd(3,J = = i), - Pd(2,J = = i),...
'.','Color',C8(I(i),:));
end

%设置视点
view(161,14), grid on;
xlabel('x (meters)'), ylabel('z (meters)'), zlabel('y (meters)');   %见图 10.3.36
```

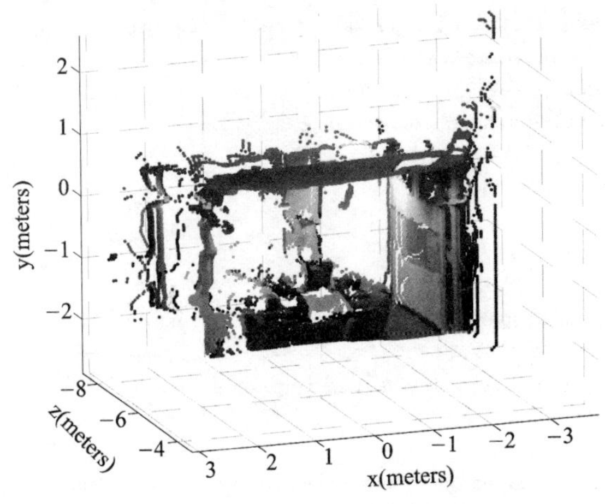

图 10.3.36　显示三维深度图

10.4　本章小结

本章主要讲述了特征提取的相关算法、影像匹配的相关算法，以及它们在 MATLAB 中的运用。

特征提取相关的特征检测，包括点特征检测和线特征检测；特征的描述包括邻域灰度窗口描述和 SURF 特征描述。

影像匹配中介绍了特征匹配和密集匹配，以及在 MATLAB 工具箱中的应用。特征匹配主要介绍了无约束影像匹配、几何约束影像匹配和配准纠正，以及各自对应的 MATLAB 函数用法、说明和例子。

第 11 章 非监督法学习

影像分类包含两种分类方式。一种是通过人工监督的方式,利用已有的参考数据先分类,再通过计算机的分类学习,设计出区分不同影像类别的分类器。另一种是通过非人工干涉的方式,给定一些初始值设置,计算机直接对影像分类,自动判别不同的影像类别。两者都是利用了计算的强计算能力,通过分类器模型的自动迭代,从开始的分类不理想逐步迭代到分类能力很高的情况。通过对分类器迭代算法的设计和改进,提高影像分类的结果和成功率。目前,所有分类都是将影像转化到特征空间中的点,再对特征空间中的点进行聚类分析。

随着互联网时代的发展,云计算、机器学习、人工智能的发展,分类技术发展得越来越快。分类技术也开始走上了通过大量数据集的分类器学习,通过大量参数拟合分类,形成最终的复杂的分类器,从而达到应对大量不同的类别。

本章介绍几种相对简单的影像分类方法在 MATLAB 中的运用。通过 MATLAB 中分类的代码,展示对影像进行分类处理后的效果和作用。

非监督法分类侧重于不依赖已有的先验知识和样本,将影像转换到特定的特征空间中,建立某种特定的聚类规则,通过自然聚类的方式,分析特征空间里的若干类别。由于不具备先验条件,这些类别只是被计算机区分,却无法与实际生活中的某些特定类别完全重合上,如水、植被等。常见的非监督法学习包含了层次聚类(Hierarchiacal Clustering)、K 均值聚类(K - Means Clustering)、K 中心聚类(K - Medoids Clustering)、最邻近聚类(Nearest Neighbors)、高斯混合模型(Gaussian Mixture Models)、隐马尔可夫模型(Hidden Markov Models)等。此外,通过聚类,还有相应的聚类评价方式和计算方法。

11.1 分层聚类

层次聚类要建立一个层次结构树,可通过两种方式进行:一种是合并方式,默认在特征空间中每一个点为一个类,判断类间测度是否满足合并阈值,满足则进行类的合并操作;另一种是分裂方式,与合并方式刚好相反,默认特征空间中所有点为一个类,判断类内测度是否满足阈值,满足则进行类的分裂操作。

从最佳聚类的角度看,类内测度要尽可能小,说明类内部的聚合性越强;类间测度要尽可能大,说明类外部的区分性越强。满足最优聚类的条件的聚类结果,是稳定可靠的分类结果。

在 MATLAB 中包含了聚类相关的函数及使用方法,下面对其进行逐一介绍。这些分类函数主要集中于统计工具箱 Statistics Toolbox 中的聚类分析 Cluster Analysis。

11.1.1 函数 pdist

函数 pdist 用于计算点集合中不同点的两两之间距离测度。函数 pdist 的用法如下:

```
D = pdist(X)
D = pdist(X,distance)
```

(1) X为 $m \times n$ 矩阵,m 表示特征空间中点的数量,n 表示特征空间中点的维度。

(2) distance表示距离测度,可以设置很多种类的计算距离方式。

(3) D表示点集中点的两两之间距离,顺序是(2,1),(3,1),…,(m,1),(3,2),…,(m,2),…,(m,m−1))。

距离测度在函数pdist中可以有多种选择,如'euclidean'、'seuclidean'、'cityblock'、'minkowski'、'chebychev'、'mahalanobis'、'cosine'、'correlation'、'spearman'、'hamming'、'jaccard'。

定制距离函数custom distance function,可以灵活指定距离的计算方式,通过定制的函数句柄计算两个点之间的距离方法。定制距离函数的使用方法如下:

```
D = pdist(X,@distfun)
d2 = distfun(XI,XJ)
```

其中,XI表示X中的一行,XJ表示X中的多行。

【例11.1.1】 利用函数pdist计算点集合中两两点之间的距离。

```
% Compute the ordinary Euclidean distance.
%计算一般欧氏距离
X = randn(100, 5);
D = pdist(X,'euclidean');   % euclidean distance

% Compute the Euclidean distance with each coordinate
% difference scaled by the standard deviation.
%用标准差来计算每个坐标差的欧氏距离
Dstd = pdist(X,'seuclidean');

% Use a function handle to compute a distance that weights
% each coordinate contribution differently.
%用一个函数句柄来计算每个维度的坐标占不同权重的距离
Wgts = [.1 .3 .3 .2 .1];      % coordinate weights
weuc = @(XI,XJ,W)(sqrt(bsxfun(@minus,XI,XJ).^2 * W'));
Dwgt = pdist(X, @(Xi,Xj) weuc(Xi,Xj,Wgts));
```

11.1.2 函数linkage

函数linkage用于计算合并层次聚类树。其用法如下:

```
Z = linkage(X)
Z = linkage(X,method)
Z = linkage(X,method,metric)
Z = linkage(X,method,pdist_inputs)
Z = linkage(X,method,metric,'savememory',value)
Z = linkage(Y)
Z = linkage(Y,method)
```

(1) X表示特征空间中的点,为 $m \times n$ 矩阵,m 为点的个数,n 为点的维度。

(2) method表示计算类间距离的方法,包含非加权平均距离'average'、中心距离'centroid'、最大距离'complete'、加权质心距离'median'、最小距离'single'、内部平方距离(最小方差算法)'ward'、加权平均距离'weighted'。默认方式为'single'。

(3) metric表示计算距离方法,也就是函数pdist中提到的距离测度。默认方式为欧几里得距离'euclidean'。

(4) pdist_inputs表示计算距离可能用到的参数输入,形式为cell数组。如minkowski距离使用指数为5,可以设置pdist为{'minkowski',5}。

(5) savememory 表示是否节省内存开销，为一个字符串，只存在开、关两种状态（'on' 和 'off'）。若 X 不超过 20 列，则默认是开状态，反之则为关状态。

(6) Y 表示函数 pdist 计算出的距离矢量。

(7) Z 表示二叉树结构，为 $(m-1)\times 3$ 矩阵。m 为原始观测数据的个数。叶子节点被标记为 $1\sim m$。

【例 11.1.2】 利用函数 linkage 对鱼群种类生成聚类树。

```
%用于鱼群种类聚类
load fisheriris
Z = linkage(meas,'ward','euclidean');
c = cluster(Z,'maxclust',4);
crosstab(c,species)
firstfive = Z(1:5,:) % first 5 rows of Z
dendrogram(Z)
ans =
     0    25     1
     0    24    14
     0     1    35
    50     0     0
firstfive =
  102.0000  143.0000       0
    8.0000   40.0000    0.1000
    1.0000   18.0000    0.1000
   10.0000   35.0000    0.1000
  129.0000  133.0000    0.1000     %见图 11.1.1
%对随机观测值进行聚类操作,最多分为 4 类
rng default; %for reproducibility
X = rand(20000,3);
Z = linkage(X,'ward','euclidean','savememory','on');
c = cluster(Z,'maxclust',4);
scatter3(X(:,1),X(:,2),X(:,3),10,c)  %见图 11.1.2
```

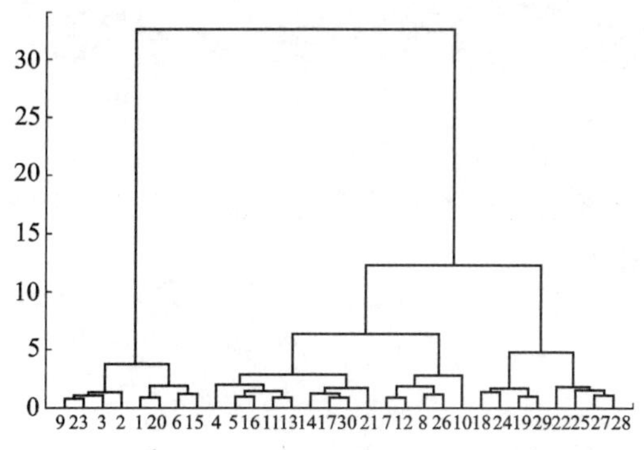

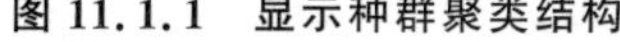

图 11.1.1　显示种群聚类结构

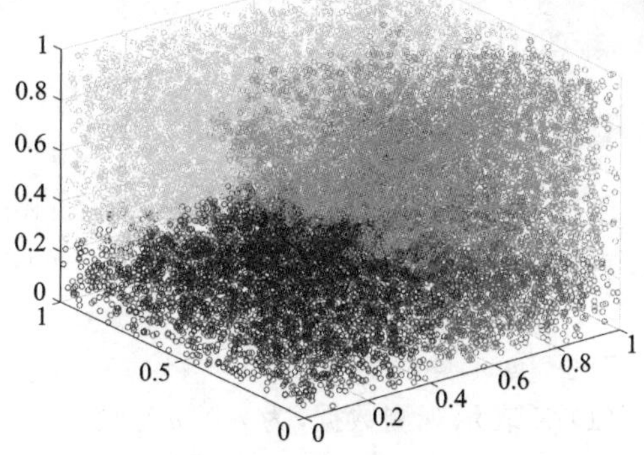

图 11.1.2　显示随机观测值聚类结构

11.1.3　函数 cluster

函数 cluster 的作用是，通过函数 linkage 得到二叉树结构，指定类的个数后，计算分类的最优结果。其用法如下：

```
T = cluster(Z,'cutoff',c)
T = cluster(Z,'cutoff',c,'depth',d)
T = cluster(Z,'cutoff',c,'criterion',criterion)
T = cluster(Z,'maxclust',n)
```

（1）Z 表示函数 linkage 得到的二叉树结果。

（2）c 表示不一致阈值小于 c。

（3）d 表示节点深度不超过 d。

（4）criterion 表示合并准则，有 'inconsistent' 和 'distance' 两种选择。默认为 'inconsistent'。

（5）n 表示最大类数量，用于 'distance' 的情况下。

【例 11.1.3】 利用函数 cluster 进行种群不同分类数量试验。

```
%计算 3-5 类聚类结果
load fisheriris
d = pdist(meas);
Z = linkage(d);
c = cluster(Z,'maxclust',3:5);
crosstab(c(:,1),species)
ans =
     0     0     2
     0    50    48
    50     0     0
crosstab(c(:,2),species)
ans =
     0     0     1
     0    50    47
     0     0     2
    50     0     0
crosstab(c(:,3),species)
ans =
     0     4     0
     0    46    47
     0     0     1
     0     0     2
    50     0     0
```

11.1.4 函数 clusterdata

函数 clusterdata 将 pdist、linkage、cluster 三个函数进行了有效综合。包含了三个步骤，可以直接输出分类后结果。函数 clusterr 的用法如下：

```
T = clusterdata(X,cutoff)
T = clusterdata(X,Name,Value)
```

（1）X 表示观测数据，为 $m \times n$ 矩阵。

（2）cutoff 在(0,2)时，表示不一致数量；大于或等于 2 时，表示类的最大个数。

（3）T 表示各个观测值对应的聚类编号。

（4）Name、Value 分别表示函数 clusterdata 的特殊字符参数和对应的值。

（5）'criterion' 表示合并准则，有 'inconsistent' 和 'distance' 两种选择。默认为 'inconsistent'。

（6）'cutoff' 在(0,2)时，表示不一致数量；大于或等于 2 时，表示类的最大个数。

（7）'depth' 表示节点深度。

（8）'distance' 表示计算不连续值的深度，为一个正整数。

(9) 'linkage' 表示函数 linkage 的方法 method。

(10) 'maxclust' 表示最大聚类数量。

(11) 'savememory' 表示是否打开节省内存开关。

【例 11.1.4】 利用函数 clusterdata 对随机点聚类试验。

```
rng default; % for reproducibility
X = [gallery('uniformdata',[10 3],12);...
gallery('uniformdata',[10 3],13) + 1.2;...
gallery('uniformdata',[10 3],14) + 2.5];
T = clusterdata(X,'maxclust',3);
find(T' = = 2)
ans =
  11 12 13 14 15 16 17 18 19 20
scatter3(X(:,1),X(:,2),X(:,3),100,T,'filled')  % 见图 11.1.3
```

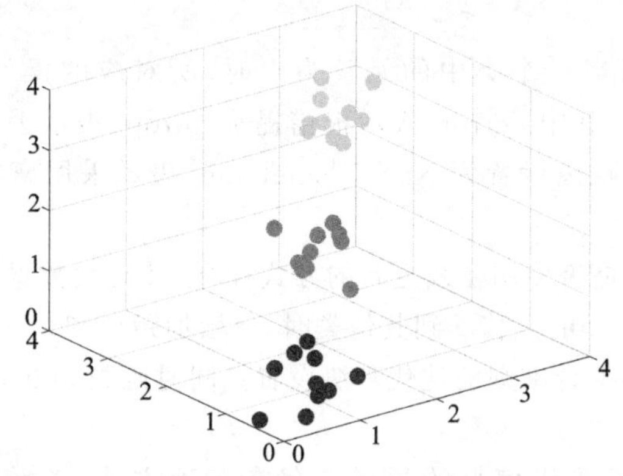

图 11.1.3 按聚类结果对随机点几何填充不同颜色

此外，分层聚类中还包含了一些其他函数，如计算系数相关性函数 cophenet、计算不一致性系数函数 inconsistent、序列特征选择函数 sequentialfs、两两距离矢量与矩阵转换函数 squareform，这里不再一一介绍。

11.2 K 均值聚类和 K 中心聚类

K 均值聚类和 K 中心聚类都是一种动态聚类方式。此种聚类的做法是默认设置一个粗糙的分类结果，选择粗糙集的类中心，将每个特征空间中的点划分到各个粗糙集的类中心，根据各个类包含的点，重新计算类中心位置，同时基于一定的准则，调整类的数量，可能合并类或者分裂类，最终各个类达到相对稳定的状态，即为聚类成功。K 均值聚类和 K 中心聚类的不同在于，两者选取类中心的方式不同。K 均值聚类以类内点的平均值为中心，容易受到错误点的干扰。K 中心聚类中心的选取以类内点与中心距离和最小为原则。

在 MATLAB 中 K 均值算法存在相对应的函数 kmeans。它的基本用法如下：

```
IDX = kmeans(X,k)
[IDX,C] = kmeans(X,k)
[IDX,C,sumd] = kmeans(X,k)
```

```
[IDX,C,sumd,D] = kmeans(X,k)
[...] = kmeans(...,param1,val1,param2,val2,...)
```

(1) X为 $m\times n$ 矩阵，m 表示点的个数，n 表示点的维度。

(2) k表示类别的最大个数。

(3) IDX表示每个点对应的类别编号，为 $m\times 1$ 矩阵。

(4) C表示所有类别中心位置，为 $k\times n$ 矩阵，与点的维度一致。

(5) sumd表示各个类中的点与其中心点距离之和，大小为 $1\times k$。

(6) D表示各个点相对于各个中心的距离矩阵，大小为 $m\times k$。

(7) param-val表示函数kmeans的特殊字符串参数与对应的值，两两一组，组与组之间可以交换顺序。其中，特殊字符串和值可以选取如下几种形式：

① 'distance' 表示划分类别时，所选择的距离测度，可以选取 'sqEuclidean'、'cityblock'、'cosine'、'correlation'、'Hamming' 几种特殊距离，作为其对应的值。其默认值为 'sqEuclidean'。

② 'emptyaction' 表示当一个类中的元素为空时，所对应的操作。其对应的值可以是 'error'、'drop'、'singleton'。其中，'error' 表示报错提示，'drop' 表示丢弃元素为空的类。类中心C和各个点相对于中心距离设置为NaN。'singleton' 表示采用离中心最远的点作为新的类别中心计算。

③ 'onlinephase' 表示是否使用在线更新的方式计算，针对大数据使用。算法可以保证最小距离准则，即将任何一个类的点移动到其他类时，会增加距离和。

④ 'options' 表示最小拟合准则的迭代算法设置。同时函数statset设置 'options' 对应的参数。函数statset可以设置以下参数：

- 'Display' 表示对于迭代信息的显示。存在三种方式：关闭 'off'、迭代 'iter'、结果 'final'。默认方式为关闭。
- 'MaxIter' 表示最大迭代次数。默认值为100。
- 'UseParallel' 表示是否并行计算。可以设置的值为 'always'、'never'。只有当并行计算的matlabpool打开，并且设置为 'always' 时，才进行并行计算；否则，为串行计算。
- 'UseSubstreams' 和 'Streams' 都是为了并行计算的设置。由于算法具有一定的随机性，设置这些参数可以使重复计算结果保持一致。
- 'replicates' 表示重复聚类的次数，为正整数。
- 'start' 表示起始种子点的计算方式，包括 'sample'、'uniform'、'cluster' 和一个三维矩阵Matrix。'sample' 表示随机采样，'uniform' 表示随机均匀采样，'cluster' 表示采用10%的原始样本聚类形成的中心，它的初始化中心方法为 'sample'。三维矩阵第一维为类的个数，第二维为类的维度，第三维为类的迭代次数。这个三维矩阵将作为初始种子点的位置进行计算。

【例11.2.1】 利用函数kmeans对随机点作K均值聚类。

```
rng default; % for reproducibility
X = [randn(100,2) + ones(100,2);...
     randn(100,2) - ones(100,2)];
opts = statset('Display','final');
[idx,C] = kmeans(X,2,...
```

```
                 'Distance','cityblock',...
                 'Replicates',5,...
                 'Options',opts);

% 显示分类后的点及类中心位置
plot(X(idx = = 1,1),X(idx = = 1,2),'rs','MarkerSize',5)
hold on
plot(X(idx = = 2,1),X(idx = = 2,2),'bo','MarkerSize',5)
plot(C(:,1),C(:,2),'kx',...
'MarkerSize',10,'LineWidth',2)
legend('Cluster 1','Cluster 2',...
    'Location','NW')
title('Cluster Assignments and Centroids');            % 见图 11.2.1
hold off
```

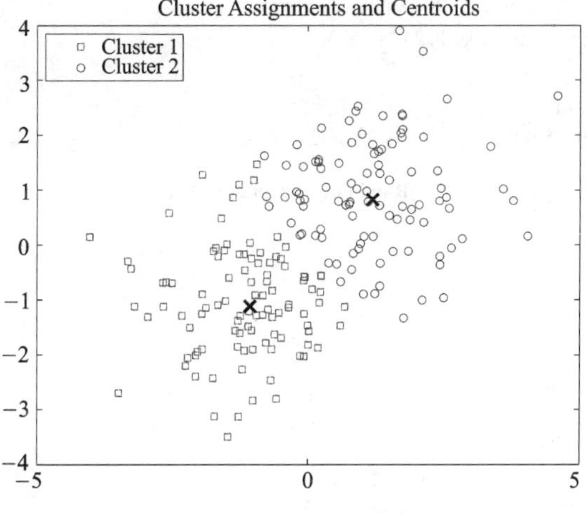

图 11.2.1 K 均值聚类结果

在 MATLAB 中，函数 kmedoids 对应 K 中心聚类算法。函数 kmedoids 在较新的 MATLAB 版本中才有体现。其基本用法如下：

```
idx = kmedoids(X,k)
[idx,C] = kmedoids(...)
[idx,C,sumd] = kmedoids(...)
[idx,C,sumd,D] = kmedoids(...)
[idx,C,sumd,D,midx] = kmedoids(...)
[idx,C,sumd,D,midx,info] = kmedoids(...)
```

(1) X 表示点矩阵，大小为 $m\times n$，m 表示点的个数，n 表示点的维度。k 表示初始分类数。

(2) idx 表示各点对应的索引。

(3) C 表示中心位置，大小为 $k\times n$。

(4) sumd 表示各个类的类内距离和，大小为 $k\times 1$。

(5) D 表示各点与各中心的距离，大小为 $n\times k$。

(6) midx 表示中心点索引，为各个类中心对应在所有点中的索引，大小为 $k\times 1$。同时满足 C = X(midx)。

(7) info 为一个结构体，表示执行算法采用的选项。

(8) 关于函数 kmedoids 的几种常用的特定字符串及取值的说明如下：

① 'Algorithm' 表示算法类型，有 'pam'、'small'、'clara'、'large' 几种不同的方法。

② 'Distance' 表示距离测度，包含 'sqeuclidean'（default）、'euclidean'、'seuclidean'、'cityblock'、'minkowski'、'chebychev'、'mahalanobis'、'cosine'、'correlation'、'spearman'、'hamming'、'jaccard' 及自适应距离函数。同样也支持函数 pdist 定义的距离测度。

③ 'Options' 表示选项，通过函数 statset 获得结构体进行输入。可以选择是否显示、最大迭代次数等基本选项设置。

④ 'Replicates' 表示重复数，即计算重复次数，保证多次计算的最优结果。

⑤ 'Start' 表示初始中心的选取。默认方式为 'plus'（default），表示采用 k－means＋＋algorithm，还有采样方式 'sample'、10％子集聚类方式 'cluster' 和输入初始矩阵方式 'matrix'。

【例 11.2.2】 利用函数 kmedoids 对随机点作 K 中心聚类。

```
%为了可重现，使用默认的随机种子
rng('default'); % For reproducibility
X = [randn(100,2) * 0.75 + ones(100,2);
    randn(100,2) * 0.55 - ones(100,2)];
figure;
plot(X(:,1),X(:,2),'.');
title('Randomly Generated Data');      %见图 11.2.2
```

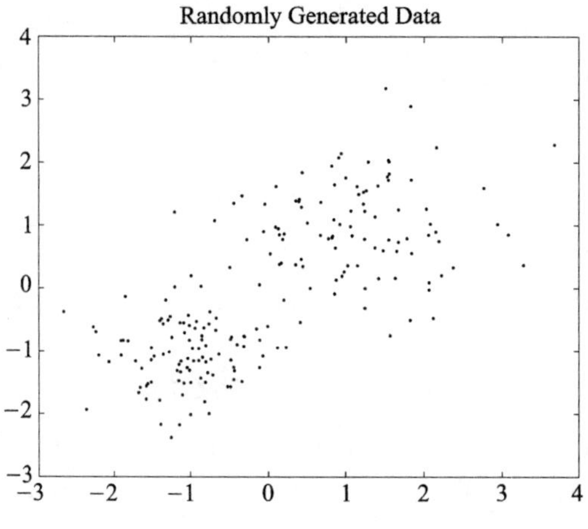

图 11.2.2 生成随机数据

```
opts = statset('Display','iter');
[idx,C,sumd,d,midx,info] = ...
kmedoids(X,2,'Distance','cityblock','Options',opts);

rep    iter        sum
1       1        209.856
1       2        209.856
Best total sum of distances = 209.856
info =
         algorithm: 'pam'
             start: 'plus'
          distance: 'cityblock'
        iterations: 2
    bestReplicate: 1

figure;
```

若您对此书内容有任何疑问，可以凭在线交流卡登录MATLAB中文论坛与作者交流。

```
plot(X(idx = = 1,1),X(idx = = 1,2),'r.','MarkerSize',7)
hold on
plot(X(idx = = 2,1),X(idx = = 2,2),'bx','MarkerSize',7)
plot(C(:,1),C(:,2),'co',...
    'MarkerSize',7,'LineWidth',1.5)
legend('Cluster 1','Cluster 2','Medoids',...
      'Location','NW');
title('Cluster Assignments and Medoids');          % 见图 11.2.3
hold off
```

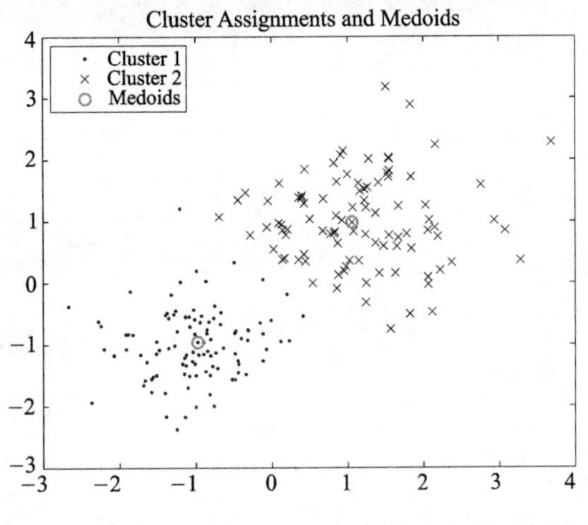

图 11.2.3　K 中心聚类结果

MATLAB 在应用举例中还提供了一种有趣的实验，采用的是蘑菇数据集，用于机器学习。这个数据集通过 22 种不同维度的描述，对 8 124 种蘑菇进行评价。例如，对于蘑菇伞盖的评价就有钟形 'b' 和圆锥形 'c'；对于蘑菇颜色的评价有粉红 'p' 和棕色 'b'。当然，蘑菇数据集也包括了对蘑菇是否有毒的评价。接下来就是要通过对蘑菇评价的 K 中心分类，采用非监督学习的方式，判断蘑菇是否有毒。

【例 11.2.3】　利用蘑菇不同的特征聚类，判断蘑菇是否有毒。

```
clear all   % 清除之前的数据，读数据集
data = readtable('agaricus - lepiota.txt',...
    'ReadVariableNames',false);

data(1:5,1:10)   % 显示数据集中的 5 行 10 列的结果
ans =
    Var1      Var2      Var3      Var4      Var5      Var6      Var7      Var8      Var9      Var10
  ____      ____      ____      ____      ____      ____      ____      ____      ____      ____
    'p'       'x'       's'       'n'       't'       'p'       'f'       'c'       'n'       'k'
    'e'       'x'       's'       'y'       't'       'a'       'f'       'c'       'b'       'k'
    'e'       'b'       's'       'w'       't'       'l'       'f'       'c'       'b'       'n'
    'p'       'x'       'y'       'w'       't'       'p'       'f'       'c'       'n'       'n'
    'e'       'x'       's'       'g'       'f'       'n'       'f'       'w'       'b'       'k'

labels = data(:,1);   % 将第一列是否有毒记录在 labels 中，并将是否有毒数字化
labels = categorical(labels{:,:});
data(:,1) = [];   % 删除数据集中的是否有毒

% 设置 22 种描述的变量名称
```

```
VarNames = {'cap_shape' 'cap_surface' 'cap_color' 'bruises' 'odor' ...
    'gill_attachment' 'gill_spacing' 'gill_size' 'gill_color' ...
    'stalk_shape' 'stalk_root' 'stalk_surface_above_ring' ...
    'stalk_surface_below_ring' 'stalk_color_above_ring' ...
    'stalk_color_below_ring' 'veil_type' 'veil_color' 'ring_number' ....
    'ring_type' 'spore_print_color' 'population' 'habitat'};

data.Properties.VariableNames = VarNames;

sum(char(data{:,:}) = = '? ')   %计算数据集中缺失描述数量
ans =
        2480

data(:,11) = [];  %缺失的描述都来自 11 列的变量 (stalk_root),所以移除数据集的 11 列

cats = categorical(data{:,:});   %将所有描述都数字化
data = double(cats);
pdist2(data(1,:),data(2,:),'hamming')   %海明距离计算第一种蘑菇和第二种蘑菇的差异

%结果为 0.2857,表明两者在 21 种描述中有 6 种不同
ans =
0.2857

rng('default'); %For reproducibility   %保证可重复性,设置默认随机种子

[IDX, C, SUMD, D, MIDX, INFO] = kmedoids(data,2,...    %将数据集分为两类,
'distance','hamming','replicates',3);                   %距离测度选择海明距离,重复计算三次


%Initialize a vector for predicted labels.
%初始化一个预测向量
predLabels = labels;
%Assign group 1 to be poisonous.
%将分类索引 IDX 为 1 的设置为有毒
predLabels(IDX = = 1)  =  categorical({'p'});

%Assign group 2 to be edible.
%将分类索引 IDX 为 2 的设置为无毒
predLabels(IDX = = 2)  =  categorical({'e'});

confMatrix = confusionmat(labels,predLabels)   %计算混淆矩阵

%4208 种有毒蘑菇,正确识别 4176 种,错误识别 32 种
%3916 种无毒蘑菇,正确识别 3100 种,错误识别 816 种
%预测出 4992 种有毒蘑菇,正确预测 4176 种,错误预测 816 种
%预测出 3132 种无毒蘑菇,正确预测 3100 种,错误预测 32 种
confMatrix =
      4176          32
       816        3100

accuracy = ...
(confMatrix(1,1) + confMatrix(2,2))/(sum(sum(confMatrix)))   %计算总体预测正确率

accuracy =
0.8956
```

```
precision =...
confMatrix(1,1) /(confMatrix(1,1) + confMatrix(2,1))    %计算预测毒蘑菇的正确率

precision =
    0.8365
```

11.3　最邻近聚类

最邻近聚类,根据数据集的数量级的不同,最邻近原则不变的前提下,采用了不同的处理策略。一种为穷举的方式,当选取的最邻近点的数量较大时,推荐采用这种方式,对应的 MATLAB 类为 ExhaustiveSearcher;另一种是 K-D 树的方式,通过建立 K 维树的方式,简化查找最邻近点的过程,在 K 取值较小时,效率较高,对应的 MATLAB 类为 KDTreeSearcher。除这两种邻近聚类以外,MATLAB 还提供了函数式调用方法——函数 knnsearch 和 rangesearch。接下来将对其用法一一介绍。

MATLAB 中类 ExhaustiveSearcher 和 KDTreeSearcher 的构造方法很简单,以下格式:

```
Mdl = ExhaustiveSearcher(X)
Mdl = ExhaustiveSearcher(X,Name,Value)
Mdl = KDTreeSearcher(X)
Mdl = KDTreeSearcher(X,Name,Value)
```

(1) X 表示多维点,大小为 $m \times n$,m 表示点的个数,n 表示点的维度。

(2) Name、Value 分别表示函数 ExhastiveSearch 对应的特殊字符串和对应的值。

(3) Name 可以设置的字符串有:

① 'Distance' 表示距离类型。在类 ExhaustiveSearch 中,可以设置的值有很多,如 'euclidean'、'chebychev'、'cityblock'、'correlation'、'cosine'、'hamming'、'jaccard'、'mahalanobis'、'minkowski'、'seuclidean'、'spearman' 以及特定的函数句柄。而在类 KDTreeSearch 中,只包含 'euclidean'、'chebychev'、'cityblock'、'minkowski'。两者的默认方式都为 'euclidean'。

② 'DistParameter' 表示距离大小,为正整数。

③ 'Cov' 表示马氏距离 Mahalanobis 的协方差矩阵。

④ 'P' 表示明氏距离 Minkowski 的指数值。

⑤ 类 KDTreeSearch 多一个特殊字符串,即 'BucketSize',表示树中的每个叶子节点最多的点数量。对应的值为正整数,默认值为 50。

【例 11.3.1】 利用最邻近聚类生成鱼种群聚类模型。

```
load fisheriris
X = meas;
[n,k] = size(X)
n =
   150
k =
     4

Mdl1 = ExhaustiveSearcher(X)
```

```
Mdl =
  ExhaustiveSearcher with properties:
         Distance: 'euclidean'
    DistParameter: []
                X: [150x4 double]
Mdl2 = KDTreeSearcher(X)
Mdl2 =
  KDTreeSearcher with properties:
       BucketSize: 50
         Distance: 'euclidean'
    DistParameter: []
                X: [150x4 double]
```

上面提到的两种类的作用是组织好数据。真正对数据进行分类的函数是函数 knnsearch 或者 rangesearch。函数 knnsearch 可以通过不同的参数设置,采用穷举计算的方式或者K-D树查找方式。函数 knnsearch 和 rangesearch 的基本用法如下:

```
Idx = knnsearch(Mdl,Y)
Idx = knnsearch(Mdl,Y,Name,Value)
[Idx,D] = knnsearch(...)
Idx = rangesearch(Mdl,Y,r)
Idx = rangesearch(Mdl,Y,r,Name,Value)
[Idx,D] = rangesearch(...)
```

(1) Mdl 表示通过类建立的模型结构。

(2) Y 表示提供的特定点。函数需要找出与 Y 中指定的点距离最近,且满足设置参数要求的模型点。

(3) r 表示距离的范围值。与 Y 中的点距离小于 r 的模型点都会被找出来。

(4) Idx 表示模型内点的索引。这些索引对应的点满足离 Y 中的每个点最近,且符合设置的最近原则和参数。

(5)D 表示模型内满足条件的点与 Y 中的每个点的实际距离。

【例 11.3.2】 利用函数 knnsearch 与 rangesearch 比较 K-D 树和穷举聚类结果。

```
%比较 K-D 树方式和穷举方式结果
load fisheriris
rng(1); % For reproducibility
n = size(meas,1);
idx = randsample(n,5);
X = meas(~ismember(1:n,idx),:);      % Training data
Y = meas(idx,:);                     % Query data
MdlKDT = KDTreeSearcher(X)
MdlKDT =
  KDTreeSearcher with properties:
       BucketSize: 50
         Distance: 'euclidean'
    DistParameter: []
                X: [145x4 double]
MdlES = ExhaustiveSearcher(X)
MdlES =
  ExhaustiveSearcher with properties:
         Distance: 'euclidean'
```

```
    DistParameter: []
                X: [145x4 double]
IdxKDT = knnsearch(MdlKDT,Y);
IdxES = knnsearch(MdlES,Y);

[IdxKDT IdxES]   %这里说明两种方式的结果是一致的

ans =
    17    17
     6     6
     1     1
    89    89
   124   124

%计算Y最近的至少两个点
load fisheriris
rng(1);                          % For reproducibility
n = size(meas,1);                % Sample size
qIdx = randsample(n,5);          % Indices of query data
X = meas(~ismember(1:n,qIdx),:);
Y = meas(qIdx,:);
Mdl = KDTreeSearcher(X,'Distance','minkowski')
Idx = knnsearch(Mdl,Y,'K',2)

Idx =
    17     4
     6     2
     1    12
    89    66
   124   100

%计算离Y最近的至少7个点
load fisheriris
rng(4);                          % For reproducibility
n = size(meas,1);                % Sample size
qIdx = randsample(n,5);          % Indices of query data
X = meas(~ismember(1:n,qIdx),:);
Y = meas(qIdx,:);
Mdl = KDTreeSearcher(X);
[Idx,D] = knnsearch(Mdl,Y,'K',7,'IncludeTies',true);

%计算索引中点编号数量
(cellfun('length',Idx))'
ans =
    8 7 7 7 7

%距离Y中第一个点最近的包含了8个点,查看这些点的编号和距离
nn5 = Idx{1}
nn5d = D{1}
nn5 =
    91    98    67    69    71    93    88    95

nn5d =
  Columns 1 through 7
0.1414    0.2646    0.2828    0.3000    0.3464    0.3742    0.3873
```

若您对此书内容有任何疑问,可以凭在线交流卡登录MATLAB中文论坛与作者交流。

```
  Column 8
0.3873

%计算范围查找K-D树方式和穷举方式
load fisheriris
rng(1); % For reproducibility
n = size(meas,1);
idx = randsample(n,5);
X = meas(~ismember(1:n,idx),3:4);        % Training data
Y = meas(idx,3:4);                       % Query data
MdlKDT = KDTreeSearcher(X)
MdlKDT =
  KDTreeSearcher with properties:
       BucketSize: 50
         Distance: 'euclidean'
    DistParameter: []
                X: [145x2 double]
MdlES = ExhaustiveSearcher(X)
MdlES =
  ExhaustiveSearcher with properties:
         Distance: 'euclidean'
    DistParameter: []
                X: [145x2 double]
r = 0.15; % Search radius
IdxKDT = rangesearch(MdlKDT,Y,r);
IdxES = rangesearch(MdlES,Y,r);

%判断结果是否一致
[IdxKDT IdxES]
ans =
    [1x27 double]    [1x27 double]
    [         13]    [         13]
    [1x27 double]    [1x27 double]
    [1x2  double]    [1x2  double]
    [1x0  double]    [1x0  double]

(cellfun(@isequal,IdxKDT,IdxES))'
ans =
     11111

%显示最邻近聚类结果
setosaIdx = strcmp(species(~ismember(1:n,idx)),'setosa');
XSetosa = X(setosaIdx,:);
ySetosaIdx = strcmp(species(idx),'setosa');
YSetosa = Y(ySetosaIdx,:);
figure;
plot(XSetosa(:,1),XSetosa(:,2),'.k');
hold on;
plot(YSetosa(:,1),YSetosa(:,2),'*r');
for j = 1:sum(ySetosaIdx);
    c = YSetosa(j,:);
    circleFun = @(x1,x2)r^2 - (x1 - c(1)).^2 - (x2 - c(2)).^2;
    ezplot(circleFun,[c(1) + [-1 1]*r, c(2) + [-1 1]*r])
end
xlabel 'Petal length (cm)';
```

```
ylabel 'Petal width (cm)';
title 'Setosa Petal Measurements';         %见图 11.3.1
legend('Observations','Query Data','Search Radius');
axis equal
hold off
```

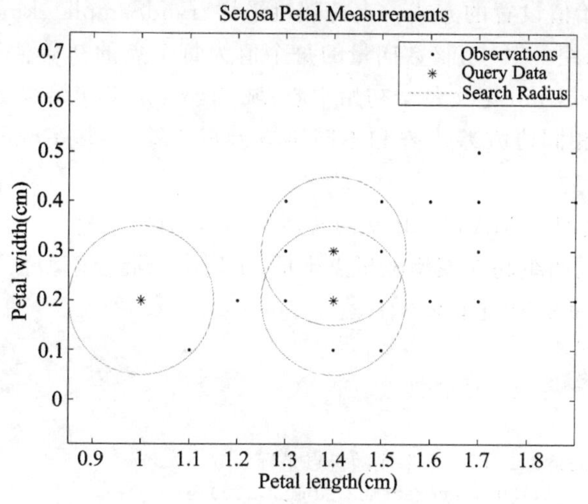

图 11.3.1　最邻近聚类结果

从结果上看两者的差异很小，说明对于该数据，K－D 树和穷举法结果一致。从最邻近的算法角度考虑，K－D 树的开销更少，但对于某些特定情况，穷举法也是不可或缺的。

11.4　高斯混合模型

高斯混合模型的思想是将数据集中的点（通常是二维数据点）视为多个正态分布，也就是高斯函数，互相线性叠加的结果。通过估计各个高斯函数的中心位置和标准差，拟合数据集中的点分布，进而确定各个点对应的高斯函数中心，划归于对应的类。其用法如下：

```
GMModel = fitgmdist(X,k)
GMModel = fitgmdist(X,k,Name,Value)
```

（1）X 表示输入点 $m \times n$ 矩阵，m 表示点个数，n 表示点维度。

（2）k 表示高斯混合模型数，为正整数。

（3）Name、Value 分别表示函数对应的特殊字符串以及对应值。这些特殊字符串可以有以下形式：

① 'CovarianceType' 表示协方差类型，用于拟合数据，方式有满矩阵型 'full' 和对角型 'diagonal' 两种。默认为 'full'。

② 'RegularizationValue' 表示正则化值，为正整数，默认值为 0.1。设置正则化参数为较小的正数，可以确保估计的协方差矩阵是正定的。

③ 'Options' 表示选择项，采用函数 statset 生成的结构体进行赋值。这里函数 statset 可以选择 'Display'、'MaxIter'、'TolFun' 作为选择项。'Display' 表示是否显示中间步骤和结果，可设置为 'final'（显示最后结果）、'iter'（显示迭代结果）、'off'（不显示）。'MaxIter' 表示最大迭代次数，默认值为 100。'TolFun' 表示对数似然函数值，为正数，默认值为 1e－6。

④ 'Replicates' 表示重复计算次数。默认值为1。每次重复时,函数会采用新的初始值计算,最终结果采用最大对数似然函数结果。

⑤ 'SharedCovarience' 表示是否共享同一个协方差矩阵,为一个逻辑值。设置为 'true' 时,所有协方差矩阵相同;反之不同。

⑥ 'Start' 表示初始值设置的方式。支持随机采样 'randSample'、kmeans++算法 'plus'、整数向量以及结构体数组。其中,整数向量的每个值为每个点的初始估计分量。结构体数组必须包含三个部分域。域 mu 定义各个初始中心;域 Sigma 定义初始点额协方差矩阵,支持全矩阵和对角矩阵输入,相同协方差矩阵和不同协方差矩阵输入;域 Component Proportion 定义混合比例。

下面是高斯混合模型在 MATLAB 帮助文档中的举例说明。

【例 11.4.1】 生成两组高斯模型随机点坐标,采用高斯混合模型估计。

```
mu1 = [1 2];  % 设置 2 个中心位置和标准差
Sigma1 = [2 0; 0 0.5];
mu2 = [-3 -5];
Sigma2 = [1 0;0 1];

rng(1); % For reproducibility  % 生成随机点坐标
X = [mvnrnd(mu1,Sigma1,1000);mvnrnd(mu2,Sigma2,1000)];
GMModel = fitgmdist(X,2);  % 估计高斯混合模型

figure  % 显示点位及高斯混合模型结果
y = [zeros(1000,1);ones(1000,1)];
h = gscatter(X(:,1),X(:,2),y,'br','xo');
hold on
ezcontour(@(x1,x2)pdf(GMModel,[x1 x2]),get(gca,{'XLim','YLim'}))
title('{\bf Scatter Plot and Fitted Gaussian Mixture Contours}')
      legend(h,'Model 0','Model 1')      % 见图 11.4.1
hold off
```

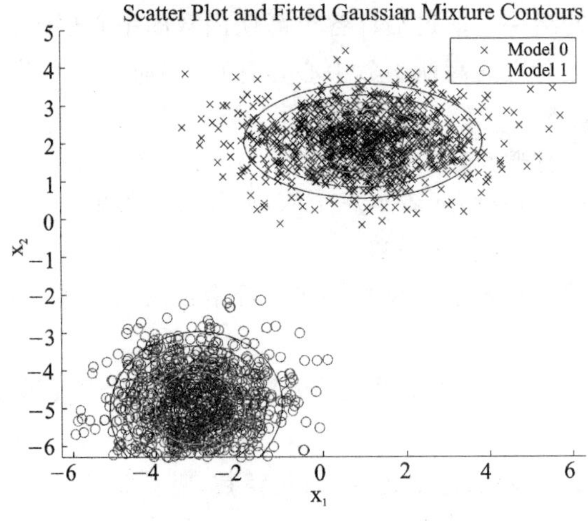

图 11.4.1 显示高斯混合结果

【例 11.4.2】 生成两组高斯随机点坐标,破坏其中一组点坐标,采用高斯混合模型估计。

若您对此书内容有任何疑问,可以凭在线交流卡登录MATLAB中文论坛与作者交流。

```
mu1 = [1 2];  %设置2个中心位置和标准差
Sigma1 = [1 0; 0 1];
mu2 = [3 4];
Sigma2 = [0.5 0; 0 0.5];
rng(1); % For reproducibility  %生成随机点位置
X1 = [mvnrnd(mu1,Sigma1,100);mvnrnd(mu2,Sigma2,100)];
X = [X1,X1(:,1) + X1(:,2)];  %其中一组与另一组点位置相加,破坏原始的高斯模型
rng(1); % Reset seed for common start values
try
    GMModel = fitgmdist(X,2)
catch exception
    disp('There was an error fitting the Gaussian mixture model')
    error = exception.message
end

%提示出错
There was an error fitting the Gaussian mixture model
error =
     Ill - conditioned covariance created at iteration 2.

%使用正则化参数,找出混合的高斯模型成分及各自均值和标准差
rng(1); % Reset seed for common start values
GMModel = fitgmdist(X,2,'RegularizationValue',0.1)
GMModel =
Gaussian mixture distribution with 2 components in 3 dimensions
Component 1:
Mixing proportion: 0.507057
Mean:     0.9767     2.0130     2.9897
Component 2:
Mixing proportion: 0.492943
Mean:     3.1030     3.9544     7.0574
```

【例 11.4.3】 将高斯混合模型应用到物种分类。

```
load fisheriris
classes = unique(species)
classes =
    'setosa'
    'versicolor'
    'virginica'

%用PCA方法降低原始数据集中的维度,形成二维数据
[~,score] = pca(meas,'NumComponents',2);
GMModels = cell(3,1); % Preallocation
options = statset('MaxIter',1000);  %最大迭代次数
rng(1); % For reproducibility

%分别采用1、2、3个高斯模型数,估计模型
for j = 1:3
    GMModels{j} = fitgmdist(score,j,'Options',options);
    fprintf('\n GM Mean for %i Component(s)\n',j)
    Mu = GMModels{j}.mu
end

%输出的结果
```

```
GM Mean for 1 Component(s)
Mu =
   1.0e-14 *
-0.2946   -0.0868
GM Mean for 2 Component(s)
Mu =
    1.3212   -0.0954
   -2.6424    0.1909
GM Mean for 3 Component(s)
Mu =
    1.9642    0.0062
   -2.6424    0.1909
    0.4750   -0.2292

%显示图形结果
figure;
for j = 1:3
    subplot(2,2,j)
    gscatter(score(:,1),score(:,2),species)
    h = gca;
    hold on
    % ezcontour(@(x1,x2)pdf(GMModels{j},[x1 x2]),...
    % [h.XLim h.YLim],100)
    ezcontour(@(x1,x2) pdf(GMModels{j},[x1 x2]),get(h,{'XLim','YLim'}))
    title(sprintf('GM Model - %i Component(s)',j));
    xlabel('1st principal component');
    ylabel('2nd principal component');     %见图 11.4.2
    if(j ~= 3)
        legend off;
    end
    hold off
end
g = legend;
% g.Position = [0.7 0.25 0.1 0.1];
set(g,'Position',[0.7,0.25,0.1,0.1])
```

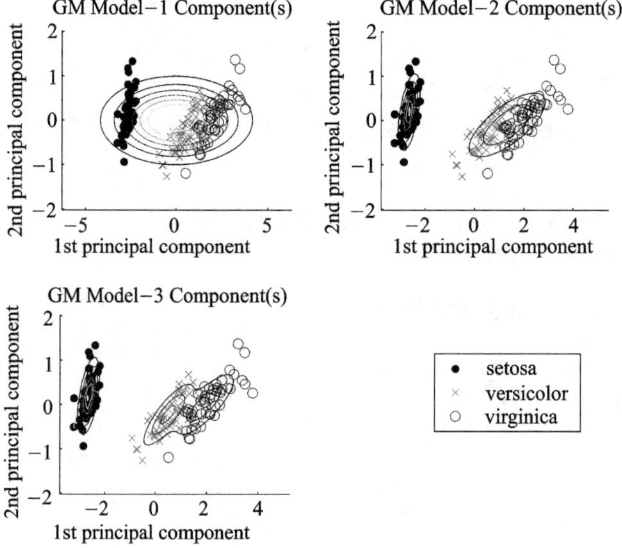

图 11.4.2　高斯混合模型分类结果

在 MATLAB 中，高斯混合模型除了提供了估计和拟合高斯混合模型外，还提供了高斯混合模型类，以及判断点集属于高斯混合模型的后验概率计算。

MATLAB 类 gmdistribution 可以通过给定具体的中心位置和协方差，生成多个高斯函数的混合模型。其用法如下：

```
obj = gmdistribution(mu,sigma,p)
```

(1) mu 为 $m\times n$ 矩阵，m 为高斯函数个数，n 为高斯函数维度。

(2) sigma 有全矩阵形式和对角矩阵形式，不同协方差矩阵的全矩阵形式为 $m\times m\times n$，相同协方差矩阵的全矩阵形式为 $m\times m$，不同协方差的对角矩阵形式为 $1\times m\times n$，相同协方差的对角矩阵形式为 $1\times m$。

(3) p 是各个高斯模型的混合分量，大小为 $1\times m$，是一个可选项。如果 p 中的元素之和不为 1，函数会将其归一化。默认为均匀分布。

(4) obj 为高斯混合模型类对象。

以下是函数 gmdistribution 在 MATLAB 帮助文档中的使用举例。

【例 11.4.4】 用函数 gmdistribution 生成高斯混合模型。

```
mu =[1 2;-3 -5];
sigma = cat(3,[2 0;0 0.5],[1,0;0,1]);
p = ones(1,2)/2;
obj = gmdistribution(mu,sigma,p);
ezsurf(@(x,y)pdf(obj,[x,y]),[-10,10],[-10,10])      %见图 11.4.3
```

函数 posterior 用于计算点集属于高斯模型的后验概率。其用法如下：

```
P = posterior(obj.X)
[P,nlogl] = posterior(obj,X)
```

(1) obj 表示高斯混合模型类对象，X 为观测点坐标，大小为 $m\times n$，m 为点个数，n 为维度，与高斯混合模型维度一致。

(2) P 表示各个点对应各个高斯混合模型的后验概率，大小为 $m\times k$，k 为高斯混合模型中分量数。

(3) nlogl 表示数据的负对数似然。

【例 11.4.5】 用函数 posterior 计算高斯混合模型后验概率。

```
MU1 = [2,2];
SIGMA1 = [2,0;0,2];
MU2 = [-2,-1];
SIGMA2 = [1,0;0,1];
rng(1);  %For reproducibility

%随机生成多个高斯分布点坐标
X = [mvnrnd(MU1,SIGMA1,1000);mvnrnd(MU2,SIGMA2,1000)];
scatter(X(:,1),X(:,2),10,'.');      %见图 11.4.4

%拟合高斯混合模型,显示等值线图
hold on;
obj = fitgmdist(X,2);
h = ezcontour(@(x,y)pdf(obj,[x,y]),[-8,6],[-8,6]);      %见图 11.4.5
```

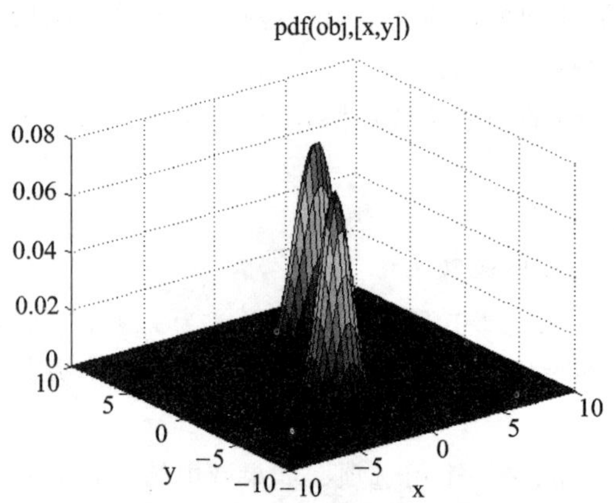

图 11.4.3　高斯混合模型分类结果

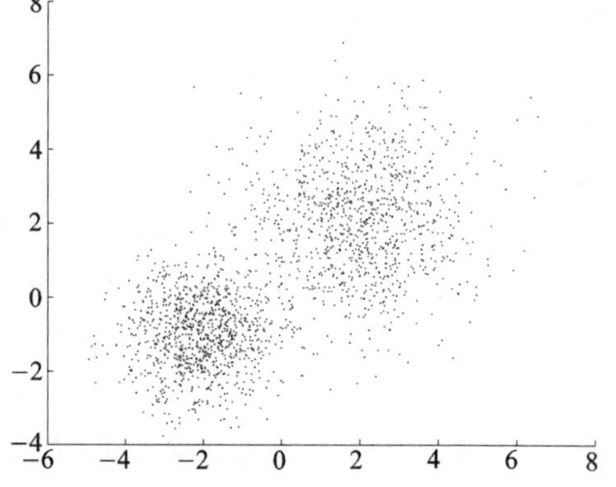

图 11.4.4　随机生成多个高斯分布点坐标

```
%利用拟合高斯混合模型,计算后验概率
P = posterior(obj,X);

%显示各个点属于高斯混合模型第一分量的后验概率
delete(h);
scatter(X(:,1),X(:,2),10,P(:,1))
hb = colorbar;
ylabel(hb,'Comonent 1 Probability')      %见图 11.4.6
```

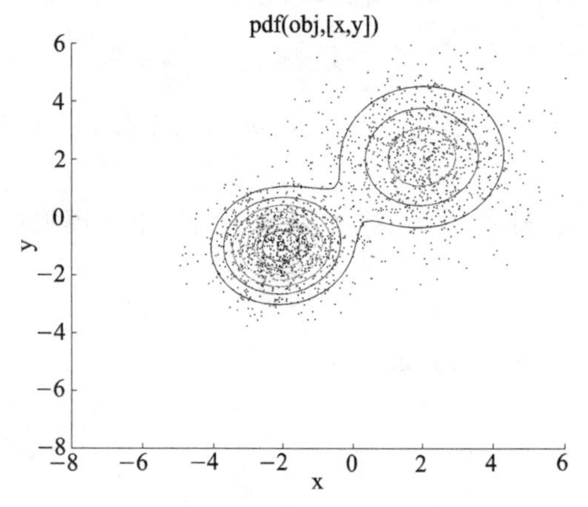

图 11.4.5　拟合高斯混合模型,显示等值线图

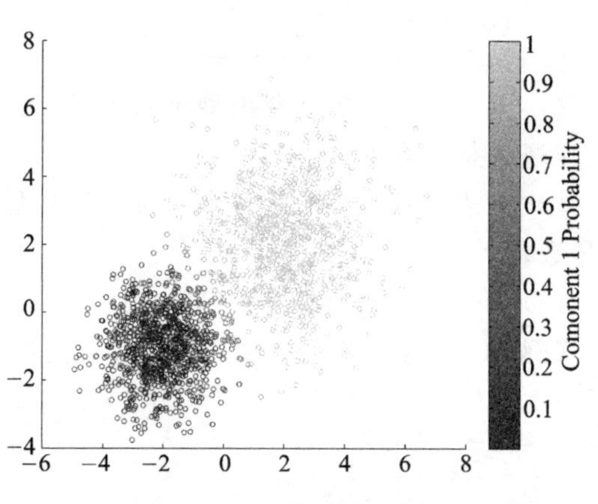

图 11.4.6　高斯混合模型后验概率

11.5　隐式马尔可夫模型

隐式马尔可夫模型(Hidden Markov Models,HMM)是一个在观测到序列输出后,但不清楚序列状态的模型。通过分析观测数据,依据隐式马尔可夫模型,恢复序列状态的过程。不妨通过 MATLAB 帮助文档中的一个简单游戏说明解释隐式马尔可夫模型。

假设有两个骰子:一个是红色的骰子,有 6 面,每一面对应的数字为 1～6;另一个是绿色的骰子,有 12 面,其中有 7 面对应的是数字 1,另外 5 面对应的数字为 2～6。此外,还有两个加权的硬币,也是一个红色和一个绿色。红色的硬币有 0.9 的概率正面朝上,0.1 的概率背面朝上。绿色的硬币有 0.95 的概率正面朝上，0.05 的概率背面朝上。接下来的游戏规则是，首先掷红色的骰子，记录下其对应的数字和骰子的颜色，然后抛掷红色的硬币，如果正面朝上，就继续掷对应颜色的骰子，如果背面朝上，就抛掷绿色的骰子。每次掷骰子后都记录对应的数字和颜色。

这个过程并不是隐式马尔可夫模型，因为所有的状态、输出都已经明确，没有被隐藏。但通过这个过程可以了解隐式马尔可夫模型的一些关键组成部分。其中，骰子的颜色是模型的状态，数字是模型状态对应的输出。不同的输出对应其相应状态的概率。而状态之间也可能互相转换，游戏中是通过相同颜色的加权硬币进行的。

在提到的游戏中，状态的转换矩阵就是 TRANS = [0.9,0.1; 0.05,0.95]，输出矩阵则是 EMIS = [1/6, 1/6, 1/6, 1/6, 1/6, 1/6; 7/12, 1/12, 1/12, 1/12, 1/12, 1/12]。不通过转换矩阵和输出矩阵，随机试验可以获得很多输出序列和状态序列。隐式马尔可夫模型就是研究转换矩阵、输出矩阵与输出序列和状态序列之间关系，并计算其中的统计概率。

在 MATLAB 中提供了隐式马尔可夫模型的 5 种函数用法。它们分别是函数 hmmgenerate、hmmestimate、hmmtrain、hmmviterbi 和 hmmdecode。

函数 hmmgenerate 根据给定序列长度、转换矩阵、输出矩阵，生成一个满足条件的随机输出序列和状态序列。其用法如下：

```
[seq,states] = hmmgenerate(len,TRANS,EMIS)
hmmgenerate(...,'Symbols',SYMBOLS)
hmmgenerate(...,'Statenames',STATENAMES)
```

函数 hmmestimate 根据给定的输出序列和状态序列，估计转换矩阵和输出矩阵，与 hmmgenerate 的用法相反。其用法如下：

```
[TRANS,EMIS] = hmmestimate(seq,states)
hmmestimate(...,'Symbols',SYMBOLS)
hmmestimate(...,'Statenames',STATENAMES)
hmmestimate(...,'Pseudoemissions',PSEUDOE)
hmmestimate(...,'Pseudotransitions',PSEUDOTR)
```

函数 hmmtrain 根据给定的输出序列、初始转换矩阵、初始输出矩阵，估计最可能的转换矩阵和输出矩阵。其用法如下：

```
[ESTTR,ESTEMIT] = hmmtrain(seq,TRGUESS,EMITGUESS)
hmmtrain(...,'Algorithm',algorithm)
hmmtrain(...,'Symbols',SYMBOLS)
hmmtrain(...,'Tolerance',tol)
hmmtrain(...,'Maxiterations',maxiter)
hmmtrain(...,'Verbose',true)
hmmtrain(...,'Pseudoemissions',PSEUDOE)
hmmtrain(...,'Pseudotransitions',PSEUDOTR)
```

函数 hmmviterbi 根据给定的输出序列、转换矩阵、输出矩阵，计算最大可能的状态序列。其用法如下：

```
STATES = hmmviterbi(seq,TRANS,EMIS)
hmmviterbi(...,'Symbols',SYMBOLS)
hmmviterbi(...,'Statenames',STATENAMES)
```

函数 hmmdecode 根据给定的输出序列、转换矩阵、输出矩阵，计算序列中各个状态的后验概率。其用法如下：

```
PSTATES = hmmdecode(seq,TRANS,EMIS)
[PSTATES,logpseq] = hmmdecode(...)
[PSTATES,logpseq,FORWARD,BACKWARD,S] = hmmdecode(...)
hmmdecode(...,'Symbols',SYMBOLS)
```

这些用法有很多共同的部分，说明如下：

(1) len 表示序列的长度。

(2) TRANS 表示状态转换矩阵，EMIS 表示状态输出矩阵。

(3) seq 表示输出序列，states、STATES 表示状态序列。

(4) ESTTR 表示估计的状态转换矩阵，ESTEMIT 表示估计的状态结果矩阵。

(5) TRGUESS 表示初始的状态转换矩阵，EMITGUESS 表示初始的状态输出矩阵。

(6) PSTATES 表示序列中每个输出对应状态的概率。

(7) SYMBOLS 表示输出不采用默认数字编号记录，采用 SYMBOLS 中的内容标记。

(8) STATENAMES 表示状态不采用默认数字编号记录，采用 STATENAMES 中的内容标记。

(9) PSEUDOE 表示伪计数的输出矩阵，大小为 $m \times n$，m 表示状态数，n 表示状态的输出数。

(10) PSEUDOTR 表示伪计数的转换矩阵，大小为 $m \times m$，m 表示状态数。

(11) tol 表示迭代估计过程中的测试收敛阈值，默认值为 1e-4。

(12) maxiter 表示最大迭代次数，默认值为 100。

(13) 'Verbose' 为 true 表示返回每次迭代的算法状态。

【例 11.5.1】 使用隐式马尔可夫模型估计序列信息。

```
%根据转换矩阵和输出矩阵，生成一个输出序列和状态序列
TRANS = [0.9 0.1; 0.05 0.95;]
EMIS = [1/6, 1/6, 1/6, 1/6, 1/6, 1/6;...
7/12, 1/12, 1/12, 1/12, 1/12, 1/12]
TRANS =
0.9000    0.1000
0.0500    0.9500
EMIS =
0.1667    0.1667    0.1667    0.1667    0.1667    0.1667
0.5833    0.0833    0.0833    0.0833    0.0833    0.0833
[seq,states] = hmmgenerate(1000,TRANS,EMIS);
%根据输出序列和状态序列，估计转换矩阵和输出矩阵
[TRANS_EST, EMIS_EST] = hmmestimate(seq, states)
TRANS_EST =
0.8989    0.1011
0.0585    0.9415
EMIS_EST =
0.1721    0.1721    0.1749    0.1612    0.1803    0.1393
0.5836    0.0741    0.0804    0.0789    0.0726    0.1104
%由输出序列、初始转换矩阵、初始输出矩阵，估计最可能的转换矩阵和输出矩阵
TRANS_GUESS = [0.85 0.15; 0.1 0.9];
EMIS_GUESS = [0.17 0.16 0.17 0.16 0.17 0.17;0.6 0.08 0.08 0.08 0.08 0.08];
[TRANS_EST2, EMIS_EST2] = hmmtrain(seq, TRANS_GUESS, EMIS_GUESS)
TRANS_EST2 =
0.2286    0.7714
```

```
0.0032    0.9968
EMIS_EST2 =
0.1436    0.2348    0.1837    0.1963    0.2350    0.0066
0.4355    0.1089    0.1144    0.1082    0.1109    0.1220
%根据输出序列、转换矩阵、输出矩阵,估计最可能的状态序列
likelystates = hmmviterbi(seq, TRANS, EMIS);
%根据输出矩阵、转换矩阵、输出矩阵,计算序列中输出的所有状态后验概率
pStates = hmmdecode(seq, TRANS, EMIS);
```

11.6 聚类评价

在 MATLAB 中除了提供聚类方法外,还提供了聚类评价函数,用来评价聚类结果的好坏。一般用作对非监督法不同分类数量的评价,以判断分类结果最佳的类个数。

MATLAB 提供了 4 种分类评价方法类。这些分类评价类采用了不同的评价准则和策略。这 4 种评价类都是通过函数 evalclusters 进行创建的。公共函数 evalclusters 通过设置不同的参数,实现不同的调用评价方法。此外,还有函数 addK、compact、increaseB、plot,分别针对 evalclusters 的结果进行额外处理。它们的用法如下:

```
eva = evalclusters(x,clust,criterion)
eva = evalclusters(x,clust,criterion,Name,Value)
eva_out = addK(eva,klist)
c = compact(eva)
eva_out = increaseB(eva,,nref)
plot(eva)
h = plot(eva)
```

(1) x 表示数据集,为矩阵形式,大小为 $m \times n$,m 表示观测个数,n 表示变量个数。

(2) clust 表示聚类方法字符串,可以选择的方式有 'kmeans'、'linkage'、'gmdistribution' 以及聚类矩阵、函数句柄。当 criterion 设置为 'CalinskHarabasz'、'DaviesBouldin' 和 'silhouette' 时,可以设置为聚类矩阵和函数句柄。

(3) criterion 表示评价方法字符串,可以选择的方式有 'CalinskHarabasz'、'DaviesBouldin'、'gap'、'silhouette'。

(4) klist 表示增加的分类个数,为 $1 \times n$ 向量。

(5) nref 表示参数 B 增加的数量。

(6) eva 表示类对象,根据评价方法、类对象类型的不同,一共有四种不同类型。eva_out、c 与 eva 相同。c 表示经过数据压缩后的类对象,在存储空间上会更小。

(7) h 为显示图像的句柄。

当函数 evalclusters 选择了不同的评价方法时,还存在一些特殊的 Name、Value 用法:

① 评价方法 criterion 选择 'Silhouette' 和 'Gap' 时,还有额外参数使用,例如:'Distance' 表示距离测度与函数 pdist 的测度相一致,包含了 'sqEuclidean'、'Euclidean'、'cityblock'、'cosine'、'correlation'、'Hamming'、'jaccard'。

② 评价方法 criterion 选择 'Silhouette' 时,还有额外参数使用,例如:'ClusterPriors' 表示各个类的优先概率,可以选择 'empirical'、'equal',默认方式为 'empirical'。

③ 评价方法 criterion 选择选择 'Gap' 时,还有额外参数使用。例如:'B' 表示参考数据集个数,默认值为 100;'ReferenceDistribution' 表示参考数据集生成方法,可以选择 'PCA'、'uniform',默认方式为 'PCA'。'SearchMethod' 表示选择最优类数量的方法,可以选择

'globalMaxSE'、'firstMaxSE',默认方法为 'globalMaxSE'。

【例 11.6.1】 采用聚类关键词生成聚类评价类对象。

```
load fisheriris;
rng('default');  % For reproducibility
eva = evalclusters(meas,'kmeans','CalinskiHarabasz','KList',[1:6])
eva =
  CalinskiHarabaszEvaluation with properties:
    NumObservations: 150
       InspectecedK: [1 2 3 4 5 6]
    CriterionValues: [1x6 double]
           OptimalK: 3
```

【例 11.6.2】 采用聚类矩阵生成聚类评价类对象。

```
load fisheriris;
clust = zeros(size(meas,1),6);
for i = 1:6
clust(:,i) = kmeans(meas,i,'emptyaction','singleton',...
        'replicate',5);
end
eva = evalclusters(meas,clust,'CalinskiHarabasz')
eva =
  CalinskiHarabaszEvaluation with properties:
    NumObservations: 150
         InspectedK: [1 2 3 4 5 6]
    CriterionValues: [NaN 513.9245 561.6278 530.7658 459.5058 473.6577]
           OptimalK: 3
```

【例 11.6.3】 采用函数句柄生成聚类评价类对象。

```
load fisheriris;
myfunc = @(X,K)(kmeans(X, K, 'emptyaction','singleton',...
    'replicate',5));
eva = evalclusters(meas,myfunc,'CalinskiHarabasz',...
    'klist',[1:6])
eva =
  CalinskiHarabaszEvaluation with properties:
    NumObservations: 150
         InspectedK: [1 2 3 4 5 6]
    CriterionValues: [NaN 513.9245 561.6278 530.7658 459.5058 473.6577]
           OptimalK: 3
```

【例 11.6.4】 增加类个数,生成新的聚类评价类对象。

```
load fisheriris;
eva = evalclusters(meas,'kmeans','calinski','klist',1:5)
eva =
  CalinskiHarabaszEvaluation with properties:
    NumObservations: 150
         InspectedK: [1 2 3 4 5]
    CriterionValues: [NaN 513.9245 561.6278 530.7658 459.5058]
           OptimalK: 3
eva = addK(eva,6:10)
eva =
  CalinskiHarabaszEvaluation with properties:
```

```
    NumObservations: 150
        InspectedK: [1 2 3 4 5 6 7 8 9 10]
    CriterionValues: [1x10 double]
          OptimalK: 3
```

【例 11.6.5】 压缩聚类评价类对象。

```
load fisheriris;
rng('default');   % For reproducibility
eva = evalclusters(meas,'kmeans','Gap','KList',[1:6])
eva =
  GapEvaluation with properties:
    NumObservations: 150
      InspectecedK: [1 2 3 4 5 6]
    CriterionValues: [0.0747 0.5906 0.8737 1.0055 1.0466 0.9848]
          OptimalK: 4
c = compact(eva)
c =
  GapEvaluation with properties:
    NumObservations: 150
      InspectecedK: [1 2 3 4 5 6]
    CriterionValues: [0.0747 0.5906 0.8737 1.0055 1.0466 0.9848]
          OptimalK: 4
```

【例 11.6.6】 增加参数 B,生成新的聚类评价类对象。

```
load fisheriris;
eva = evalclusters(meas,'kmeans','gap','klist',1:5,'B',50)
eva =
  GapEvaluation with properties:
    NumObservations: 150
        InspectedK: [1 2 3 4 5]
    CriterionValues: [0.0848 0.5920 0.8750 1.0044 1.0462]
          OptimalK: 5
eva.B
ans =
    50
eva = increaseB(eva,50)
eva =
  GapEvaluation with properties:
    NumObservations: 150
        InspectedK: [1 2 3 4 5]
    CriterionValues: [0.0824 0.5899 0.8742 1.0044 1.0463]
          OptimalK: 4
eva.B
ans =
   100
```

【例 11.6.7】 显示聚类评价类对象。

```
load fisheriris;
rng('default');   % For reproducibility
eva = evalclusters(meas,'kmeans','CalinskiHarabasz','KList',[1:6]);
figure;
plot(eva);    %见图 11.6.1
```

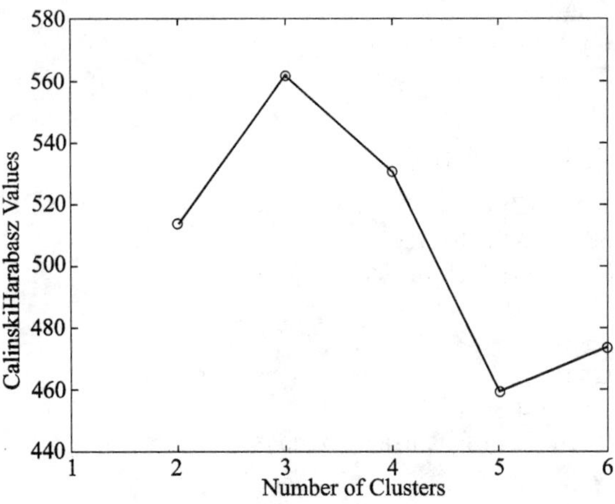

图 11.6.1 K均值聚类后 CalinskiHarabasz 方法评价

11.7 本章小结

本章主要介绍了关于非监督法分类的几种常见方法，包括分层聚类、K均值和K中心聚类、最邻近聚类、高斯混合模型。此外，还介绍了隐式马尔可夫模型的一些用法和举例。最后对分类数据相同、分类方法相同、分类数不同的非监督法分类，进行聚类评价，通过聚类评价结果的高低，进而估计出对于该分类数据，采用非监督法分类下的最佳分类数。

第12章 监督法学习

监督法学习与非监督法学习不同的是，它需要借助先验知识和已正确分类的样本信息，建立已有信息的最佳分类器，并以此作为其他未分类样本的分类依据。当分类效果不佳时，需要不断改进学习方法，使分类模型对训练数据集和测试数据集都保持较高的正确性。当然监督法学习不仅仅包含分类的部分，在 MATLAB 中还涵盖了另一大类回归统计。

这里简单介绍一种监督法分类的形式。以下代码来自 MATLAB 帮助文档图像处理工具箱 Image Process Toolbox 示例中的 Color - Based Segmentation Using the L * a * b * Color Space。

示例中，首先借助先验知识选取了 6 个不同颜色区域，作为颜色中心。然后将图像上每个像素的颜色值，分别与各个不同的颜色中心计算灰度差异。每个像素的红、绿、蓝颜色值(RGB 值)可以理解为三维空间坐标系下的坐标点。以三维空间最邻近欧氏距离为判别依据，将图像中每个 RGB 值划分为不同的颜色中心，最终正确分割出各个颜色中心在图像中对应的区域。

【例 12.0.1】 利用 MATLAB 基于颜色对图像分割。

```
% Step 1: Acquire Image
% 读取影像
fabric = imread('fabric.png');
figure(1), imshow(fabric), title('fabric');      % 见图 12.0.1
% Step 2: Calculate Sample Colors in L * a * b * Color Space for Each Region
% 计算每个区域的 L、a、b 颜色空间的采样值，这些区域是事先选择好的区域
load regioncoordinates;
nColors = 6;
sample_regions = false([size(fabric,1) size(fabric,2) nColors]);
for count = 1:nColors
  sample_regions(:,:,count) = roipoly(fabric,...
region_coordinates(:,1,count), region_coordinates(:,2,count));
end                            % 见图 12.0.2
imshow(sample_regions(:,:,2)),title('sample region for red');
cform = makecform('srgb2lab');
lab_fabric = applycform(fabric,cform);
a = lab_fabric(:,:,2);
b = lab_fabric(:,:,3);
color_markers = repmat(0, [nColors, 2]);
for count = 1:nColors
  color_markers(count,1) = mean2(a(sample_regions(:,:,count)));
  color_markers(count,2) = mean2(b(sample_regions(:,:,count)));
end
disp(sprintf('[ %0.3f, %0.3f]',...
color_markers(2,1),color_markers(2,2)));
% 输出的值
[198.183,149.722]
% Step 3: Classify Each Pixel Using the Nearest Neighbor Rule
```

```
%将每个像素按最邻近方式分类
color_labels = 0:nColors - 1;
a = double(a);
b = double(b);
distance = repmat(0,[size(a), nColors]);
for count = 1:nColors
  distance(:,:,count) = ( (a - color_markers(count,1)).^2 + ...
                          (b - color_markers(count,2)).^2 ).^0.5;
end
[value, label] = min(distance,[],3);
label = color_labels(label);
clear value distance;
%Step 4: Display Results of Nearest Neighbor Classification
%显示最邻近分类结果
rgb_label = repmat(label,[1 1 3]);
segmented_images = repmat(uint8(0),[size(fabric), nColors]);
for count = 1:nColors
  color = fabric;
  color(rgb_label ~= color_labels(count)) = 0;
  segmented_images(:,:,:,count) = color;
end
imshow(segmented_images(:,:,:,2)), title('red objects');   %见图 12.0.3
imshow(segmented_images(:,:,:,3)), title('green objects');   %见图 12.0.4
```

fabric

图 12.0.1　原始图像(例 12.0.1)

图 12.0.2　红色对应的采样区域

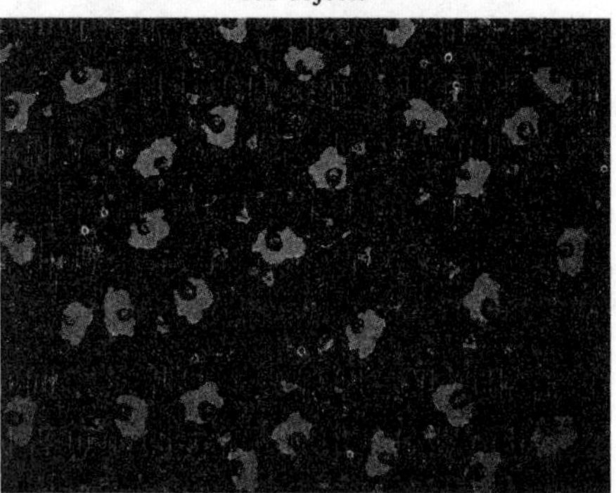

图 12.0.3　分类后红色对应的区域

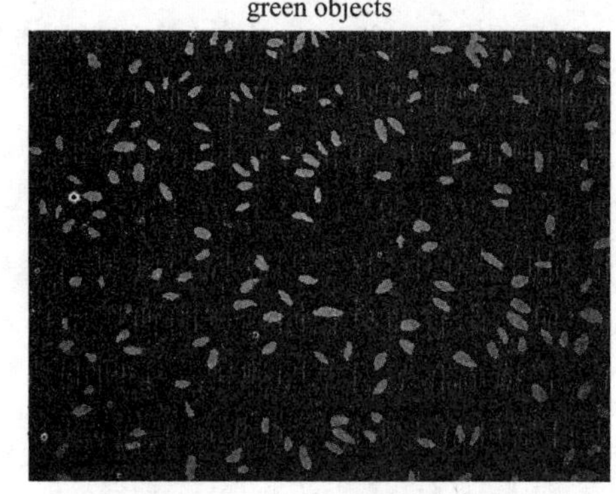

图 12.0.4　分类后绿色对应的区域

```
imshow(segmented_images(:,:,:,4)), title('purple objects');   % 见图 12.0.5
imshow(segmented_images(:,:,:,5)), title('magenta objects');   % 见图 12.0.6
imshow(segmented_images(:,:,:,6)), title('yellow objects');   % 见图 12.0.7
```

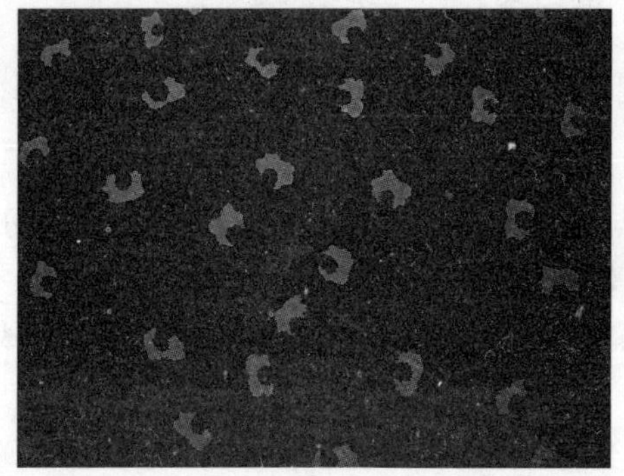

图 12.0.5　分类后紫色对应的区域

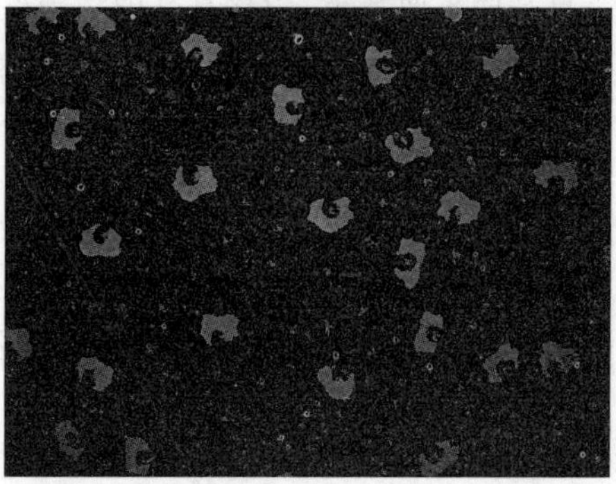

magenta objects

图 12.0.6　分类后品红对应的区域

```
% Step 5: Display 'a * ' and 'b * ' Values of the Labeled Colors.
% 显示被标记颜色的值在 a、b 坐标系的位置
purple = [119/255 73/255 152/255];
plot_labels = {'k', 'r', 'g', purple, 'm', 'y'};
figure;
for count = 1:nColors
plot(a(label = = count - 1),b(label = = count - 1),'.',...
'MarkerEdgeColor',plot_labels{count},'MarkerFaceColor',...
plot_labels{count});
    hold on;
end
title('Scatterplot of the segmented pixels in ''a * b * '' space');
xlabel('''a * '' values');
ylabel('''b * '' values');                    % 见图 12.0.8
```

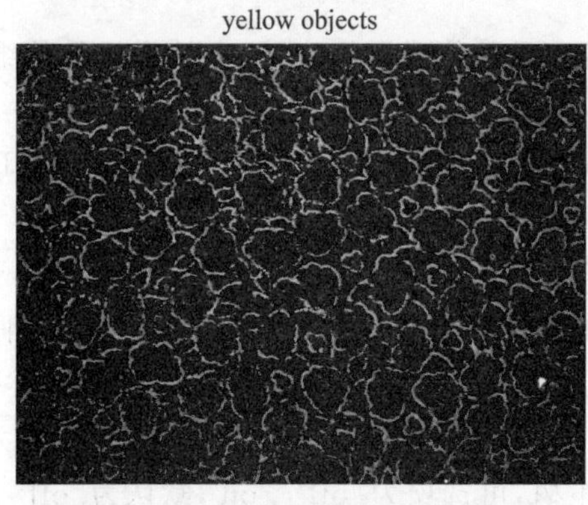

图 12.0.7　分类后黄色对应的区域

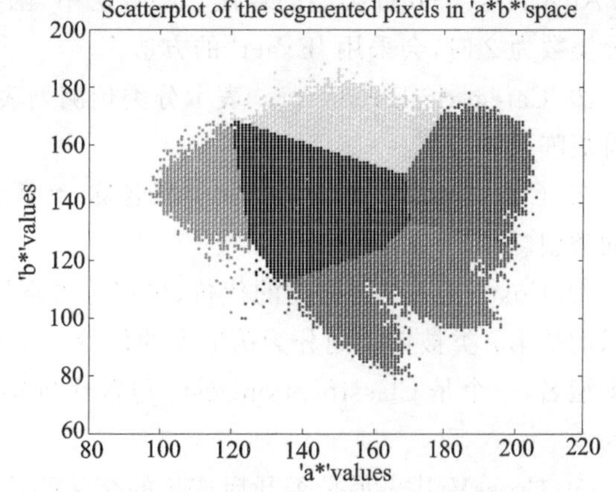

图 12.0.8　L * a * b 空间显示颜色分类后结果

从算法上看，实际上很简单，对于颜色分明的图像分类结果也很好。由于选取的颜色区域具有明显的代表性，而且整幅图像的颜色分明，可以很方便地区分各个不同的颜色。

实际上，监督法分类在 MATLAB 中还有很多其他的一些使用函数。下面一一列举监督法分类的函数及用法。

监督法分类的方法有很多种，常见的包括分类树、判别分析、朴素贝叶斯分类、支持向量机以及目前比较流行的分类集成中的一些方法。在MATLAB帮助文档中也提到了监督法学习的一些基本步骤：①准备数据；②选择算法；③拟合模型；④选择验证方法；⑤检查拟合情况和更新模型直到满足需要；⑥用拟合好的模型进行预测结果。

12.1 分类树

二叉分类树，其思想是通过对数据集中特征点的空间分布的不断二分，进行类的区分和判别。它的优势是不受限于同一类别的空间非连续性，缺点是容易将模型变得过度复杂。一个简单数据通过判别分析，可能一个函数就能够正确区分，但二叉分类树需要多个层级的划分，并且树的深度越大，模型也就越复杂。

在MATLAB中，函数fitctree对应的是二叉分类树实现，而在旧版本中采用的是ClassificationTree.fit。在不同版本中，用法也略有区别。最新版本的用法如下：

```
tree = fitctree(TBL,ResponseVarName)
tree = fitctree(TBL,formula)
tree = fitctree(TBL,Y)
tree = fitctree(X,Y)
tree = fitctree(...,Name,Value)
```

(1) TBL表示一种MATLAB新的数据结构TABLE类型，与元胞矩阵类似，但包含了表格的名称部分。

(2) X表示对应的特征点矩阵，大小为$m\times n$，m表示点个数，n表示点维度。

(3) Y表示各个特征点所对应的类别，大小为$m\times 1$。

(4) tree表示二叉分类树类对象。

(5) Name、Value分别表示函数fitctree对应的特殊字符串参数及对应的值，可如下设置：

① 'AlgorithmForCategorical' 表示分类预测算法，包括 'Exact' 、'PullLeft' 、'PCA' 、'OVAbyClass' 等几种类型的算法。在算法中，函数fitctree默认会采用最优的分类算法，比如当分类数为2时，会采用 'Exact' 的方法。

② 'CategoricalPredictors' 表示分类预测列表，可以是数值或逻辑向量、字符串元胞数组、字符矩阵或者 'all'。

③ 'ClassNames' 表示分类的类型名称，默认是Y类型。如果输入的是TBL，会获取TBL中的类型。

④ 'Cost' 表示错误分类的代价，可以是方形矩阵或者结构体。方形矩阵中第i行，第j列表示的是第i类被错误划分为第j类的代价。结构体中则需要包含两个域，一个是Y中相同的类型名，一个是ClassificationCosts包含代价矩阵。默认错误分类代价都是1，正确分类代价为0。

⑤ 'CrossVal' 表示是否开启成长的交叉验证决策树，可选项为 'off' 、'on'，默认为 'off' 。

⑥ 'CVPartition' 表示部分交叉验证树结构。

⑦ 'Holdout' 表示不检验的数据百分比，默认值为0，范围是[0,1]。

⑧ 'KFold' 表示样本集需要划分互相不重叠的训练集和测试集数量。

⑨ 'Leaveout' 表示一种特殊情况，即训练集或者样本集个数与观测样本个数一致，也就是k与n相等的特殊情况。可选项为 'off','on'，默认为 'off' 。

⑩ 'MaxNumCategories' 表示最大分类层数,默认值为 10。

⑪ 'MaxNumSplits' 表示最大的决策分解数,默认为 size(X,1) − 1 。

⑫ 'MergeLeaves' 表示合并子节点标记,可选项为 'on'、'off',默认为 'on'。

⑬ 'MinLeafSize' 表示最小子节点对应的观测值数量,默认值为 1 。

⑭ 'MinParentSize' 表示最小父节点对应的观测值数量,默认值为 10 。

⑮ 'NumVariablesToSample' 表示预测点决策分解随机次数,可选项为 'all' 和任意正整数。

⑯ 'PredictorNames' 表示预测类型名称。

⑰ 'Prior' 表示权重计算时采用的优先策略。可选项为 'empirical' 、'uniform' 、向量值或者结构。默认为 'empirical' 表示通过提供的观测值计算各个类别的权重,作为初始权重。'uniform' 表示等权。其他方式为输入权重。

⑱ 'Prune' 表示是否估计最优序列的修剪子树,可选项为 'on' 、'off',默认为 'on' 。

⑲ 'PruneCriterion' 表示修剪策略,可选项为 'error'、'impurity',默认为 'error'。

⑳ 'ResponseName' 表示响应变量名,默认为 'Y'。

㉑ 'ScoreTransform' 表示分数转换函数,可选项为 'none'、'symmetric'、'invlogit'、'ismax' 以及自定义函数句柄。

㉒ 'SplitCriterion' 表示决策分解准则,可选项为 'gdi' 、'twoing'、'deviance',默认为 'gdi' 。

㉓ 'Surrogate' 表示代理决策分解标记,可选项为 'off'、'on'、'all'。

㉔ 'Weights' 表示表示观测值权重,默认为 ones(size(x,1),1)。

【例 12.1.1】 利用函数 fitctree 生成分类树。

```
%生成分类树对象
load ionosphere
tc = fitctree(X,Y)
tc =
  ClassificationTree
           PredictorNames: {1x34 cell}
             ResponseName: 'Y'
    CategoricalPredictors: []
               ClassNames: {'b'  'g'}
           ScoreTransform: 'none'
          NumObservations: 351
%计算模型子节点个数
load ionosphere
rng(1); % For reproducibility
MdlDefault = fitctree(X,Y,'CrossVal','on');
numBranches = @(x)sum(x.IsBranch);
mdlDefaultNumSplits = cellfun(numBranches, MdlDefault.Trained);
figure;
histogram(mdlDefaultNumSplits)  %见图 12.1.1
view(MdlDefault.Trained{1},'Mode','graph')     %见图 12.1.2
Mdl7 = fitctree(X,Y,'MaxNumSplits',7,'CrossVal','on');
view(Mdl7.Trained{1},'Mode','graph')     %见图 12.1.3
```

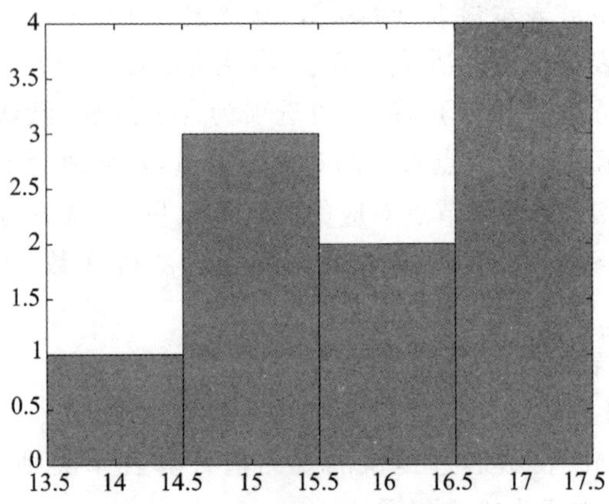

图 12.1.1 分类树模型分支数

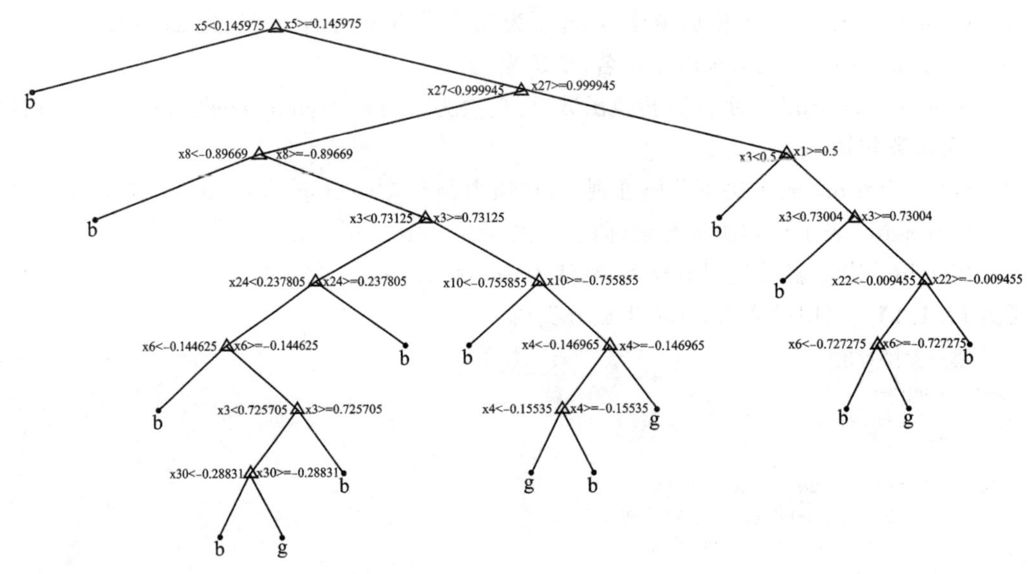

图 12.1.2 分类树结构

```
classErrorDefault = kfoldLoss(MdlDefault)
classError7 = kfoldLoss(Mdl7)
classErrorDefault =
    0.1140
classError7 =
0.1254
```

建立好二叉分类树后，就可以通过建立的二叉分类树模型，进行新数据的分类识别，检验模型的正确性。这里采用的是函数 predict，用法如下：

```
label = predict(tree,TBL)
label = predict(tree,X)
label = predict(...,Name,Value)
[label,score,node,cnum] = predict(...)
```

(1) tree 表示二叉分类树对象，TBL 表示待预测的数据集，X 表示特征点矩阵。

(2) label 表示标记的类别，score 表示可能性，node 表示子节点位置，cnum 表示预测类数量。

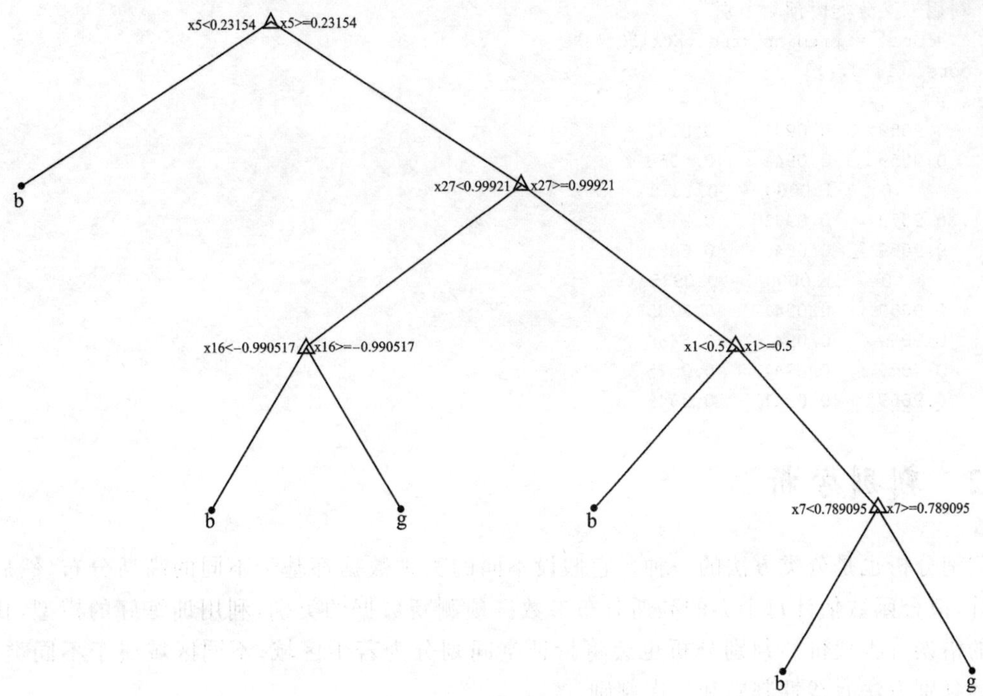

图 12.1.3　修改参数后的分类树结构

(3) 函数 predict 对应的 Name、Value 可选项为 'Subtrees'(表示子树裁剪等级默认为 0)、'all' 和其他非负整数向量。

【例 12.1.2】　利用函数 predict 预测分类结果。

```
%生成二叉分类树
rng(0,'twister') % for reproducibility
X = rand(100,1);
Y = (abs(X - .55) > .4);
tree = fitctree(X,Y);
view(tree,'Mode','Graph')  %见图 12.1.4
%修剪二叉分类树
tree1 = prune(tree,'Level',1);
view(tree1,'Mode','Graph')  %见图 12.1.5
```

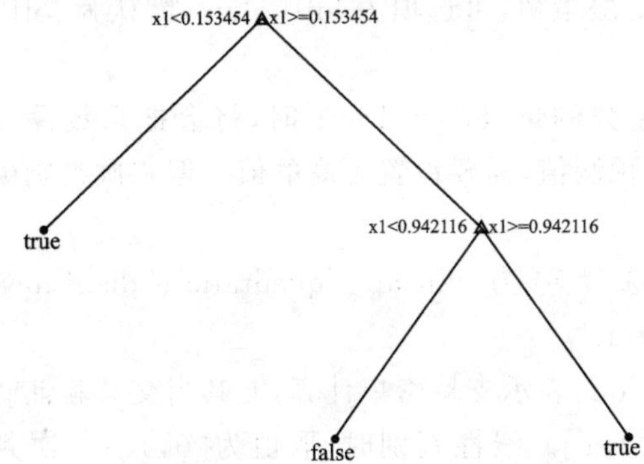

图 12.1.4　二叉分类树结构

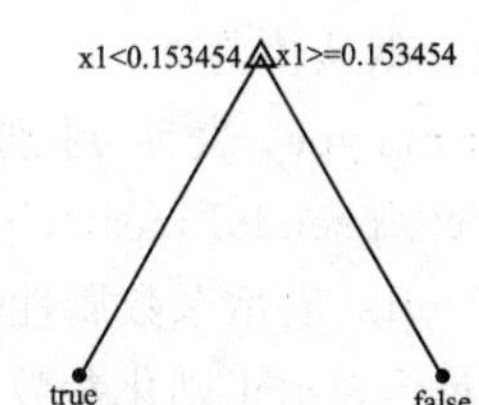

图 12.1.5　修剪后的二叉分类树结构

若您对此书内容有任何疑问，可以凭在线交流卡登录MATLAB中文论坛与作者交流。

```
%利用二叉分类树预测类别
[~,score] = predict(tree1,X(1:10));
[score X(1:10,:)]
ans =
    0.9059    0.0941    0.8147
    0.9059    0.0941    0.9058
         0    1.0000    0.1270
    0.9059    0.0941    0.9134
    0.9059    0.0941    0.6324
         0    1.0000    0.0975
    0.9059    0.0941    0.2785
    0.9059    0.0941    0.5469
    0.9059    0.0941    0.9575
    0.9059    0.0941    0.9649
```

12.2 判别分析

判别分析也是分类方法的一种。它假设不同的类别数据都基于不同的高斯分布，然后通过训练，拟合函数估计每个类的高斯分布参数。预测新数据的类别，利用训练好的模型，找出最小的错误分类代价。判别分析也会将特征空间划分为若干区域，不同区域属于不同类别。常见的判别方法有线性判别和二次判别。

在旧版本 MATLAB 中，采用的判别分析函数为 classify。在新版本中，采用的是函数 fitcdiscr。下面是函数 fitcdiscr 的用法：

```
obj = fitcdiscr(x,y)
obj = fitcdiscr(x,y,Name,Value)
```

(1) x 表示特征点矩阵，大小为 $m \times n$，m 表示特征点个数，n 表示特征点维度。y 表示输出类别。obj 表示判别分析分类对象。

(2) Name、Value 分别为函数的特定字符串输入和对应值，可选项如下：

① 'ClassNames' 表示分类的类型名称，默认是 y 的类型。

② 'Cost' 表示错误分类的代价，可以是方形矩阵或者结构体。方形矩阵中第 i 行，第 j 列表示的是第 i 类被错误划分为第 j 类的代价。结构体中则需要包含两个域，一个是 Y 中相同的类型名，一个是 ClassificationCosts 包含代价矩阵。默认错误分类代价都是 1，正确分类代价为 0。

③ 'CrossVal' 表示是否开启成长的交叉验证决策树，可选项为 'off' 、'on'，默认为 'off' 。

④ 'CVPartition' 表示部分交叉验证树结构。

⑤ 'Delta' 表示线性系数阈值 。当对象中系数的量级小于 Delta 时，将会把系数设置为 0。可以消除模型对应的预测。为了消除更多的预测值，需要设置更高的值。但二次判别模型必须设置为 0。默认值为 0。

⑥ 'DiscrimType' 表示判别类型，可以选择项为 'linear'、'quadratic'、'diagLinear'、'diagQuadratic'、'pseudoLinear'、'pseudoQu - adratc'。

⑦ 'FillCoeffs' 表示系数属性标签。设置为 'on' 表示支持密集计算，尤其当交叉验证时。

⑧ 'Gamma' 表示正则化参数，取值范围为[0,1]。线性判别时，取值为[0,1]；二次判别时，取值为 0 或 1。

⑨ 'Holdout' 表示不检验的数据百分比，默认为 0，范围为[0,1]。

⑩ 'KFold' 表示样本集需要划分互相不重叠的训练集和测试集数量。

⑪ 'Leaveout' 表示一种特殊情况，即训练集或者样本集个数与观测样本个数一致，也就是 k 与 n 相等的特殊情况。可选项为 'off'、'on'，默认是 'off' 。

⑫ 'PredictorNames' 表示预测类型名称。

⑬ 'Prior' 表示权重计算时采用的优先策略。可选项为 'empirical' 、'uniform' 、向量值或者结构。默认为 'empirical'，表示通过提供的观测值计算各个类别的权重，作为初始权重。'uniform' 表示等权。其他方式为输入权重。

⑭ 'ResponseName' 表示响应变量名。默认为 'Y'。

⑮ 'SaveMoney' 表示节省协方差矩阵标记。可选项为 'on'、'off'。设置为 'on' 时，函数不会存储整个协方差矩阵，只存储足够信息替代协方差矩阵。默认为 'off'。

⑯ 'ScoreTransform' 表示分数转换函数。可选项为 'none'、'symmetric'、'invlogit'、'ismax' 以及自定义函数句柄。

⑰ 'Weights' 表示观测值权重。长度为 x 对应的行数，函数会将权重和归一化。

【例 12.2.1】 利用函数 fitcdiscr 创建判别分析对象。

```
load fisheriris
linclass = fitcdiscr(meas,species);
meanmeas = mean(meas);
meanclass = predict(linclass,meanmeas)
meanclass =
    'versicolor'
quadclass = fitcdiscr(meas,species,...
'discrimType','quadratic');
meanclass2 = predict(quadclass,meanmeas)
meanclass2 =
    'versicolor'
```

【例 12.2.2】 利用函数 gscatter 及 ezplot 可视化判别分析分类器。

```
load fisheriris
PL = meas(:,3);
PW = meas(:,4);
h1 = gscatter(PL,PW,species,'krb','ov^',[],'off');
h1(1).LineWidth = 2;
h1(2).LineWidth = 2;
h1(3).LineWidth = 2;
legend('Setosa','Versicolor','Virginica','Location','best')
hold on    % 见图 12.2.1
% 线性分类器
X = [PL,PW];
cls = fitcdiscr(X,species);
% 显示第 2 类和第 3 类的线性边界
% K 是常数项,L 是一次项
% First retrieve the coefficients for the linear
K = cls.Coeffs(2,3).Const;
% boundary between the second and third classes
% (versicolor and virginica).
L = cls.Coeffs(2,3).Linear;
% Plot the curve K + [x,y] * L  = 0.
```

若您对此书内容有任何疑问，可以凭在线交流卡登录MATLAB中文论坛与作者交流。

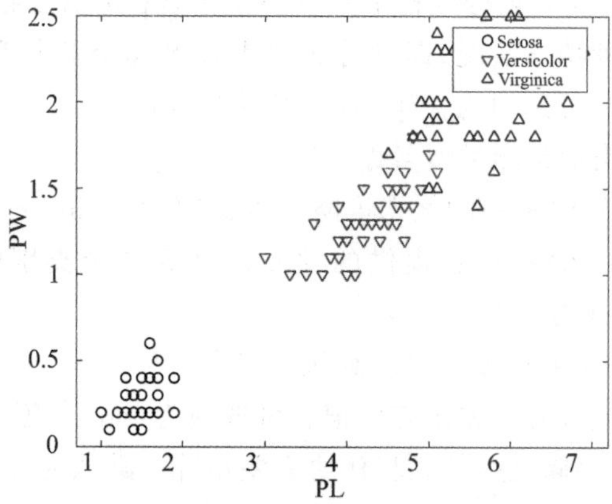

图 12.2.1　分类结果

```
f = @(x1,x2) K + L(1) * x1 + L(2) * x2;
h2 = ezplot(f,[.9 7.1 0 2.5]);
h2.Color = 'r';
h2.LineWidth = 2;

% 显示第 1 类和第 2 类的线性边界
% Now, retrieve the coefficients for the linear boundary between the
% firstand second classes (setosa and versicolor).
K = cls.Coeffs(1,2).Const;
L = cls.Coeffs(1,2).Linear;
% Plot the curve K + [x1,x2] * L  = 0:
f = @(x1,x2) K + L(1) * x1 + L(2) * x2;
h3 = ezplot(f,[.9 7.1 0 2.5]);
h3.Color = 'k';
h3.LineWidth = 2;
axis([.9 7.1 0 2.5])
xlabel('Petal Length')
ylabel('Petal Width')
title('{\bf Linear Classification with Fisher Training Data}')   % 见图 12.2.2
```

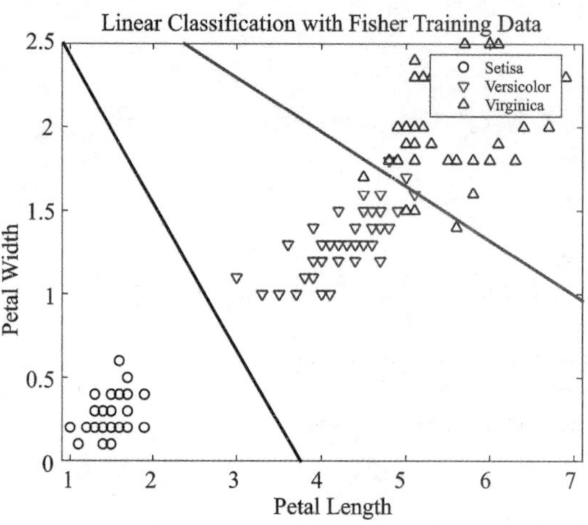

图 12.2.2　线性判别分类的种群分类结果

```
%建立二次判别分析分类器
cqs = fitcdiscr(X,species,...
'DiscrimType','quadratic');
%删除线性边界
% First, remove the linear boundaries from the plot.
delete(h2); delete(h3)
%显示第2类和第3类的边界
%K为常数项,L为一次项,Q为二次项
% Now, retrieve the coefficients for the quadratic boundary between
%the second and third classes (versicolor and virginica).
K = cqs.Coeffs(2,3).Const;
L = cqs.Coeffs(2,3).Linear;
Q = cqs.Coeffs(2,3).Quadratic;
%显示曲线,曲线方程如下:
% Plot the curve K + [x1,x2]*L + [x1,x2]*Q*[x1,x2]' = 0.
f = @(x1,x2) K + L(1)*x1 + L(2)*x2 + Q(1,1)*x1.^2 + ...
    (Q(1,2)+Q(2,1))*x1.*x2 + Q(2,2)*x2.^2;
h2 = ezplot(f,[.9 7.1 0 2.5]);
h2.Color = 'r';
h2.LineWidth = 2;
%显示第1类和第2类的边界
% Now, retrieve the coefficients for the quadratic boundary between
%thefirst and second classes (setosa and versicolor).
K = cqs.Coeffs(1,2).Const;
L = cqs.Coeffs(1,2).Linear;
Q = cqs.Coeffs(1,2).Quadratic;
% Plot the curve K + [x1,x2]*L + [x1,x2]*Q*[x1,x2]'=0:
% Plot the relevant portion of the curve.
f = @(x1,x2) K + L(1)*x1 + L(2)*x2 + Q(1,1)*x1.^2 + ...
    (Q(1,2)+Q(2,1))*x1.*x2 + Q(2,2)*x2.^2;
h3 = ezplot(f,[.9 7.1 0 1.02]);
h3.Color = 'k';
h3.LineWidth = 2;
axis([.9 7.1 0 2.5])
xlabel('Petal Length')
ylabel('Petal Width')
title('{\bf Quadratic Classification with Fisher Training Data}')
hold off   %见图12.2.3
```

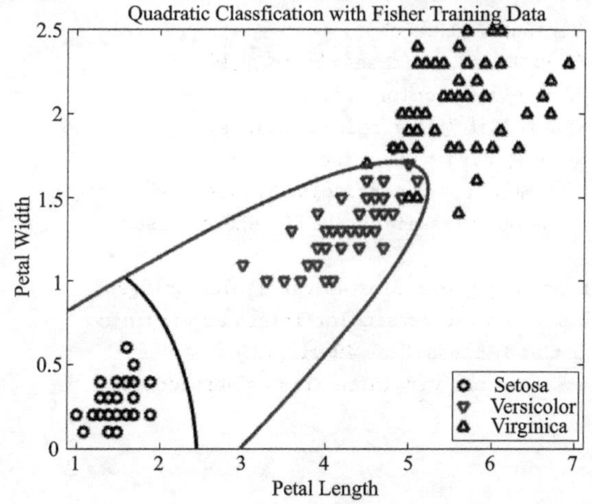

图 12.2.3　二次判别分类器的种群分类结果

【例 12.2.3】 利用函数 fitcdiscr 改进判别分类器。

方式 1:当处理奇异数据时,需要设置判别类型为 'pseudoLinear' 或者 'pseudoQuadratic'。

```
load popcorn
X = popcorn(:,[1 2]);
%设置第三列全为 0,使矩阵奇异
X(:,3) = 0; % a zero-variance column
Y = popcorn(:,3);
ppcrn = fitcdiscr(X,Y);

%MATLAB 错误提示
Error using ClassificationDiscriminant (line 635)
Predictor x3 has zero variance. Either exclude this predictor or set 'discrimType' to'pseudoLinear'
or 'diagLinear'.
Error in classreg.learning.FitTemplate/fit (line 243)
obj = this.MakeFitObject(X,Y,W,this.ModelParameters,fitArgs{:});
Error in fitcdiscr (line 296)
this = fit(temp,X,Y);

%采用伪线性方法
ppcrn = fitcdiscr(X,Y,'discrimType','pseudoLinear');
meanpredict = predict(ppcrn,mean(X))
meanpredict =
    3.5000
```

方式 2:检查判别误差和混淆矩阵。

值得注意的是,训练数据集得到的判别误差和混淆矩阵,并不一定代表应用于新数据时,也可以得到同样的效果。如果判别误差很高,则不能期望这个模型对于预测数据有好的表现。即使判别误差很低,也不能保证对于预测数据有好的预测表现。对于新的预测数据,训练集得到的判别误差往往是过于乐观的估计。

```
load fisheriris
obj = fitcdiscr(meas,species);
resuberror = resubLoss(obj)
resuberror =
    0.0200
resuberror * obj.NumObservations
ans =
    3.0000
R = confusionmat(obj.Y,resubPredict(obj))
%矩阵 R 第 1 行表示所有 50 种 setosa irises,都分类正确
%矩阵 R 第 2 行表示所有 50 种 versicolor irises
%其中正确分类 48 种,有 2 种被认为是 virginica irises
%矩阵 R 第 3 行表示所有 50 种 virginica irises
%其中正确分类 49 种,有 1 种被认为是 versicolor irises
% R(1,:) = [50 0 0] means obj classifies all 50 setosa irises
%correctly.
% R(2,:) = [0 48 2] means obj classifies 48 versicolor irises
%correctly, and misclassifies two versicolor irises as virginica.
%R(3,:) = [0 1 49] means obj classifies 49 virginica irises
%correctly,and misclassifies one virginica iris as versicolor.
R =
    50     0     0
     0    48     2
```

```
     0     1    49
obj.ClassNames
ans =
    'setosa'
    'versicolor'
    'virginica'
```

方式 3:交叉检验。

```
load fisheriris
quadisc = fitcdiscr(meas,species,'DiscrimType','quadratic');
qerror = resubLoss(quadisc)
qerror =
    0.0200
cvmodel = crossval(quadisc,'kfold',5);
cverror = kfoldLoss(cvmodel)
cverror =
    0.0200
```

方式 4:改变代价和优先级。

有时候需要避免某些错误分类比其他多的情况。最好的例子就是癌症检查,需要更敏感的检查代替不敏感的检查。敏感检查的错误情况是出现更多的假阳性,代价是误诊引起的不必要的检查和治疗。而不敏感检查是出现更多的假阴性,代价是漏诊引起的错过治疗时间的死亡。因此,不敏感检查的代价更高,需要修改代价矩阵,设置不同的成本,反映不同的后果。

同样类似的还有优先级的问题,训练集可能不能很好地反映不同类别的真实分布情况。如果有更接近真实的概率估计,可以通过下面这种方式修改:

```
%原始分类结果
load fisheriris
obj = fitcdiscr(meas,species);
resuberror = resubLoss(obj)
resuberror =
    0.0200
R = confusionmat(obj.Y,resubPredict(obj))
R =
    50     0     0
     0    48     2
     0     1    49
obj.ClassNames
ans =
    'setosa'
    'versicolor'
    'virginica'
%修改代价矩阵后的结果
obj1 = obj;
obj1.Cost(2,3) = 10;
R2 = confusionmat(obj1.Y,resubPredict(obj1))
R2 =
    50     0     0
     0    50     0
     0     7    43
%修改优先级后的结果
obj2 = obj;
obj2.Prior = [1 1 5];
```

```
R2 = confusionmat(obj2.Y,resubPredict(obj2))
R2 =
    50     0     0
     0    46     4
     0     0    50
```

方式 5:简化判别式分类器。

```
% 设置多组模型参数,分别生成最优结果
load ovariancancer
rng(1); % For reproducibility
numPred = size(obs,2);
obs = obs(:,randsample(numPred,ceil(numPred/3)));
Mdl = fitcdiscr(obs,grp,'SaveMemory','on','FillCoeffs','off');
[err,gamma,delta,numpred] = cvshrink(Mdl,...
'NumGamma',24,'NumDelta',24,'Verbose',1);
% 输出结果
Done building cross - validated model.
Processing Gamma step 1 out of 25.
Processing Gamma step 2 out of 25.
Processing Gamma step 3 out of 25.
Processing Gamma step 4 out of 25.
Processing Gamma step 5 out of 25.
Processing Gamma step 6 out of 25.
Processing Gamma step 7 out of 25.
Processing Gamma step 8 out of 25.
Processing Gamma step 9 out of 25.
Processing Gamma step 10 out of 25.
Processing Gamma step 11 out of 25.
Processing Gamma step 12 out of 25.
Processing Gamma step 13 out of 25.
Processing Gamma step 14 out of 25.
Processing Gamma step 15 out of 25.
Processing Gamma step 16 out of 25.
Processing Gamma step 17 out of 25.
Processing Gamma step 18 out of 25.
Processing Gamma step 19 out of 25.
Processing Gamma step 20 out of 25.
Processing Gamma step 21 out of 25.
Processing Gamma step 22 out of 25.
Processing Gamma step 23 out of 25.
Processing Gamma step 24 out of 25.
Processing Gamma step 25 out of 25.
figure;
plot(err,numpred,'k.')
xlabel('Errorrate');
ylabel('Numberofpredictors');     % 见图 12.2.4
% 结果局部放大
axis([0 .1 0 1000])     % 见图 12.2.5
```

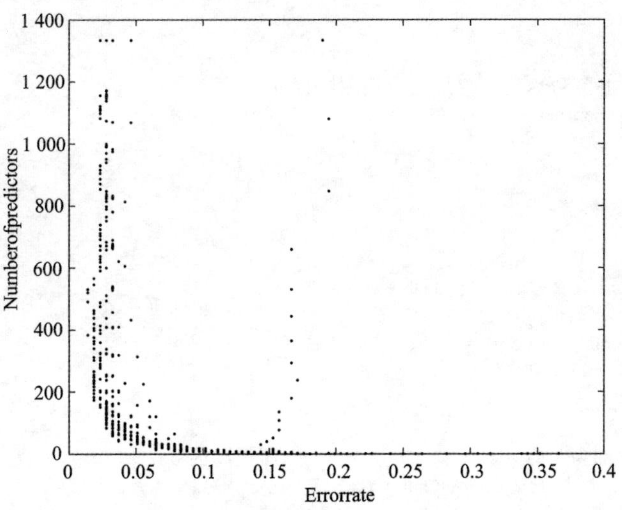

图 12.2.4　错误率与预测器个数

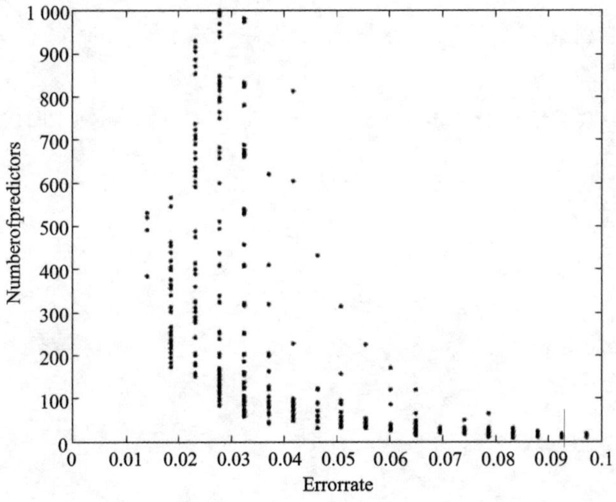

图 12.2.5　局部放大图

```
%所有结果的最小误差
minerr = min(min(err))
minerr =
0.0139
%找到最小误差附近容许误差范围的参数组
% Subscripts of err producing minimal error
[p q] = find(err < minerr + 1e-4);
numel(p)
ans =
     4
%注意:这里需要将行列位置转换到线性索引,直接采用 delta(p,q)不是想要的结果
% Convert from subscripts to linear indices
idx = sub2ind(size(delta),p,q);
[gamma(p) delta(idx)]
ans =
    0.7202    0.1145
    0.7602    0.1131
```

```
    0.8001    0.1128
    0.8001    0.1410
% 满足条件的参数组预测参数个数与原始预测数百分比
numpred(idx)/ceil(numPred/3) * 100
ans =
   39.8051
   38.9805
   36.8066
   28.7856
% 如果需要更少的预测数,须忍耐更高的错误率
low200 = min(min(err(numpred <= 200)));
lownum = min(min(numpred(err == low200)));
[low200 lownum]
ans =
0.0185  173.0000
% 注意:r 和 s 个数都为 1 时,delta(r,s)才等价于上面提到的 delta(idx)
[r,s] = find((err == low200) & (numpred == lownum));
[gamma(r); delta(r,s)]
ans =
    0.6403
    0.2399
% 采用这组参数设置模型参数
Mdl.Gamma = gamma(r);
Mdl.Delta = delta(r,s);
% 在相同的 Gamma 参数情况下,比较不同的 Delta 参数对于结果的影响,见图 12.2.6
% Create the Delta index matrix
indx = repmat(1:size(delta,2),size(delta,1),1);
figure
subplot(1,2,1)
imagesc(err);
colorbar;
colormap('jet')
title 'Classification error';
xlabel 'Delta index';
ylabel 'Gamma index';
subplot(1,2,2)
imagesc(numpred);
colorbar;
title 'Number of predictors in the model';
xlabel 'Delta index' ;
ylabel 'Gamma index' ;
```

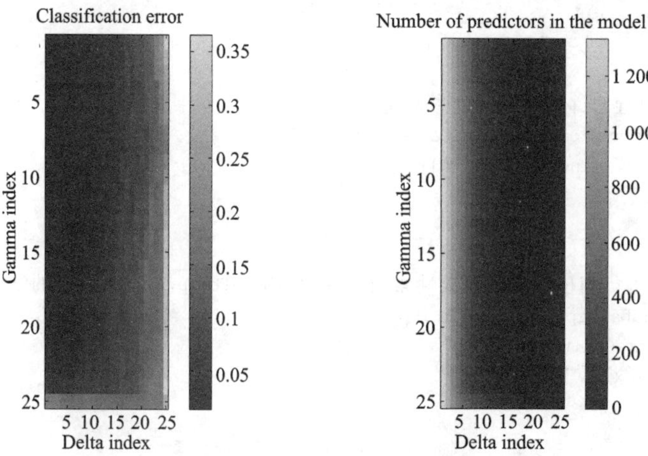

图 12.2.6　Delta、Gamma 对分类结果影响图

12.3　朴素贝叶斯分类

朴素贝叶斯分类也是一种常见的分类算法。它的思想是利用贝叶斯公式，通过条件概率之间的互相转换关系，计算特征点属于各个类的概率，概率最大的为分类结果。在 MATLAB 中，朴素贝叶斯分类对应的函数是 fitcnb。其用法如下所示：

```
Mdl = fitcnb(tbl,ResponseVarName)
Mdl = fitcnb(tbl,formula)
Mdl = fitcnb(tbl,Y)
Mdl = fitcnb(X,Y)
Mdl = fitcnb(...,Name,Value)
```

(1) tbl 表示 table 类型的采样数据。

(2) X 表示预测数据，X 中每一行代表一个观测值，每一列代表一个特征。

(3) Y 表示类标签，记录不同的类名，类名可以是不同的数字或者是字符。

(4) MDL 表示朴素贝叶斯分类模型。

(5) 'ResponseName' 表示响应变量名，默认为 'Y'。

(6) 'formula' 表示预测值相关的变量，采用字符串形式表达，例如：'Y～X1＋X2＋X3' 表示 Y 为响应变量，变量 X1、X2、X3 为预测变量。

(7) Name、Value 分别对应函数的特殊字符串参数及其对应的值。

基本可选项包括：

① 'DistributionNames' 表示数据分布名称，可选项为 'kernel' 、'mn' 、'mvmn' 、'normal' 以及元胞数组字符串。

② 'Kernel' 表示平滑核心类型，可选项为 'normal'（默认）、'box' 、'epanechnikov' 、'triangle' 以及元胞数组字符串。

③ 'Support' 表示核心平滑密度支持类型，可选项为 'unbounded'（默认）、'positive' 、元胞数组以及数值行向量。

④ 'Width' 表示核心平滑的窗口宽度，可选项为数值矩阵、数值列向量、数值行向量以及标量。

交叉检验可选项包括：

① 'CrossVal' 表示交叉检验标签，可选项为 'off'（默认）、'on'。

② 'CVPartition' 表示交叉检验模型模式，为 cvpartition 类对象。

③ 'Holdout' 表示交叉检验中测试集比例，默认值为 0，数值范围为[0,1]。

④ 'KFold' 表示交叉检验的训练集或者测试集个数，默认值为 10，取值范围为大于 1 的正整数。

⑤ 'Leaveout' 表示一种特殊情况，即训练集或者样本集个数与观测样本个数一致，也就是 k 与 n 相等的特殊情况。可选项为 'off'、'on'，默认为 'off'。

其他分类选项包括：

① 'CategoricalPredictors' 表示分类预测列表，可选项为数值向量、逻辑向量、元胞字符串数组、字符数组、'all'，或者为“[]”。

② 'ClassNames' 表示类名称，可选项为数值向量、分类向量、逻辑向量和字符数组、元胞字符串数组。

③ 'Cost' 表示错误分类的代价方阵，可选项为方阵和结构体。

④ 'PredictorNames' 表示预测变量名称，默认值为{'x1','x2',...}，或者采用元胞字符串数组。

⑤ 'Prior' 表示优先概率，可选项为 'empirical'（默认）、'uniform'、数值向量和结构。

⑥ 'ResponseName' 表示响应变量名称，可选项为 'Y'（默认）、字符串。

⑦ 'ScoreTransform' 表示分数转换函数，可选项为 'none'（默认）、'doublelogit'、'invlogit'、'ismax'、'logit'、'sign、'symmetric'、'symmetriclogit'、'symmetricismax' 以及自定义函数句柄。

⑧ 'Weights' 表示观测值权重，默认为 ones(size(X,1),1)，可选项为数值向量。

【例 12.3.1】 利用函数 fitcnb 训练一个朴素贝叶斯分类器。

```
load fisheriris
X = meas(:,3:4);
Y = species;
tabulate(Y)
Value      Count    Percent
setosa        50      33.33%
  versicolor        50      33.33%
   virginica       50      33.33%
Mdl = fitcnb(X,Y,...
'ClassNames',{'setosa','versicolor','virginica'})
Mdl =
  ClassificationNaiveBayes
              PredictorNames: {'x1'  'x2'}
                ResponseName: 'Y'
       CategoricalPredictors: []
                  ClassNames: {'setosa'  'versicolor'  'virginica'}
              ScoreTransform: 'none'
             NumObservations: 150
           DistributionNames: {'normal'  'normal'}
      DistributionParameters: {3x2 cell}
setosaIndex = strcmp(Mdl.ClassNames,'setosa');
estimates = Mdl.DistributionParameters{setosaIndex,1}
estimates =
    1.4620
    0.1737
figure
gscatter(X(:,1),X(:,2),Y);
h = gca;
%xylim = [h.XLim h.YLim]; % Get current axis limits
hold on
Params = cell2mat(Mdl.DistributionParameters);
Mu = Params(2*(1:3)-1,1:2); % Extract the means
Sigma = zeros(2,2,3);
for j = 1:3
 % Extract the standard deviations
    Sigma(:,:,j) = diag(Params(2*j,:));
 % Draw contours for the multivariate normal distributions
ezcontour(@(x1,x2)mvnpdf([x1,x2],Mu(j,:),Sigma(:,:,j)),...
        xylim+0.5*[-1,1,-1,1])
end
title('Naive Bayes Classifier -- Fisher''s Iris Data')
```

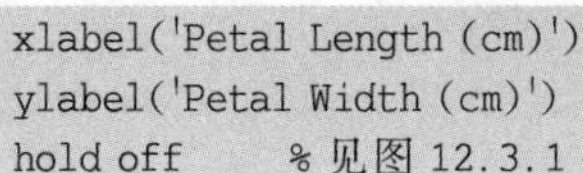


```
xlabel('Petal Length (cm)')
ylabel('Petal Width (cm)')
hold off     % 见图 12.3.1
```

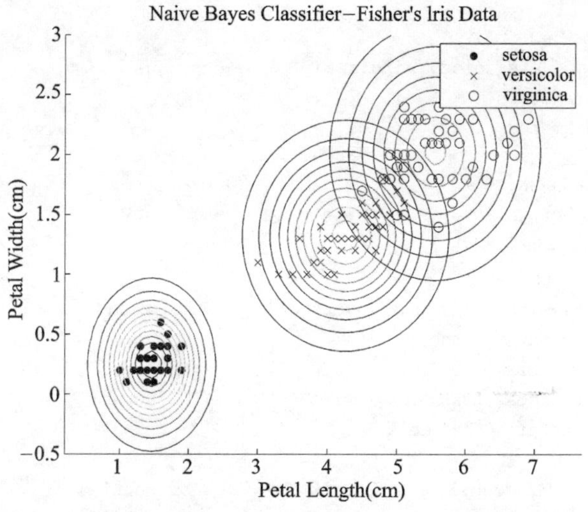

图 12.3.1 朴素贝叶斯分类器用于种群分类

【例 12.3.2】 利用函数 fitcnb 设定朴素贝叶斯分类器的优先概率。

```
load fisheriris
X = meas;
Y = species;
classNames = {'setosa','versicolor','virginica'}; % Class order
prior = [0.5 0.2 0.3];
Mdl = fitcnb(X,Y,'ClassNames',classNames,'Prior',prior)
Mdl =
  ClassificationNaiveBayes
            PredictorNames: {'x1'  'x2'  'x3'  'x4'}
              ResponseName: 'Y'
     CategoricalPredictors: []
                ClassNames: {'setosa'  'versicolor'  'virginica'}
            ScoreTransform: 'none'
           NumObservations: 150
         DistributionNames: {'normal'  'normal'  'normal'  'normal'}
    DistributionParameters: {3x4 cell}
defaultPriorMdl = Mdl;
FreqDist = cell2table(tabulate(Y));
defaultPriorMdl.Prior = FreqDist{:,3};
rng(1); % For reproducibility
defaultCVMdl = crossval(defaultPriorMdl);
defaultLoss = kfoldLoss(defaultCVMdl)
CVMdl = crossval(Mdl);
Loss = kfoldLoss(CVMdl)
defaultLoss =
    0.0533
Loss =
    0.0340
```

【例 12.3.3】 利用函数 fitcnb 设定朴素贝叶斯分类器的设定预测分布。

```
load fisheriris
X = meas;
Y = species;
Mdl1 = fitcnb(X,Y,...
'ClassNames',{'setosa','versicolor','virginica'})
Mdl1.DistributionParameters
Mdl1.DistributionParameters{1,2}
Mdl1 =
  ClassificationNaiveBayes
            PredictorNames: {'x1'  'x2'  'x3'  'x4'}
              ResponseName: 'Y'
     CategoricalPredictors: []
                ClassNames: {'setosa'  'versicolor'  'virginica'}
            ScoreTransform: 'none'
           NumObservations: 150
         DistributionNames: {'normal'  'normal'  'normal'  'normal'}
    DistributionParameters: {3x4 cell}
ans =
    [2x1 double]    [2x1 double]    [2x1 double]    [2x1 double]
    [2x1 double]    [2x1 double]    [2x1 double]    [2x1 double]
    [2x1 double]    [2x1 double]    [2x1 double]    [2x1 double]
ans =
    3.4280
    0.3791
isLabels1 = resubPredict(Mdl1);
ConfusionMat1 = confusionmat(Y,isLabels1)
ConfusionMat1 =
    50     0     0
     0    47     3
     0     3    47
Mdl2 = fitcnb(X,Y,...
'Distribution',{'normal','normal','kernel','kernel'},...
'ClassNames',{'setosa','versicolor','virginica'});
Mdl2.DistributionParameters{1,2}
ans =
    3.4280
    0.3791
isLabels2 = resubPredict(Mdl2);
ConfusionMat2 = confusionmat(Y,isLabels2)
ConfusionMat2 =
    50     0     0
     0    47     3
     0     3    47
```

【例 12.3.4】 交叉验证比较分类器。

```
load fisheriris
X = meas;
Y = species;
rng(1); % For reproducibility
CVMdl1 = fitcnb(X,Y,...
'ClassNames',{'setosa','versicolor','virginica'},...
'CrossVal','on');
t = templateNaiveBayes();
```

```
CVMdl2 = fitcecoc(X,Y,'CrossVal','on','Learners',t);
classErr1 = kfoldLoss(CVMdl1,'LossFun','ClassifErr')
classErr2 = kfoldLoss(CVMdl2,'LossFun','ClassifErr')
classErr1 =
    0.0533
classErr2 =
    0.0467
```

【例 12.3.5】　训练贝叶斯分类器用于垃圾邮件分类。

```
n = 1000;                              % Sample size
rng(1);                                % For reproducibility
Y = randsample([-1 1],n,true);         % Random labels
tokenProbs = [0.2 0.3 0.1 0.15 0.25;...
    0.4 0.1 0.3 0.05 0.15];                       % Token relative frequencies
tokensPerEmail = 20;                              % Fixed for convenience
X = zeros(n,5);
X(Y == 1,:) = mnrnd(tokensPerEmail,tokenProbs(1,:),sum(Y == 1));
X(Y == -1,:) = mnrnd(tokensPerEmail,tokenProbs(2,:),sum(Y == -1));
Mdl = fitcnb(X,Y,'Distribution','mn');
isGenRate = resubLoss(Mdl,'LossFun','ClassifErr')
isGenRate =
    0.0200
newN = 500;
newY = randsample([-1 1],newN,true);
newX = zeros(newN,5);
newX(newY == 1,:) = mnrnd(tokensPerEmail,tokenProbs(1,:),...
    sum(newY == 1));
newX(newY == -1,:) = mnrnd(tokensPerEmail,tokenProbs(2,:),...
    sum(newY == -1));
oosGenRate = loss(Mdl,newX,newY)
oosGenRate =
    0.0261
```

12.4　最邻近分类

最邻近分类的思想是，利用相同类别之间存在一定的特征空间聚合性，选取需要判断的特征点所在周围附近最近的 K 个点，该点的类别受到与其最接近的 K 个点的类别影响。在 MATLAB 中，朴素贝叶斯分类对应的函数是 fitcknn。其用法如下所示：

```
mdl = fitcknn(tbl,ResponseVarName)
mdl = fitcknn(tbl,formula)
mdl = fitcknn(tbl,y)
mdl = fitcknn(X,y)
mdl = fitcknn(...,Name,Value)
```

(1) tbl 表示 table 数据结构，存储了观测点的特征构成的矩阵以及变量名称，它的行数表示观测点的个数，它的列数表示观测点的特征维度。

(2) X 表示观测点的特征构成矩阵。

(3) y 表示类别名称，可以是数值数组，也可以是元胞字符串数组。

(4) ResponseVarName 表示响应变量名称。

(5) formula 表示观测值与响应值之间的训练模型表示，为字符串，形如：'Y～X1＋X2＋X3'。

(6) mdl 表示 K 邻近分类器对象。

(7) Name、Vlaue 分别表示函数的特定字符串参数及对应的值。和其他分类函数类似,可选项包括三种:基本可选项、交叉检验可选项、其他可选项。其中交叉检验可选项和其他可选项基本相同,下面一一列举:

基本可选项包括:

① 'BreakTies' 表示 Tie - breaking 算法类型,可选项为 'smallest'(默认)、'nearest'、'random'。

② 'BucketSize' 表示子节点最大数据点个数,默认为 50,取值范围为正整数。

③ 'Cov' 表示协方差矩阵,默认为 nancov(X),也可以自定义正定矩阵。

④ 'Distance' 表示距离测度,可以设置 MATLAB 中的特定距离字符串或者自定义函数句柄。

⑤ 'DistanceWeight' 表示距离权重函数,默认为 'equal',可选项包括 'inverse'、'squaredinverse' 以及自定义函数句柄。

⑥ 'Exponent' 表示 Minkowski 距离指数值,默认值为 2,取值范围为正数。

⑦ 'IncludeTies' 表示结合标记,默认为 false,可以选择 true。

⑧ 'NSMethod' 表示最邻近搜索方法,可选项为 'kdtree'、'exhaustive'。

⑨ 'NumNeighbors' 表示最邻近点个数,默认值为 1,取值范围为正整数。

⑩ 'Scale' 表示距离比例,默认方式为 nanstd(X),也可以输入非负向量。

⑪ 'Standardize' 表示预测值标准化标记,默认为 false,可以选择 true。

交叉检验可选项包括:

① 'CrossVal' 表示交叉检验标签,可选项为 'off'(默认)、'on'。

② 'CVPartition' 表示交叉检验模型模式,为 cvpartition 类对象。

③ 'Holdout' 表示交叉检验中测试集比例,默认值为 0,数值范围为[0,1]。

④ 'KFold' 表示交叉检验的训练集或者测试集个数,默认值为 10,取值范围为大于 1 的正整数。

⑤ 'Leaveout' 表示一种特殊情况,即训练集或者样本集个数与观测样本个数一致,也就是 k 与 n 相等的特殊情况。可选项为 'off'、'on',默认是 'off'。

其他分类可选项包括:

① 'CategoricalPredictors' 表示分类预测列表,可选项为数值向量、逻辑向量、元胞字符串数组、字符数组、'all',或者为“[]”。

② 'ClassNames' 表示类名称,可选项为数值向量、分类向量、逻辑向量和字符数组、元胞字符串数组。

③ 'Cost' 表示错误分类的代价方阵,可选项为方阵和结构体。

④ 'PredictorNames' 表示预测变量名称,默认值为{'x1','x2',...},或者采用元胞字符串数组。

⑤ 'Prior' 表示优先概率,可选项为 'empirical'(默认)、'uniform'、数值向量和结构。

⑥ 'ResponseName' 表示响应变量名称,可选项为 'Y'(默认)、字符串。

⑦ 'ScoreTransform' 表示分数转换函数。可选项为 'none'(默认)、'doublelogit'、'invlogit'、'ismax'、'logit'、'sign、'symmetric'、'symmetriclogit'、'symmetricismax' 以及自定义函数句柄。

⑧ 'Weights' 表示观测值权重,默认为 ones(size(X,1),1),可选项为数值向量。

【例12.4.1】 利用函数fitcknn训练一个K邻近分类器。

```
load fisheriris
X = meas;
Y = species;
Mdl = fitcknn(X,Y,'NumNeighbors',5,'Standardize',1)
Mdl =
  ClassificationKNN
           PredictorNames: {'x1'  'x2'  'x3'  'x4'}
             ResponseName: 'Y'
    CategoricalPredictors: []
               ClassNames: {'setosa'  'versicolor'  'virginica'}
           ScoreTransform: 'none'
          NumObservations: 150
                 Distance: 'euclidean'
             NumNeighbors: 5
Mdl.ClassNames
ans =
    'setosa'
    'versicolor'
    'virginica'
Mdl.Prior
ans =
0.3333    0.3333    0.3333
```

如果需要计算新的观测数据,可以采用ClassificationKNN.predict。

如果需要交叉验证分类器,可以采用ClassificationKNN.crossval。

【例12.4.2】 分别采用自定义的距离测度(卡方距离),训练K邻近分类器。

```
Train a k - Nearest Neighbor Classifier Using a Custom Distance Metric
Train a k - nearest neighbor classifier using the chi - square distance.
load fisheriris
X = meas;     % Predictors
Y = species; % Response
chiSqrDist = @(x,Z,wt)sqrt((bsxfun(@minus,x,Z).^2) * wt);
k = 3;

%第一种权重结果
w = [0.3; 0.3; 0.2; 0.2];
KNNMdl = fitcknn(X,Y,'Distance',@(x,Z)chiSqrDist(x,Z,w),...
'NumNeighbors',k,'Standardize',1);
rng(1); % For reproducibility
CVKNNMdl = crossval(KNNMdl);
classError = kfoldLoss(CVKNNMdl)

classError =
0.0600

%第二种权重结果
w2 = [0.2; 0.2; 0.3; 0.3];
CVKNNMdl2 = fitcknn(X,Y,'Distance',@(x,Z)chiSqrDist(x,Z,w2),...
'NumNeighbors',k,'KFold',10,'Standardize',1);
classError2 = kfoldLoss(CVKNNMdl2)

classError2 =
    0.0400
```

12.5 支持向量机

支持向量机方法在MATLAB中包含了两种方式的运用：一种是基于两类的分类，另一种是基于多类的分类。

两类别支持向量机分类函数 fitcsvm 用法如下：

```
MDL = fitcsvm(TBL,ResponseVarName)
MDL = fitcsvm(TBL,formula)
MDL = fitcsvm(TBL,Y)
MDL = fitcsvm(X,Y)
MDL = fitcsvm(...,Name,Value)
```

多类别支持向量机分类函数 fitcecoc 用法如下：

```
Mdl = fitcecoc(tbl,ResponseVarName)
Mdl = fitcecoc(tbl,formula)
Mdl = fitcecoc(tbl,Y)
Mdl = fitcecoc(X,Y)
Mdl = fitcecoc(...,Name,Value)
```

(1) tbl 表示 table 数据结构，存储了观测点的特征构成的矩阵以及变量名称，它的行数表示观测点的个数，它的列数表示观测点的特征维度。

(2) X 表示观测点的特征构成矩阵。

(3) y 表示类别名称，可以是数值数组，也可以是元胞字符串数组。

(4) ResponseVarName 表示响应变量名称。

(5) formula 表示观测值与响应值之间的训练模型表示，为字符串，形如：'Y～X1＋X2＋X3'。

(6) Mdl 表示支持向量机分类器对象。

(7) Name、Vlaue 分别表示函数的特定字符串参数及对应的值，和其他分类函数类似，可选项包括三种：基本可选项、交叉检验可选项、其他可选项。其中交叉检验可选项和其他可选项基本相同。

基本可选项中，两类 SVM 分类器和多类 SVM 分类器在对参数 Name、Value 上稍有不同。

两类 SVM 分类器的基本可选项包括：

① 'Coding' 表示编码设计方式，可选项为 'onevsall'（默认）、'allpairs'、'binarycomplete'、'denserandom'、'onevsone'、'ordinal'、'sparserandom'、'ternarycomplete' 以及数值矩阵。

② 'FitPosterior' 表示是否将分数转换为后验概率的标记，可选项为 false（默认）、true。

③ 'Learners' 表示两类学习模板类型，可选项为 'svm'（默认）、'discriminant'、'knn'、'tree'、模板对象以及模板对象的元胞向量。

多类 SVM 分类器的基本可选项包括：

① 'Alpha' 表示 α 系数的初始估计，可选项为非负实数向量。

② 'BoxConstraint' 表示盒约束，默认值为 1，取值范围为正数。

③ 'CacheSize' 表示可用内存大小，默认值为 1 000，单位为 MB，可选项为 'maximal'，取值范围为正数。

④ 'ClipAlphas' 表示是否修改 α 系数，可选项为 true（默认）、false。

⑤ 'DeltaGradientTolerance' 表示梯度差异的限差，取值范围为非负数。

⑥ 'GapTolerance' 表示可行性间隔限差,默认值为0,取值范围为非负数。

⑦ 'IterationLimit' 表示最大数值优化迭代次数,默认值为1e6,取值范围为正整数。

⑧ 'KernelFunction' 表示核函数,采用特定核函数字符串表示。可选项为 'gaussian'(或 'rbf')、'linear'、'polynomial' 以及自定义核函数。

⑨ 'KernelOffset' 表示核函数偏移参数,取值范围为非负数。

⑩ 'KernelScale' 表示核尺度参数,默认值为1,可选项为 'auto',取值范围为正数。

⑪ 'KKTTolerance' 表示 Karush－Kuhn－Tucker 互补条件违反限差,取值范围为非负数。

⑫ 'Nu' 表示用于单类学习参数 ν,默认值为0.5,取值范围为正数。

⑬ 'NumPrint' 表示优化诊断信息输出的迭代次数,默认值为1 000,取值范围为非负整数。

⑭ 'OutlierFraction' 表示训练数据中的异常值所占比例的期望,默认值为0,取值范围为非负数。'PolynomialOrder' 表示多项式核函数阶数,默认值为3,取值范围为正整数。

⑮ 'ShrinkagePeriod' 表示观测值从有效到无效状态的最大迭代次数,默认值为0,取值范围为非负整数。

⑯ 'Solver' 表示优化过程,可选项为 'ISDA'、'L1QP'、'SMO'。

⑰ 'Standardize' 表示是否标准化预测值,可选项为 false(默认)、true。

交叉检验可选项包括:

① 'CrossVal' 表示交叉检验标签,可选项为 'off'(默认)、'on'。

② 'CVPartition' 表示交叉检验模型模式,为 cvpartition 类对象。

③ 'Holdout' 表示交叉检验中测试集比例,默认值为0,数值范围为[0,1]。

④ 'KFold' 表示交叉检验的训练集或者测试集个数,默认值为10,取值范围为大于1的正整数。

⑤ 'Leaveout' 表示一种特殊情况,即训练集或者样本集个数与观测样本个数一致,也就是k与n相等的特殊情况。可选项为 'off'、'on',默认是 'off'。

其他分类选项包括:

① 'CategoricalPredictors' 表示分类预测列表,可选项为数值向量、逻辑向量、元胞字符串数组、字符数组、'all',或者为"[]"。

② 'ClassNames' 表示类名称,可选项为数值向量、分类向量、逻辑向量和字符数组、元胞字符串数组。

③ 'Cost' 表示错误分类的代价方阵,可选项为方阵和结构体。

④ 'Options' 表示并行计算选项,可选项为"[]"(默认)、通过函数 statset 设置的结构体。

⑤ 'PredictorNames' 表示预测变量名称,默认值为{'x1','x2',...},或者采用元胞字符串数组。

⑥ 'Prior' 表示优先概率,可选项为 'empirical'(默认)、'uniform'、数值向量和结构。

⑦ 'ResponseName' 表示响应变量名称,可选项为 'Y'(默认)、字符串。

⑧ 'ScoreTransform' 表示分数转换函数。可选项为 'none'(默认)、'doublelogit'、'invlogit'、'ismax'、'logit'、'sign'、'symmetric'、'symmetriclogit'、'symmetricismax' 以及自定义函数句柄。

⑨ 'Verbose' 表示冗余级别,可选项为0(默认)、1、2。

⑩ 'Weights' 表示观测值权重，默认为 ones(size(X,1),1)，可选项为数值向量。

【例 12.5.1】 利用函数 fitcsvm 训练一个支持向量机分类器。

```
% 加载数据，去掉分类标记为 'setosa' 类型的数据
load fisheriris
inds = ~strcmp(species,'setosa');
X = meas(inds,3:4);
y = species(inds);
SVMModel = fitcsvm(X,y)
SVMModel =
  ClassificationSVM
           PredictorNames: {'x1'  'x2'}
             ResponseName: 'Y'
    CategoricalPredictors: []
               ClassNames: {'versicolor'  'virginica'}
           ScoreTransform: 'none'
          NumObservations: 100
                    Alpha: [24x1 double]
                     Bias: -14.4149
         KernelParameters: [1x1 struct]
           BoxConstraints: [100x1 double]
          ConvergenceInfo: [1x1 struct]
          IsSupportVector: [100x1 logical]
                   Solver: 'SMO'
classOrder = SVMModel.ClassNames
classOrder =
    'versicolor'
    'virginica
sv = SVMModel.SupportVectors;

% 显示
figure
gscatter(X(:,1),X(:,2),y)
hold on
plot(sv(:,1),sv(:,2),'ko','MarkerSize',10)
legend('versicolor','virginica','Support Vector')
hold off    % 见图 12.5.1
```

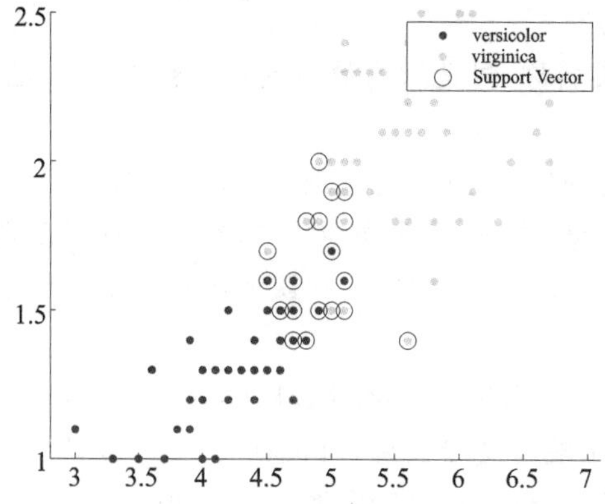

图 12.5.1 显示支持向量机分类

【例 12.5.2】 利用函数 fitcsvm、crossval、kfoldLoss 训练和交叉检验 SVM 分类器。

```
% Load the ionosphere data set.
load ionosphere
rng(1); % For reproducibility
SVMModel = fitcsvm(X,Y,...
'Standardize',true,'KernelFunction','RBF',...
'KernelScale','auto');
CVSVMModel = crossval(SVMModel);
classLoss = kfoldLoss(CVSVMModel)
classLoss =
0.0484
```

【例 12.5.3】 采用 SVM 分类器和一类学习探测异常数据。

```
load fisheriris
X = meas(:,1:2);
y = ones(size(X,1),1);
rng(1);
SVMModel = fitcsvm(X,y,'KernelScale','auto','Standardize',true,...
'OutlierFraction',0.05);
svInd = SVMModel.IsSupportVector;
%格网步距
h = 0.02; % Mesh grid step size
[X1,X2] = meshgrid(min(X(:,1)):h:max(X(:,1)),...
min(X(:,2)):h:max(X(:,2)));
[~,score] = predict(SVMModel,[X1(:),X2(:)]);
scoreGrid = reshape(score,size(X1,1),size(X2,2));
figure
plot(X(:,1),X(:,2),'k.')
hold on
plot(X(svInd,1),X(svInd,2),'ro','MarkerSize',10)
contour(X1,X2,scoreGrid)
colorbar;
title('{\bf Iris Outlier Detection via One-Class SVM}')
xlabel('Sepal Length (cm)')
ylabel('Sepal Width (cm)')
legend('Observation','Support Vector')
hold off     % 见图 12.5.2
```

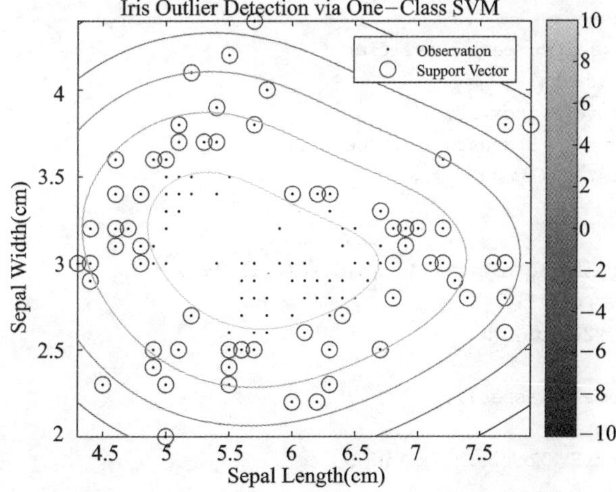

图 12.5.2　支持向量机探测异常数据

若您对此书内容有任何疑问，可以凭在线交流卡登录MATLAB中文论坛与作者交流。

```
CVSVMModel = crossval(SVMModel);
[~,scorePred] = kfoldPredict(CVSVMModel);
outlierRate = mean(scorePred<0)
outlierRate =
0.0467
```

【例 12.5.4】 通过两类SVM函数,找出多个类别边界。

```
load fisheriris
X = meas(:,3:4);
Y = species;
figure
gscatter(X(:,1),X(:,2),Y ,'b','.xo');
h = gca;
title('{\bf Scatter Diagram of Iris Measurements}');
xlabel('Petal Length (cm)');
ylabel('Petal Width (cm)');
legend('Location','Northwest');          % 见图 12.5.3
```

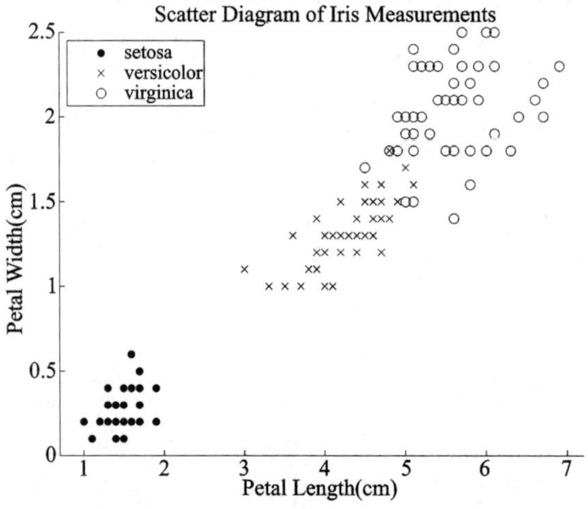

图 12.5.3 种群分类测度显示

```
SVMModels = cell(3,1);
classes = unique(Y);
rng(1); % For reproducibility
for j = 1:numel(classes);
 % Create binary classes for each classifier
indx = strcmp(Y,classes(j));
SVMModels{j} = fitcsvm(X,indx,...
'ClassNames',[false true],'Standardize',true,...
'KernelFunction','rbf','BoxConstraint',1);
end
d = 0.02;
[x1Grid,x2Grid] = meshgrid(min(X(:,1)):d:max(X(:,1)),...
min(X(:,2)):d:max(X(:,2)));
xGrid = [x1Grid(:),x2Grid(:)];
N = size(xGrid,1);
Scores = zeros(N,numel(classes));
for j = 1:numel(classes);
[~,score] = predict(SVMModels{j},xGrid);
```

```
 % Second column contains positive - class scores
Scores(:,j) = score(:,2);
end
[~,maxScore] = max(Scores,[],2);
figure
h(1:3) = gscatter(xGrid(:,1),xGrid(:,2),maxScore,...
[0.1 0.5 0.5; 0.5 0.1 0.5; 0.5 0.5 0.1]);
hold on
h(4:6) = gscatter(X(:,1),X(:,2),Y);
title('{\bf Iris Classification Regions}');
xlabel('Petal Length (cm)');
ylabel('Petal Width (cm)');
legend(h,{'setosa region','versicolor region',...
'virginica region','observed setosa',...
'observed versicolor','observed virginica'},...
'Location','Northwest');
axis tight
hold off          %见图 12.5.4
```

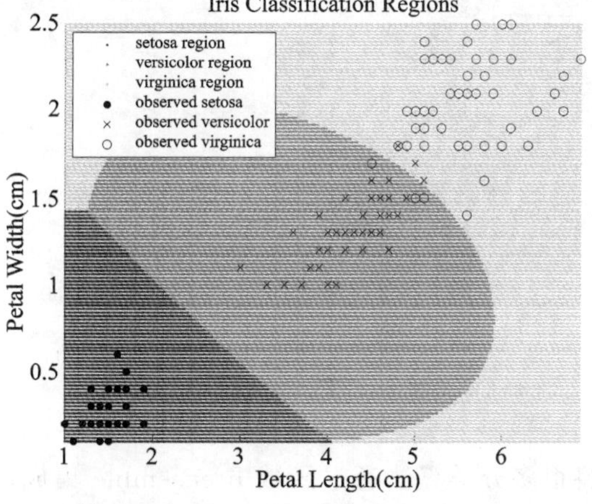

图 12.5.4 支持向量机探种群分类显示

【例 12.5.5】 函数 fitcecoc 拟合多类别模型。

```
load fisheriris
X = meas;
Y = species;
Mdl = fitcecoc(X,Y)
Mdl =
  ClassificationECOC
           PredictorNames: {'x1'  'x2'  'x3'  'x4'}
             ResponseName: 'Y'
    CategoricalPredictors: []
               ClassNames: {'setosa'  'versicolor'  'virginica'}
           ScoreTransform: 'none'
           BinaryLearners: {3x1 cell}
               CodingName: 'onevsone'
Mdl.ClassNames
ans =
    'setosa'
```

若您对此书内容有任何疑问，可以凭在线交流卡登录MATLAB中文论坛与作者交流。

```
    'versicolor'
    'virginica'
CodingMat = Mdl.CodingMatrix
CodingMat =
     1     1     0
    -1     0     1
     0    -1    -1
%第一个两类学习器
% The first binary learner
Mdl.BinaryLearners{1}
ans =
  classreg.learning.classif.CompactClassificationSVM
           PredictorNames: {'x1'  'x2'  'x3'  'x4'}
             ResponseName: 'Y'
    CategoricalPredictors: []
               ClassNames: [-1 1]
           ScoreTransform: 'none'
                     Beta: [4x1 double]
                     Bias: 1.4505
KernelParameters: [1x1 struct]
%支持向量索引
% Support vector indices
Mdl.BinaryLearners{1}.SupportVectors
ans =
     []
isLoss = resubLoss(Mdl)
isLoss =
0.0067
```

12.6 分类集成

在 MATLAB 中，还将很多分类算法通过函数 fitensemble 集成，主要通过参数 Method、Nlearn、Learners 控制不同的训练方式、分类算法、计算策略。其用法如下所示：

```
Ensemble = fitensemble(TBL,ResponseVarName,Method,NLearn,Learners)
Ensemble = fitensemble(TBL,formula,Method,NLearn,Learners)
Ensemble = fitensemble(TBL,Y,Method,NLearn,Learners)
Ensemble = fitensemble(X,Y,Method,NLearn,Learners)
Ensemble = fitensemble(...,Method,NLearn,Learners,Name,Value)
```

其中，TBL、ResponseVarName、formula、X、Y 用法与其他分类函数类似。

Method 根据两类和多类分为不同的可选项。

① 两类的可选项为 'AdaBoostM1'、'LogitBoost'、'GentleBoost'、'RobustBoost'、'LPBoost'、'TotalBoost'、'RUSBoost'、'Subspace'、'Bag'。

② 多类的可选项为 'AdaBoostM2'、'LPBoost'、'TotalBoost'、'RUSBoost'、'Subspace'、'Bag'。

此外，还包含回归的可选项 'LSBoost'、'Bag'。

NLearn 表示学习周期。

Learners 表示学习方式，可选项为 'Discriminant'（推荐在 Method 为 'Subspace' 时使用）、'KNN'（仅能在 Method 为 'Subspace' 时使用）、'Tree'（应用于 Method 为除了 'Subspace' 以外的所有情况）。

【例 12.6.1】 函数 fitensemble 估计错误分类损失。

```
%采用训练的 boost 决策树分类,估计错误分类损失
load ionosphere;
ClassTreeEns = fitensemble(X,Y,'AdaBoostM1',100,'Tree');
rsLoss = resubLoss(ClassTreeEns,'Mode','Cumulative');
plot(rsLoss);
xlabel('Number of Learning Cycles');
ylabel('Resubstitution Loss');        %见图 12.6.1
```

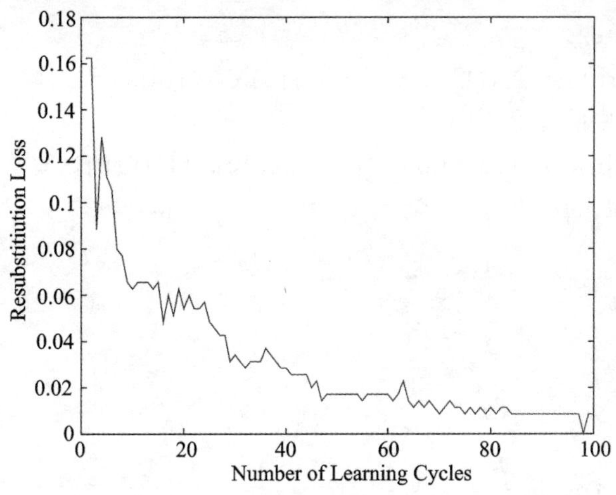

图 12.6.1 学习次数及错误率

12.7 模型构建和评估

模型构建和评估主要通过交叉验证的方式进行,也就是 MATLAB 中的函数 cvpartition。

函数 cvpartition 就是用于将先验样本分为训练样本和测试样本,用于统计模型的交叉验证。它可以用作函数,也可以用作一个类。函数 cvpartition 的用法如下:

```
c = cvpartition(n,'KFold',k)
c = cvpartition(group,'KFold',k)
c = cvpartition(n,'HoldOut',p)
c = cvpartition(group,'HoldOut',p)
c = cvpartition(n,'LeaveOut')
c = cvpartition(n,'resubstitution')
```

其中,n 表示样本观测个数。

k 表示需要划分的 k 个训练样本和 k 个测试样本,其中训练样本和测试样本互相不重叠。

group 表示一个数值向量、分类数组或者元胞数组,表示每个样本对应的类别。每一个类别在样本中有大致相同的尺寸和比例。

p 表示选取为测试样本的比例,取值范围为(0,1),其默认值为 0.1。

c 表示 cvpartition 类对象,里面保存了一些相关信息。

'LeaveOut' 表示一种特殊情况,即训练集或者样本集个数与观测样本个数一致,也就是 k 与 n 相等的特殊情况。

'resubstitution' 表示训练集与样本集都包含原始所有的观测样本。

【例 12.7.1】 利用函数 cvpartition 建立交叉检验模型。

```
%指定100个虚拟样本,进行索引划分
c = cvpartition(100,'kfold',3)
%指定真实的样本,进行划分
load('fisheriris');
CVO = cvpartition(species,'k',10);
```

与函数 cvpartition 相对应的有函数 repartition,用于重新分配训练集和测试集。它的用法如下所示:

```
cnew = repartition(c)
```

其中,c 表示 cvpartition 类对象,cnew 表示新的 cvpartition 类对象。两者训练集和测试集个数一致,但数据集中的编号不同。

【例 12.7.2】 利用函数 cvpartition、repartition 构造和更改测试集。

```
c = cvpartition(100,'kfold',3)
c =
K - fold cross validation partition
             N: 100
   NumTestSets: 3
     TrainSize: 67  66  67
      TestSize: 33  34  33
cnew = repartition(c)
cnew =
K - fold cross validation partition
             N: 100
   NumTestSets: 3
     TrainSize: 67  66  67
      TestSize: 33  34  33
%函数repartition后,测试集索引发生变化
isequal(test(c,1),test(cnew,1))
ans =
     0
```

最后介绍一下类 cvpartition 中的成员变量和成员函数。类 cvpartition 的构造方式和函数 cvpartition 的使用相同。

类 cvpartition 的成员变量包括:

① N 表示原始的观测样本数量。

② NumTestSets 表示测试集数量。

③ TestSize 表示测试集中样本数量。

④ TrainSize 表示训练集中样本数量。

⑤ Type 表示划分原始观测样本的类型。

类 cvpartition 的基本成员函数包括:

① 函数 disp、display 都表示显示 cvpartition 类对象。

② 函数 repartition 表示重新划分 cvpartition 类对象中的训练集和测试集数据。

③ 函数 test 表示 cvpartition 类对象的测试集索引。

④ 函数 training 表示 cvpartition 类对象的训练集索引。

以下是 MATLAB 帮助文档中类 cvpartition 的用法。

【例 12.7.3】 利用函数 cvpartition、classify 构造测试集用于分类算法检验。

```
load('fisheriris');
%计算训练集和测试集
CVO = cvpartition(species,'k',10);
%按测试集个数循环
err = zeros(CVO.NumTestSets,1);
for i = 1:CVO.NumTestSets
    %训练集索引
    trIdx = CVO.training(i);
    %测试集索引
    teIdx = CVO.test(i);
    %分类计算
    ytest = classify(meas(teIdx,:),meas(trIdx,:),...
        species(trIdx,:));
    %统计各个测试集的不一致个数
    err(i) = sum(~strcmp(ytest,species(teIdx)));
end
%计算所有测试集的错误比例
cvErr = sum(err)/sum(CVO.TestSize);
```

12.8 本章小结

本章主要介绍了监督法分类在 MATLAB 中的用法和应用举例。这些例子可能并不完全贴近遥感领域，但将数据替换成需要分类的遥感数据，同样也能够达到其分类的效果。主要介绍了分类树、判别分析、最邻近法、支持向量机，简单提到了分类集成。在模型构建和评估方面，介绍了交叉检验的方法和函数，交叉检验的方法也贯穿于整个分类算法的始终。

第 13 章

坐标转换及地图投影

在地球空间科学中，存在着记录空间位置坐标的一些不同方法，常见的有空间直角坐标、经纬度坐标以及平面坐标。即使采用相同的坐标记录形式，但由于坐标基准选取的不同，可能表达的也不是同一个坐标系下的相同点。因此，也就存在坐标之间相互转化的问题。本章重点讲述的就是坐标及坐标之间的转换。

13.1 坐标基准和空间参考系统

通常我们将地球看作一个椭球体。这个椭球体以地球自转轴为椭球短轴，以垂直于地球自转轴的平面为赤道面。

基于这个椭球体，可以容易得到以椭球中心为原点的右手空间直角坐标系。对于地球上真实表面的每一个点，都可以依据现有的空间直角坐标系得到一个对应的空间直角坐标。这个空间直角坐标也就是第一种以地心为原点的空间直角坐标，以下简称为地心坐标，作为三种空间参考系统之一。它采用的是空间直角坐标系统表达空间一点的坐标位置。确定了椭球体的原点位置、坐标轴方向等信息，也就确立了坐标基准。所有坐标，都将在某一个坐标基准之上讨论，才有其实际的意义。

如果将椭球体沿赤道划分，那么以分界线为 0°纬线(也就是赤道)，以某一垂直 0°纬线的半圆弧为 0°经线(也就是本初子午线)。本初子午面是包含本初子午线和地球自转轴的半平面，与赤道垂直。

空间任一点的位置确定通过与地心连线，与赤道平面的夹角，作为其纬度值。该点位于赤道平面以北，则为北纬，纬度为正；该点位于赤道平面以南，则为南纬，纬度为负。该点与地心连线，与本初子午面形成的夹角，作为其经度值，位于本初子午线东侧为东经，经度为正，位于本初子午线西侧为西经，经度为负。需要说明的是，东西经 180°经线重合，用 180°经线表示。再以椭球面为基准面，以高程作为第三维。于是地球上每一个点的位置都可以通过经纬度、高程的形式唯一确定。经纬度、高度也作为第二种空间坐标参考系统，以下简称为地理坐标。

第三种空间坐标参考系统是将椭球面以某一平面为参考面，将椭球面上的点投影到平面上，形成的坐标，以下简称为平面坐标。这个平面可以是椭球的切平面，也可以是椭球的割平面。投影方式可以是圆柱投影，也可以是圆锥投影等。不同的投影方式得到的平面坐标性质会有很大不同。由于曲面点采用平面点的方式表示，而曲面的性质无法完全被平面表达，因此必然会产生一定的变形，如距离的变化、角度的变化、面积的变化。与此同时，为了尽量保证投影到平面后的某些性质不变，于是投影方式又被分为等距投影、等角投影和等积投影。顾名思义，等距投影就是保持了距离不变的特性，等角投影保持了角度不变的特性，等积投影保持了面积不变的特性。等角投影在航海图中比较常见，保证了航线方向的正确性，反倒不在意距离和面积的变化。等距投影和等积投影在测量中比较常见。

这三种坐标系统，互相之间存在一定的先后关系。首先确定的是地心坐标，也就是基准椭球，包含了椭球的长短半轴、坐标系原点及地心偏移等信息；其次确定的是地理坐标，也就是起算经纬度，也就是 0°经线和 0°纬线；最后确定的是投影方式，针对某个起算点形成的切平面或者割平面，等距投影、等角投影或者是等积投影等。确定这些后，也就清楚了计算地心坐标、地理坐标、平面坐标三者之间的次序关系。

地心坐标只需要知道基准椭球的基本信息就可以得到。地理坐标不仅需要基准椭球的基本信息，还需要知道起算经纬度。平面坐标，在地理坐标已知信息的基础上，还需要知道投影方式和平面位置。因此，不难看出三个坐标系统之间是层层递进的关系：地心坐标是第一层次，地理坐标是第二层次，平面坐标是第三层次。

13.2 相同坐标基准的坐标转换

相同坐标基准的坐标转换，实际上就是在相同的基准椭球，相同的起算经纬度，相同的投影方式和平面位置，计算地心坐标、地理坐标及平面坐标的转换。这里的转换只涉及同一个地心基准、同一个地理基准和同一个平面基准。坐标的互相转换关系只牵涉不同坐标层次的转换，不涉及不同基准之间的切换。

地心与地理坐标之间的转换，通过地理经纬度、高程的由来，可以通过空间直角坐标运用公式直接换算。

地理与平面坐标之间的转换，通过平面位置和投影性质，计算地理坐标与平面坐标的转换。

地心与平面坐标之间的转换，则借助前两个坐标转换关系，可以得到地心坐标与平面坐标之间的互相换算。

在 MATLAB 的地图工具箱中，包含了部分坐标系统之间互相转换的函数，极大地减少了坐标转换的工作量。地心与地理坐标之间的转换通过函数 ecef2lla、lla2ecef 实现。

以下是函数 ecef2lla 的基本用法，摘自 MATLAB 帮助文档。

```
lla = ecef2lla(p)
lla = ecef2lla(p, model)
lla = ecef2lla(p, f, Re)
```

【例 13.2.1】 利用函数 ecef2lla 将地心空间直角坐标转换到地理坐标。

```
lla = ecef2lla([4510731 4510731 0])
lla =
         0   45.0000  999.9564
```

【例 13.2.2】 利用函数 ecef2lla 设置基准椭球为 WGS84 椭球，计算多个空间直角坐标到地理经纬度坐标。

```
lla = ecef2lla([4510731 4510731 0; 0 4507609 4498719], 'WGS84')
lla =
         0   45.0000  999.9564
   45.1358   90.0000  999.8659
```

【例 13.2.3】 利用函数 ecef2lla 设置基准椭球扁率和长半轴，计算多个空间直角坐标到地理经纬度坐标。

```
f = 1/196.877360;
Re = 3397000;
```

```
lla = ecef2lla([4510731 4510731 0; 0 4507609 4498719], f, Re)
lla =
  1.0e+006 *
     0          0.0000    2.9821
     0.0000     0.0001    2.9801
```

与函数 ecef2lla 相对应的函数 lla2ecef，基本用法如下所示：

```
p = lla2ecef(lla)
p = lla2ecef(lla, model)
p = lla2ecef(lla, f, Re)
```

【例 13.2.4】 利用函数 lla2ecef 将地心空间直角坐标转换到地理坐标。

```
p = lla2ecef([0 45 1000])
p =
  1.0e+006 *
     4.5107    4.5107         0
```

【例 13.2.5】 利用函数 lla2ecef 设置基准椭球为 WGS84 椭球，计算多个空间直角坐标到地理经纬度坐标。

```
p = lla2ecef([0 45 1000; 45 90 2000], 'WGS84')
p =
  1.0e+006 *
    4.5107    4.5107         0
    0.0000    4.5190    4.4888
```

【例 13.2.6】 利用函数 lla2ecef 设置基准椭球扁率和长半轴，计算多个空间直角坐标到地理经纬度坐标。

```
f = 1/196.877360;
Re = 3397000;
p = lla2ecef([0 45 1000; 45 90 2000], f, Re)
p =
  1.0e+006 *
    2.4027    2.4027         0
    0.0000    2.4096    2.3852
```

计算结果中，p 为一个 $n\times3$ 的矩阵，代表的是在地心坐标系下的 XYZ 坐标；lla 为一个 $n\times3$的矩阵，代表的是在地理坐标系下的纬度(latitude)、经度(longtitude)、高程(altitude)；model 代表了计算的基准椭球，暂时只支持 'WGS84' 的用法。实际上，椭球基准信息中只需要知道两个互不相关的信息，就可以唯一确定一个基准椭球。如例 7.2.3 中，f、Re 分表代表椭球的扁率和长半轴信息，同样可以知道短半轴和长半轴，或者偏心率和长半轴等。通过两个互不相关的参数就可以计算长短半轴，进而知道偏心率、扁率等信息。

地理与平面坐标则是通过函数 mfwdtran、minvtran 或者 projfwd、projinv 实现，前者可以支持任意的地图投影，后者支持的是 proj.4 所支持的投影。在使用地心到地理坐标转换时，其前提是需要明确基准椭球的基本参数；在使用地理到平面坐标转换时，需要知道投影方式和平面位置。

以下是 MATLAB 帮助文档中函数 mfwdtran 的基本用法：

```
[x,y] = mfwdtran(lat,lon)
[x,y,z] = mfwdtran(lat,lon,alt)
[...] = mfwdtran(mstruct,...)
```

一般采用的是第三种方式，结构体 mstruct 中存放的是与投影相关的基本信息。通常采用 defaultm 方式获取 mstruct 的基本设置信息，然后按照现有的投影要求，在设置上作一定的修改。

【例 13.2.7】 将 shape 文件中获取的地理坐标，按墨卡托投影转换为投影平面坐标。

首先读取 shape 文件中的一部分信息，具体是哥伦比亚地区的矢量多边形范围。该矢量范围由经纬度表示，是地理坐标，如下所示：

```
dc = shaperead('usastatelo', 'UseGeoCoords', true,...
               'Selector',{@(name) strcmpi(name,'District of Columbia'),...
               'Name'});
lat = [dc.Lat]';
lon = [dc.Lon]';
[lat lon]
ans =
   38.9000   -77.0700
   38.9500   -77.1200
   39.0000   -77.0300
   38.9000   -76.9000
   38.7800   -77.0300
   38.8000   -77.0200
   38.8700   -77.0200
   38.9000   -77.0700
   38.9000   -77.0500
   38.9000   -77.0700
       NaN        NaN
```

其次，将当前经纬度坐标投影到特定投影平面上，得到其所对应的平面坐标。示例中设置的为墨卡托投影。其实点纬度、经度、高度分别设置为 38.89、－77.04 和 0。

```
mstruct = defaultm('mercator');
mstruct.origin = [38.89 -77.04 0];
mstruct = defaultm(mstruct);
```

再次，将结构体 mstruct 中部分未设置值的域，填入了默认参数。最终投影转换后得到对应的平面坐标，如下所示：

```
[x,y] = mfwdtran(mstruct,lat,lon);
[x y]
ans =
   -0.0004    0.0002
   -0.0011    0.0010
    0.0001    0.0019
    0.0019    0.0002
    0.0001   -0.0019
    0.0003   -0.0016
    0.0003   -0.0003
   -0.0004    0.0002
   -0.0001    0.0002
   -0.0004    0.0002
       NaN       NaN
```

与函数 mfwdtran 类似，函数 minvtran 基本用法也包含如下三种形式：

```
[lat,lon] = minvtran(x,y)
[lat,lon,alt] = minvtran(x,y,z)
[...] = minvtran(mstruct,...)
```

沿用函数 mfwdtran 计算的结果，作为函数 minvtran 的输入，对比[lat2 lon2]与[lat lon]，可知 mfwdtran 与 minvtran 的计算结果是封闭的，即可以正反计算。两者差异为计算精度误

差,如下所示:

```
[lat2,lon2] = minvtran(mstruct,x,y);
[lat2 lon2]
ans =
   38.9000  - 77.0700
   38.9500  - 77.1200
   39.0000  - 77.0300
   38.9000  - 76.9000
   38.7800  - 77.0300
   38.8000  - 77.0200
   38.8700  - 77.0200
   38.9000  - 77.0700
   38.9000  - 77.0500
   38.9000  - 77.0700
       NaN       NaN
```


13.3 不同坐标基准的坐标转换

不同坐标基准的坐标转换,与相同坐标基准相比,要相对复杂一些。它不仅需要将不同坐标基准,通过某个参考坐标系转换成相同的坐标基准,同时还要借助此前讲到的相同坐标系之间的转换关系,计算出对应结果坐标系中的特定坐标。因此,不同坐标基准的坐标转换可分为两步:①建立参考坐标系,将不同坐标基准纳入相同的坐标基准中;②将相同的坐标基准但不同类型的坐标进行坐标转换。

第②步实际上是通过上一节谈到的相同坐标基准的坐标转换,来完成不同坐标类型的转换操作。于是这里只需要考虑第①步,如何将两个不同坐标基准的坐标转换为相同坐标基准的问题。

首先考虑最简单的不同坐标基准的转换问题,即两个不同坐标基准的地心坐标互相转换。

地心坐标用空间直角坐标表示,不同的坐标基准表明两个地心坐标所在的空间直角坐标系不同。归纳起来就是坐标系的原点不同和坐标轴方向不同。

解决空间直角坐标系不同的办法十分简单,可通过空间坐标系的平移、旋转、缩放变换,也就是通常在绝对定向中提到的空间三维相似变换,完成不同空间直角坐标系的互相转换。

平移变换,可解决空间直角坐标系原点不一致的问题;旋转变换,可解决空间直角坐标系坐标轴不重合的问题;缩放变换,可解决坐标轴刻度不一致的问题。

特定的坐标原点的设定一般通过国际公认的椭球基准,再加上一定的平移、旋转、缩放得到。例如,WGS84 椭球经过两种的平移、旋转、缩放变换可得到两个新的基准。如此,两个不同的坐标基准就可以 WGS84 椭球为参照,进行两者地心坐标的互相转换。先将原始基准的坐标通过原始空间直角坐标系与 WGS84 椭球之间的转换关系,进行第一次的平移、旋转、缩放,转换到 WGS84 椭球下的参考坐标中;再通过 WGS84 椭球与目标基准之间的转换关系,进行第二次的平移、旋转、缩放,转换到目标基准的空间直角坐标系中,由此完成不同坐标基准下的地心坐标转换。

这里只是解决了不同坐标基准下地心坐标之间的互相转换。在不同坐标基准下,其他类型坐标之间的互相转换将如何进行呢?如图 13.3.1 所示,为不同坐标系下坐标转换图形表达。

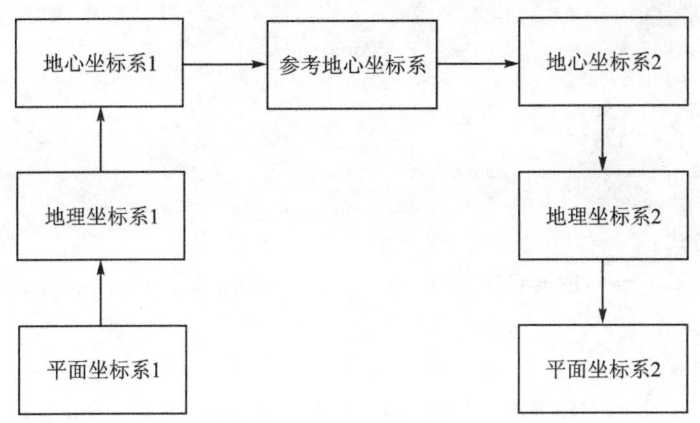

图 13.3.1　坐标系转换图

图 13.3.1 中，左侧和右侧分别代表了两种坐标基准，而左侧和右侧的三个层次坐标，代表了左侧坐标基准和右侧坐标基准的三种坐标类型。

由图 13.3.1 可知，在相同坐标基准下三种不同类型的坐标之间互相转换的方法，以及贯通左侧和右侧三个层次坐标之间的互相转换；在不同坐标基准下地心坐标之间转换的方法，也就贯通了第一层坐标之间的转换。

由此可以推论，图中左侧的任意一种坐标，可以通过以上这两种方法计算得到右侧的任意一种坐标；同理，右侧的任意一种坐标，也可以通过上述两种方法计算得到左侧的任意一种坐标。

综上所述，不难得出不同坐标基准之间的互相转换。实际上，通过相同坐标基准下不同类型坐标转换，将三种不同类型的坐标都归一为地心坐标表示，再以不同基准之间的地心坐标转换为桥梁，转换到另一个坐标基准下；最后通过相同坐标基准下的三种坐标转换，完成不同坐标基准下的坐标转换。

13.4　WKT 与坐标系统

WKT(Well - Known Text)是用一种众所周知的形式来描述一种坐标参照系统，它与 EPSG 坐标系统的表述模型一致。简而言之，一个 WKT 字符串，对应的是一个特定的坐标系统。

坐标参照系统有三种最常见的子类：地心坐标系(geocentric cs，GEOCCS)、地理坐标系(geographic cs，GEOGCS)和投影坐标系(projected cs，PROJCS)。

坐标系的文字描述的扩展 BN 范式(EBNF)定义如下：

```
<coordinate system> = <projected cs> | <geographic cs> | <geocentric cs>
<projection> = PROJECTION["<name>"]
<parameter> = PARAMETER["<name>", <value>]
<value> = <number>
<datum> = DATUM["<name>", <spheroid>]
<spheroid> = SPHEROID["<name>", <semi - major axis>, <inverse flattening>]
<semi - major axis> = <number>
```

需要注意的是，长半轴的度量单位是 m，而且值必须大于 0。

```
<inverse flattening> = <number>
<prime meridian> = PRIMEM["<name>", <longitude>]
<longitude> = <number>
<angular unit> = <unit>
<linear unit> = <unit>
<unit> = UNIT["<name>", <conversion factor>]
<conversion factor> = <number>
```

地心坐标系格式：

<geocentric cs> = GEOCCS["<name>", <datum>, <prime meridian>, <linear unit>]

地理坐标系格式：

<geographic cs> = GEOGCS["<name>", <datum>, <prime meridian>, <angular unit>]

投影坐标系格式：

<projected cs> = PROJCS["<name>", <geographic cs>, <projection>, {<parameter>,} * <linear unit>]

投影坐标系中,{<parameter>,} * 表示参数部分有多个。

由三种不同坐标系的 WKT 格式范式,可以了解到不同 WKT 的构成形式,以下列举两个实际 WKT 的例子以供参考。

(1) WGS1984 地理坐标系 WKT 形式：

```
GEOGCS["WGS 84",
DATUM["WGS_1984",
SPHEROID["WGS 84", 6378137, 298.257223563,
AUTHORITY["EPSG", "7030"]],
AUTHORITY["EPSG", "6326"]],
PRIMEM["Greenwich", 0, AUTHORITY["EPSG", "8901"]],
UNIT["degree", 0.0174532925199433, AUTHORITY["EPSG", "9122"]],
AUTHORITY["EPSG", "4326"]]
```

其中,GEOGCS 表示地理坐标,名称为"WGS 84";DATUM 表示基准,名称为"WGS_1984"。基准包含了椭球 SPHEROID,名称为"WGS 84",长半轴为 6 378 137 m,扁率倒数为 298.257 223 563;AUTHORITY 表示在 EPSG 中的编号,如当前的椭球编号为 EPSG7030,当前的基准编号为 EPSG6326;PRIMEM 表示中央经线位置,为格林威治 0°经线。格林威治 0°经线对应的 EPSG 编号为 8901,中央经线的单位是度(°);单位度所对应的 EPSG 编号是 9122。整个坐标系的编号是 EPSG4326。

(2) WGS1984 地理坐标,统一横轴墨卡托(UTM)投影,中央经线 117E 的投影坐标系 WKT 形式：

```
PROJCS["WGS 84 / UTM zone 50N",
GEOGCS["WGS 84",
DATUM["WGS_1984",
SPHEROID["WGS 84", 6378137, 298.257223563,
AUTHORITY["EPSG", "7030"]],
AUTHORITY["EPSG", "6326"]],
PRIMEM["Greenwich", 0, AUTHORITY["EPSG", "8901"]],
UNIT["degree", 0.0174532925199433, AUTHORITY["EPSG", "9122"]],
AUTHORITY["EPSG", "4326"]],
```

```
PROJECTION["Transverse_Mercator"],
PARAMETER["latitude_of_origin", 0],
PARAMETER["central_meridian", 117],
PARAMETER["scale_factor", 0.9996],
PARAMETER["false_easting", 500000],
PARAMETER["false_northing", 0],
UNIT["metre", 1, AUTHORITY["EPSG", "9001"]],
AUTHORITY["EPSG", "32650"]]
```

同理，PROJCS 表示投影坐标，名称为"WGS 84 / UTM zone 50N"；GEOGCS 部分就不再赘述，与之前的地理坐标是类似的；PROJECTION 表示投影方式，为横轴墨卡托投影"Transverse_Mercator"，参数有很多，包含：起始点纬度为 0°，中央经线为 117°，比例因子为 0.999 6，东向偏移 500 000 m，北向偏移 0 m。

这些参数与 MATLAB 中的结构体 mstruct 相对应，而结构体 mstruct 是由函数 defaultm 自动生成的。下面是 MATLAB 帮助文档函数 defaultm 的用法：

```
mstruct = defaultm(projid)
```

输入投影的 ID 编号或者其对应的特殊字符串，自动得到该投影设置好的 mstruct 结构。

```
mstruct = defaultm(mstruct)
```

将已有的 mstruct 结构中未设置的部分，按照自适应的方式默认设置。

参数 projid 的取值是通过函数 maplist 和 projlist 两种方式获取。函数 maplist 列举了各种类别的投影方式，包括了 8 大类 70 多种投影方式，以及各个投影方式所对应的名称、字符 ID、投影类型、投影类型编码。函数 projlist 列举了几十种常见的投影方式，其中也包含了投影 ID 信息。需要说明的是，由于 MATLAB 版本的不同，在数量上有细微的差异，可能是新版本加入了新的投影方式引起的。

因此只需要对比 WKT 中的投影类型，找出 maplist 或者 projlist 对应的 projid，就可以自动生成默认参数的 mstruct，再按照 WKT 中涉及的参数修改 mstruct 中对应的参数，即可得到完全对应的 mstruct。

例如，Transverse_Mercator 对应的就是 projlist 列举的所有投影中的第一种投影 Transverse Mercator。它所对应的字符 ID 是 tranmerc，作为函数 defaultm 的输入，可以得到结构体 mstruct。

- mstruct 中 false_easting 、falsenorthing 对应的是 WKT 中的参数标签 false_easting、false_northing。
- mstruct 中的 origin 对应了 latitude_of_origin 和 central_meridian，origin 为一个 1×2 的矩阵，次序是纬度和经度。
- mstruct 中的 scalefactor 对应的是 scale_factor。将全部设置好后，采用函数 defaultm 的第二种调用方式，可以自适应默认设置 mstruct 中缺损参数。

这种方式可以设置好 mstruct，并正确使用需要的投影坐标系进行相应的坐标转换。

这里需要提及的是高斯克吕格投影(Gauss - Krueger Projection)，它是一种横轴墨卡托投影(Transverse Mercator Projection)，但与通用横轴墨卡托投影(Universal Transverse Mercator Projection，简称 UTM 投影)是不同的。不同之处在于，两者投影后的中央经线的长度比是不一致的，UTM 投影比例是 0.999 6，而 Gauss - Krueger 投影的比例为 1。此外，不同的起始中央经线的横轴墨卡托投影，在同一坐标的计算结果也是不一致的，因此牵涉到采用最近的中央经线投影的形变最小。跨投影带的坐标统一到同一投影带的坐标转换等问题，也可以采用坐标转换的方式进行。

如果能够自动识别 WKT 中的信息，就可以通过两个 WKT 进行坐标转换操作。自动识别 WKT 要求对 WKT 的基本构成了解。可以按照 WKT 的特定范式进行字符串解析，得到每个参数的对应参数值，再对 mstruct 中的特定参数设置。字符串解析需要用到的函数是正则表达式函数 regexp 等一些特殊函数。

针对 WKT 结构可以归纳出两种类型：第一种是 string[…]，第二种是[string，value，value，…]。value 表示具体的数字或者结构。

第一种结构利用第二种结构的组织形式，嵌套包含第一种结构。例如，

SPHEROID["WGS 84", 6378137, 298.257223563, AUTHORITY["EPSG", "7030"]]

SPHEROID 为第一种结构，"WGS 84", 6378137, 298.257223563 为第二种结构，AUTHORITY["EPSG", "7030"]可以理解为以第二种结构的形式包含在第一种结构 SPHEROID 中的另一个第一种结构。虽然考虑到 AUTHORITY 与其他的第二种结构并列放在 SPHEROID 中，但为了数据结构上有较好的区分，设计结构时将[…]中的第二种结构和第一种结构严格区分开；同时考虑到两种结构的存放数量不确定，大小和数据类型也不完全一致，所以分别采用一个元胞数组记录。为了结构上的一致性，也将名称 SPHEROID 放入一个元胞数组中，如下所示：

```
a = cell(3,1);
a{1} = 'SPHEROID';
a{2} = '"WGS 84", 6378137, 298.257223563';
a{3} = 'AUTHORITY["EPSG", "7030"]';
```

显然 a{2}数据中的语义仍然没有完全分解。与此同时，如果将原始字符串和 a{3}分别简化为 SPHEROID[…, …, …, …]、AUTHORITY[…, …]，则不难看出两者存在相同的字符串形式 string[…]。既然原始字符串 SPHEROID[…, …, …, …]可以分解为元胞数组 a，那么不难推论得到 a{3}对应的字符串 AUTHORITY[…, …]也需要进一步的语义分解。

考虑后一种情况，AUTHORITY["EPSG", "7030"]与 SPHEROID["WGS 84", 6378137, 298.257223563, AUTHORITY["EPSG", "7030"]]同样分解之后的结果，可以想象得到，不妨采用元胞数组 b 来表示：

```
b = cell(3,1);
b{1} = 'AUTHORITY';
b{2} = '"EPSG", "7030"';
b{3} = [];
```

由于 AUTHORITY["EPSG", "7030"]中不再产生新的第一种结构，所以 b{3}是空的。第三句也可以不写，因为元胞数组初始化的值就为空，这里为了保持上下结构的一致，所以选择写在这里，作为上下比较使用。同样的，在 b{2}中也出现了与 a{2}相同的问题，也就是语义分解不够，还可以向下分解。归纳起来，就是形如类似 b{2}的结构也需要进一步语义分解。如果用元胞数组 c 和 d 分别表示 a{2}和 b{2}语义分解后的结果，如下所示：

```
c = cell(3,1);
c{1} = '"WGS 84"';
c{2} = '6378137';
c{3} = '298.257223563';
d = cell(2,1);
d{1} = '"EPSG"';
d{2} = '"7030"';
```

确定了分解规则之后，就可以通过字符串的正则表达式操作完成 WKT 字符串的语义分解。首先，写一个将最外层结构能够正确分解的函数，而内层结构暂时不考虑分解。然后考虑递归调用该函数，进一步往下分解结构，直到最终结构完全分解。需要注意的是，正确的分解函数，不仅需要将外部的名称、内部的名称和值、内部的结构区分开，而且还需要将内部的名称和值，进一步语义分解。不妨先把需要用到的函数框架写好，如下所示：

```
function data = myParseWkt(strWkt)
[data,num] = ParseNext(strWkt);  %分解本层结构
for k = 1:num   %按顺序分解下一层结构
    %递归分解下一层结构中的第 k 个结构
    tmpData = myParseWkt(data{3}{1,k});
    %将分解后的结果放入上一层的第 k 列位置
    data{3}(:,k) = tmpData;
end
end

function [cData,num] = ParseNext(str)
%省略了后续操作
end
```

需要说明的是，函数 ParseNext 不是 MATLAB 的内部函数，是下一步需要继续写的函数，用于分解某一层结构。函数 ParseNext 只是将输入的结构分解成上文提到的三部分：外部的名称、内部的名称和值，以及内部的结构字符串。内部的结构字符串中如果有多个并列的结构字符串，就需要将这些结构字符串分解为多个而不是一个。每个内部的结构字符串，在这个函数里不作分解操作，而是利用函数 myParseWkt 中的递归算法解决递归遍历的问题。函数 myParseWkt 采用的是深度遍历的方式，也就是优先深度遍历，然后再作广度遍历。

函数 ParseNext 首先需要区分外部和内部，以 SPHEROID 字符串为例，就是区分 SPHEROID 和属于 SPHEROID 中括号“[]”内部的字符串。这里采用正则表达式的 token 方式，进行抓取字符串中符合条件的部分，如下所示：

```
data = regexp(str,'(\w*)\s*\[\s*(.*)\s*\]','tokens');
```

函数 regexp 用于匹配正则表达式。'tokens' 表示将符合条件的部分抓取出来，这里符合条件的部分采用小括号“( )”包含，也就是感兴趣部分，同时也要与整个正则表达式相匹配。表 13.4.1 所列为几种特殊符号组合。

表 13.4.1　正则表达式部分字符串说明表

正则表达式字符串	说　明
\w*	表示任意非空格字符或字符串
\s*	表示任意空格
.*	表示任意字符串
\[	表示字符“[”。符号“\”表示转义字符
\]	表示字符“]”。符号“\”表示转义字符

如果需要了解更多关于正则表达式的内容，可以通过 MATLAB 的帮助文档搜索关键词 regular expression，进行查阅和学习，这里不再赘述。

通过这样的字符抓取操作，就可以正确区分出 WKT 中一层结构的外部和内部，并获得外部字符串和内部字符串。

接下来需要将内部字符串语义分解，当务之急是将各个语义部分找到并分解开。不难看出这一步的分解关键是逗号分隔符。需要注意的是，在下一层结构中也可能出现逗号分隔符，所以要正确区分本层的逗号分隔符和其他层的分隔符，而不能直接采用逗号分隔符分割字符串。在争取分割后，还需要将内部的名称和值，与内部的结构加以区分。

考虑到本层的逗号分隔符没有被中括号“[]”包含，而非本层的逗号分隔符被该层的中括号“[]”包含，以此为区分点，将两者区分开。

```
str = data{1}{2};
quotLoc = find(str = = ',');  % 将全部逗号的位置找出
loc1 = find(str = = '[',1,'first');  % 找到最左侧左括号位置
loc2 = find(str = = ']',1,'last');  % 找出最右侧右括号位置
ind = quotLoc > loc1 & quotLoc < loc2;  % 找出逗号位于左括号和右括号之间的索引

quotLoc(ind) = [];  % 去除这些逗号分隔符的位置，
                    % 剩下的是分割内部字符串和值的逗号分隔符位置

str(quotLoc) = '^';  % 将逗号分隔符位置的逗号，
                     % 换为 WKT 中不可能出现的一种字符，如字符^
str = regexp(str, '\s * \^\s * ', 'split');  % 以字符^为分隔符，分割字符串
```

如果分割为 n 个部分，那么前 $n-1$ 个都是内部的字符串和值，最后一个为内部的一个或者多个结构的字符串。如果是多个结构，则仍然需要语义分解为元胞数组进行存储。如果还是采用之前的方式，则寻找与正则表达式相同的结果。在字符串匹配的过程中，会给出最长符合条件的字符串，但不能将可能并列的多个结构区分，所以需要修改为新的正则表达式。下面给出一种非正则表达式的方法，作为参考使用。

```
str = str{end};
loc1 = find(str = = '[');           % 所有左括号位置
loc2 = find(str = = ']');           % 所有右括号位置
loc = sort([loc1,loc2]);            % 排序左右括号的位置
num = length(loc);                  % 计算所有括号的个数
val = ones(1,num);                  % 将所有位置标记为 1
ind = ismember(loc,loc2);           % 找出右括号位置在所有括号位置的逻辑索引

val(ind) = -1;  % 将右括号的位置标记为 -1，得到所有括号顺序标记的结果
% 左括号为 1，右括号为 -1，按位置顺序排列
val = cumsum(val);  % 累计求和
ind = val = = 1;    % 由于括号成对出现，所以
% 当累加和为 1 时，表明一个结构(包含内部嵌套结构)的开始，记录位置
loc1 = loc(ind);
ind = val = = 0;  % 当累加和为 0 时，表明一个结构(包含内部嵌套结构)的结束，记录位置
loc2 = loc(ind);
loc1 = loc1(2:end);  % 分隔的逗号，在上一个结构结束之后，在下一个结构开始之前
loc2 = loc2(1:end-1);
quotLoc = find(str = = ',');
ind1 = bsxfun(@lt,quotLoc,loc1');     % 比下一个结构开始的位置小
ind2 = bsxfun(@gt,quotLoc,loc2');     % 比上一个结构结束的位置大

ind = ind1 & ind2;  % 同时满足两个条件，就是需要找的分隔符逗号的位置
ind = any(ind);
quotLoc = quotLoc(ind);

str(quotLoc) = '^';  % 将对应位置的逗号分隔符，用 WKT 中不可能出现的字符替换，如字符^
str = regexp(str, '\s * \^\s * ', 'split');  % 以字符^为分隔符，分割字符串
```

于是将 WKT 中的各个部分都完全分割开，在函数 ParseNext 中只需合理组合分割后的结果，将其整合到一个元胞数组的结构中，使得与之前语义分解的结果一致即可。结构整合的过程这里就不再赘述。

这样 WKT 字符串就可以完全语义分解成一个对应的元胞数组结构。每个满足 WKT 规则的字符串，都可以完整地将结构中每条信息纳入到元胞数组结构中。当需要提取 WKT 字符串中的某个部分时，可以通过分解后的元胞数组轻松找到对应的位置，并获取其对应的值。

当然，对于 WKT 这种特定的字符串的处理方法还有很多种，这里只简单列举了一些处理的思路和技巧，以供参考。

正则表达式还应用于编程语言的编译器中，是编译器不可或缺的组成部分。在高级语言的编译器中，代码文件就是一个记录字符串的文本。编译器需要对代码中的字符串进行解析，区分出其中的类型名称、变量名称、函数名称、关键字等各种字符串，并对这些字符串组成语句加以解释，形成对应的二进制文件。字符串处理采用正则表达式将十分方便和快速。

13.5 本章小结

本章主要介绍了三种空间参考系统，包括了地心坐标系、地理坐标系和平面坐标系；介绍了坐标基准，也就是各个坐标系依托的参考椭球的基本信息，如位置、形状、大小。

还讲述了相同坐标基准下的坐标转换及其对应的 MATLAB 函数用法。以此为基础，介绍了不同坐标基准的坐标转换，主要是通过空间相似变换解决了不同基准的地心坐标之间的转换，进一步推广到不同坐标基准的任意坐标转换。

最后介绍了 WKT 与坐标系统之间的对应关系，以及利用正则表达式将 WKT 中的各种参数纳入到 MATLAB 对应的坐标转换结构中，并计算坐标转换结果。

第 14 章 数值优化

数值优化在很多日常生活中都有其身影，也散发着其独特的数学魅力。优化的方式基本都存在一个相互制约的矛盾因素，又要遵循在某种特定的最优原则下，获得问题的最优解，来达到优化问题的目的。

14.1 常见的优化方法

比较常见或者熟知的最优解方法有很多种，如二分法、牛顿法等。在数学领域中，还存在更多寻找最优解的方法。面对普遍的问题，实际上很少有完全通用的方法。不同的方法对于特定的优化问题，存在较好的效果。这里着重介绍下面两种方法。

14.1.1 二分法

对于局部单调的优化问题，采用二分法可以得到较好的优化效果。局部单调问题求解最优过程中，可以考虑介值定理或者中间值定理。在局部单调的情况下，判断上下界的二分之一处函数值，总是可以将该点归入到更近似的上界或者下界。这样就形成了一个上下界反复逼近的过程，也就是二分法的迭代点。

二分法就是利用这种迭代特性，反复设置解的上下界，通过上下界逐步逼近最优解，达到最优解的近似。二分法实际上也是一种特殊的迭代计算过程。迭代的终止条件：当上下界小于一定的误差范围时，即可确定最优解在容许误差范围内的近似位置。

【例 14.1.1】 采用二分法逼近，解单调函数的零值。

```
function x = myDichotomyDemo(x1,x2)
count = 0;                          % 迭代次数
maxCount = 1e2;                     % 最大迭代次数
xTol = 1e-15;                       % 上下界差异阈值
y = @(x) log(x) + x^3 - 7;          % 在[x1,x2]区间单调的任意一个函数
% 二分法迭代过程
y1 = y(x1);
y2 = y(x2);
while true
    count = count + 1;                      % 迭代次数加 1
    x = (x1 + x2) / 2;                      % 上下界二分之一处
    yn = y(x);                              % 上下界二分之一处的函数值
    if yn * y1 > 0                          % 判断二分之一处是新的上界，还是新的下界
        x1 = x;
        y1 = yn;
    end
    if yn * y2 > 0
        x2 = x;
        y2 = yn;
```

```
    end
    dx = abs(x1 - x2);                      % 计算上下界差异
    if count > maxCount || dx <= xTol       % 迭代收敛条件
        break;
    end
end
y(x)
end
```

这里选取的在区间内的一个单调函数为 $y=\ln x+x^3-7$，实际上，选取的函数还可以是其他任意的特定函数。函数 $y=\ln x+x^3-7$ 作为一个特殊例子在这里使用。其次，在函数使用的过程中，当前示例中采用的是匿名函数的方式计算函数值，还可以采用子函数的方式替代匿名函数计算方式。相对来说，简单函数表达式采用匿名函数方式会比较好；对于复杂函数表达式，可以使用子函数的方式表达，利用子函数中可以输入多行代码的优点，分步计算函数值。

整体算法从代码结构上已经比较清楚。需要说明的是，某些暂时固定的变量在写入代码中时，通常用特定名称的变量保存。在后续计算中，通过对变量的处理来实现程序逻辑的联系，而不是直接采用数值表达。

这样的好处是，若参数需要变化，只需修改对应的变量，而不用进入程序逻辑部分再修改内部固定的参数，保证代码逻辑上的相对稳定。此时代码就像特定值的表达式与函数的关系。在函数中修改自变量的值，并不影响函数中运算的内在逻辑关系，因为函数已经将内在逻辑通过自变量进行了更抽象的表达，与自变量具体的值无关。

在循环结构上采用 while - true - end 的方式，并在 while 循环内部增加循环终止条件，是一种特殊的循环技巧。在未知循环次数的计算过程，需要采用 while 循环方式。

与此同时，第一次处理必须执行，并且后续的处理过程与第一次处理过程一致。因此可以考虑采用 process - while - condition - process - end 的循环方式，但为了减少代码中的重复处理部分，也就是 process 的两遍写法，也是为了更好地坚持 DRY（Don't Repeat Yourself）原则。DRY 原则能最大限度地减少在不同的地方起到相同作用的代码。它的好处也是非常明显的，能够减少代码改动中可能存在的漏洞或者错误。多处相同的代码因为只改动了某些地方，遗漏了其他部分。这样的程序在执行的过程中，必然和改动后的想法不完全一致，引起不必要的问题。

因为采用了比较激进的 while - true - end 循环方式，所以在循环迭代终止条件上，必须有更谨慎的判断条件。于是引入了迭代次数和迭代最大次数，用于控制循环次数的变量。通过两种方式停止迭代，一是超过预期的最大迭代次数，二是满足算法迭代终止条件。这样能保证循环条件执行必然结束，避免无限循环导致程序无法终止的特殊情形。

此外，由于限定了循环的最大次数，逻辑上采用有限次数的 for 循环替代 while - true - end 的形式可能会更好。这里的更好、更多体现在循环的安全性方面。

以下是测试程序结果是否能够正常执行，并输出二分法满足阈值条件的近似解：

```
x = myDichotomyDemo(1e-3,2);
ans =
     3.552713678800501e-15
x =
1.854909215491421
f = @(x) log(x) + x^3 - 7;
figure;ezplot(f,[0,4]);
hold on;plot(x,f(x),'r*');          % 见图 14.1.1
```

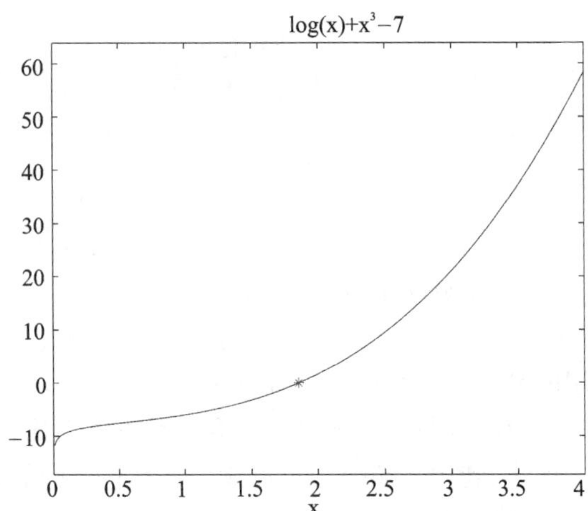

图 14.1.1 函数及二分法对应的解

14.1.2 牛顿法

牛顿法是通过数学意义上的切线逼近的方式，解决曲线最优解问题。利用 $y=f'(x_n)(x-x_n)+f(x_n)$的近似关系，在 $y=0$ 的情况下，x 的一个近似解 $x_{n+1}=x_n-f(x_n)/f'(x_n)$，然后逐步迭代逼近，得到满足容许误差范围的最优解。在收敛半径内，牛顿法是以二次的收敛速度达到最优解。当给出的初始值超过真实值的收敛半径时，使用牛顿法可能会出现结果不收敛。在计算过程中，牛顿法也可能出现无法向下计算的问题，因为它依赖于导函数的值不为 0。

【例 14.1.2】 采用牛顿法逼近函数的零值解。

```
function[x,xVector] = myNewtonMethodDemo(x0)
xTol = 1e-7;                          % 自变量阈值
funTol = 1e-15;                       % 函数阈值
maxCount = 1e2;                       % 最大迭代次数
bConverge = false;                    % 是否收敛
xVector = [];                         % 收集所有迭代过程的 x
for k = 1:maxCount                    % 迭代过程
    disp(num2str(x0,'%10.15f'));      % 显示每次迭代的初始值
    xVector = cat(1,xVector,x0);
    y0 = myFunction(x0);              % 计算函数值
    if abs(y0) <= funTol              % 判断函数是否满足阈值
        bConverge = true;
        x = x0;
        break;
    end
    dy0 = myDerivedFunction(x0);      % 计算导函数值
    if dy0 == 0                       % 分母为 0 时的异常处理
        error('The value of derived function is zero.');
    end
    x = x0 - y0/dy0;                  % 牛顿法迭代公式
    if abs(x - x0) <= xTol            % 判断自变量是否满足阈值
        bConverge = true;
        break;
    else
        x0 = x;
```

```
    end
end
if bConverge % 迭代是否收敛
    disp('Converge.');
    y = myFunction(x)
else
    disp('Fail to Converge.');
end
end

function y = myFunction(x)
y = x^2 - 2; % 原函数
end

function y = myDerivedFunction(x)
y = 2 * x; % 原函数对应的导函数
end
```

以下是测试程序结果是否能够正常执行，并输出牛顿法满足阈值条件的近似解：

```
[x,xv] = myNewtonMethodDemo(1);

1.000000000000000
1.500000000000000
1.416666666666667
1.414215686274510
1.414213562374690
Converge.

y =
   4.4409e-16

f = @(x) x.^2 - 2;
figure;ezplot(f,[0,2]);
hold on;plot(xv,f(xv),'r*');
hold on;plot(xv,f(xv),'r-');            % 见图 14.1.2
```

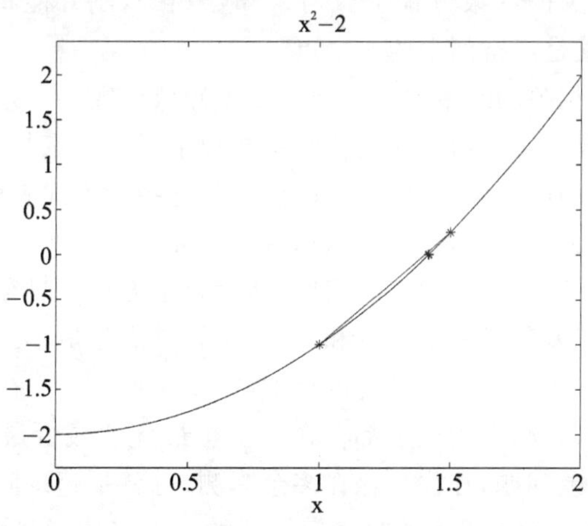

图 14.1.2　函数及牛顿法对应的解

14.1.3 最小二乘法

在遥感领域,尤其是摄影测量方向上,经常会遇到最小二乘平差方法——一种特殊的数值优化方法。在实际生产生活中,经常存在一系列的观测值和理论值。

不妨举一个简单的测量的例子。如桌子的长度,用尺子多次测量后,每次的测量值可能都不完全相同,但桌子的实际长度是一定的。测量值也就是常说的观测值,而实际值就是真实值。观测值、真实值之间存在一定随机的偶然观测误差。大量的偶然误差在概率意义上是满足正态分布的规律。

1. 线性问题

为了优化观测值和真实值之间的这些偶然误差,使其尽量满足观测误差平方和最小的原则,也就是最小二乘原则。如测量桌子的长度,多次测量值之后,为了满足最小二乘原则,须列出一个符合最小条件的优化函数。此时的优化函数是一个一元二次函数,函数开口向上,存在最小值。容易求得当选用所有测量值的平均值作为真实值时,函数满足最小值的条件,也就是误差平方和最小。

这里简单列举了一个数值优化和平差的例子,也简单介绍了最小二乘的应用。但实际变量通常不是单一的,而是多个,观测值或者观测方程也存在更多种类的情况,而不是一类观测方程。同时,观测方程的形式也不再是简单的一元一次方程,很多情况下需要解决的是多元多次方程的问题。因此对于平差问题的求解,面临了更多的困难。

对矩阵论有一定了解的话,会知道多元一次方程组存在三种方程状态,分别是欠定方程、恰定方程和超定方程。用于区分这三种方程的主要特征是非线性相关的方程个数与未知数个数的比较。当非线性相关的方程个数小于未知数个数时,为欠定方程;当非线性相关方程个数等于未知数个数时,为恰定方程;当非线性相关方程个数大于未知数时,为超定方程。

欠定方程就是非线性相关的约束方程个数不足以确定未知数的具体值,存在不止一个方程解,而这些解构成了一个特定的解空间。解空间还存在一组基,可以表示这个解空间中所有的解。

恰定方程是非线性相关的约束方程个数与未知数相等,刚好能将未知数限定在一组解。从解空间的角度,这个解就是解空间中的一个点。

超定方程则是非线性相关的约束方程个数大于未知数个数。平差问题或者说数值优化问题,往往出现超定方程情况较多。通常在这些约束方程中任意选定与未知数个数相等的方程,就可以得到一个适定方程的解。由于是任意选定方程,选择的方式有很多种,所以存在不相等的多个适定解。所有方程为非线性相关,所以这些解一定不等。所以超定方程不存在满足所有方程条件的解,但为了解决这类方程解的问题,认为超定方程中只存在最佳近似解。这个解带入各方程后,所有计算偏差需要满足平方和最小,也就是满足最小二乘原则。这样就能在无法满足所有方程的情况下,求得一个最接近的近似解。

这样无论是何种线性问题,在理论上都存在了一个最优解或者最优解空间与之对应。而通常意义上的优化或者平差问题,往往是存在多余观测,也就是超定问题。在这类线性方程的最小二乘解中,MATLAB提供了强大的矩阵运算功能。不仅功能强大,而且用法简单。例如要解决形如以下的线性方程最小二乘解。

```
A * X = B
```

其中,A为 $m\times n$ 的矩阵;X为 $n\times 1$ 的矩阵;B为 $m\times 1$ 的矩阵。A、B矩阵中的每个元素

都已知,X 矩阵是未知矩阵。

当 $m \geqslant n$,且矩阵 A 的秩等于 n,也就是满秩矩阵时,方程的解是最小二乘解。当 $m<n$ 时,方程的解是最大似然解。这里只讨论最小二乘解的情况。当方程存在最小二乘解时,只需通过以下方式即可计算得到:

```
X = A\B
```

A\B 表示 A 左除 B,符号"\"表示矩阵左除,解决的是 AX=B 的问题。还有另外一种形式的线性问题,形如:

```
X * A = B
```

它的最小二乘解采用以下方式也能计算得到:

```
X = B/A
```

B/A 表示 B 右除 A,符号"/"表示矩阵右除,解决的是 X * A=B 的问题。

还是以 AX = B 为例,如果了解 inv 为矩阵求逆函数,则很容易想到 X = inv(A) * B 的结果。但 inv(A) * B 和 A\B 还是有一些区别的。与求逆矩阵法相比,左除法采用的是 LU 分解方法,在计算过程中,浮点运算更少,计算速度更快。如果是较大的线性方程组求解,左除法的优势更明显。

对于满秩非奇异矩阵而言,一般采用左除法,因为它得到的解的特性显示零值最多。面对奇异矩阵,如果左除法也不奏效,则可以考虑范数最小的伪逆解 pinv。解欠定方程时,也可以使用 QR 分解来计算。解超定方程时,还可以采用协方差法 lscov 的方式计算。这些函数的用法基本相同,可以通过 MATLAB 帮助文档对函数用法进一步了解。

2. 非线性问题

了解了多元线性方程组的这些特性之后,当面对多元非线性方程组的问题时,通常可以将原问题简化,方便解决优化问题。一般利用观测方程函数的一阶泰勒级数展开,将原始非线性方程近似转换为线性方程组。当给定一个接近真实解的初始解后,再通过转换后的线性方程组求解一次泰勒展开式中的一次改正项。实际上,这个方程组的解是初始解对真实解的近似偏移,然后利用初始解,以及初始解与真实解的近似偏移,逐步迭代逼近真实解。

由于在近似为线性方程组的过程中,存在一个忽略低阶无穷小项的问题,所以转换后线性方程的解只是一个近似的改正值。需要注意的是,当关于未知数的低阶无穷小取在真值附近时,低阶无穷小的数值变得很小,且方程的状态比较稳定;不存在病态问题时,这样的低阶无穷小才可以忽略不计,反之,容易引起方程解迭代计算的发散,偏离真实解。这种偏离真实解使得迭代不收敛的情况,在初始解不够精确时可能出现。

这里提到的病态问题,是指方程系数发生细微改变,却引起最小二乘解的剧烈变化。一旦出现病态方程问题,最小二乘解虽然能够使方程组的误差平方和最小,但这样的解具有极强的不稳定性,也容易偏离真实解。通常在这种情况下,解的选择会采用其他计算方式,如增加其他的约束方程,又或者采用另外的数学方式求解。

求解非线性最小二乘问题,还可以通过 MATLAB 提供的优化工具箱,建立对应的函数模型,通过较为精确初始值估计,设置优化参数阈值,优化算法迭代,求解精确解或最优解。

14.2 优化步骤

这里首先介绍一些 MATLAB 中关于优化的常用工具箱 Optimization Toolbox 和 Global

Optimization Toolbox。优化工具箱 Optimization Toolbox 提供的是通用标准的局部最优解决方法，全局优化工具箱 Global Optimizaiton Toolbox 提供的是多极值问题的全局寻优。这两个工具箱包含了大量的优化算法和用例，涉及了不同的优化问题，如带约束的优化问题、不带约束的优化问题、线性问题、非线性问题，最小二乘问题、线性规划问题、二次规划问题，甚至包括整数优化问题等。

14.2.1 选择方法

在 MATLAB 中提供了很多种类的优化函数。不同的优化函数，针对了不同类型的优化问题。为了方便区分优化问题以及对应的优化方法，MATLAB 优化工具箱的帮助文档中提供了一个优化决策表。通过优化决策表，就可以帮助选择优化问题的函数，其内容如表 14.2.1 所列。

表 14.2.1 优化问题及 MATLAB 对应函数表

约束类型	目标类型				
	线 性	二 次	最小二乘	光滑非线性	不光滑
无约束	没有最小值，或者最小值为 $-\infty$	quadprog	\, lsqcurvefit, lsqnonlin	fminsearch, fminunc	fminsearch，*
边界约束	linprog	quadprog	lsqcurvefit, lsqlin, lsqnonlin, lsqnonneg	fminbnd, fmincon, fseminf	fminbnd, *
线性	linprog	quadprog	lsqlin	fmincon, fseminf	*
光滑	fmincon	fmincon	fmincon	fmincon, fseminf	*
离散	intlinprog	*	*	*	*

从表 14.2.1 可以看出，MATLAB 对多种可能的优化问题做了详尽的区分。不同的优化问题如何选择对应的优化函数进行处理，需要慎重考虑。在表 14.2.1 中，优化问题类型从两个不同维度进行了划分。第一个维度是目标函数类型，分为五个类型：线性目标函数（Linear）、二次目标函数（Quadratic）、最小二乘目标函数（Sum - of - square/Least Square）、平滑非线性目标函数（Smooth nonlinear）及非平滑目标函数（Nonsmooth）。第二个维度是约束类型，也分为五个类型：无约束（None/Unconstrained）、边界约束（Bound）、线性约束（包含边界约束）、光滑约束（General Smooth）、离散约束或者整数约束（Discrete/Integer）。通过这两个维度进行查找对应的优化函数。

14.2.2 目标函数

目标函数就是优化问题需要满足的核心函数，通常需要使目标函数达到最值，也就是最大值或者最小值。目标函数分为很多类型，如单变量、多变量方程，单目标、多目标函数，线性、非线性问题，线性规划、二次规划、整数规划、最小二乘等一系列问题。

在 MATLAB 的所有优化函数中，目标函数都是统一固定为求解最小值。当优化问题采用目标函数求解最大值时，需要将对应的优化问题增加负号，使最大值优化问题转换为最小值优化问题，同时优化问题的解不改变。

$$y = \max\{f(x)\}$$
$$z = -y = \min\{f(x)\}$$

14.2.3　约束条件

约束条件是指包含对带有未知数函数的范围约束，可能是直接的变量范围，也可能是关于变量的函数范围约束。这种范围约束可以是等式约束，也可以是不等式约束，包括等于、不等于、大于、小于、大于或等于、小于或等于。在 MATLAB 中，一般约束条件有以下形式：

$$c(x) \leqslant 0$$
$$\mathrm{ceq}(x) = 0$$
$$A \cdot x \leqslant b$$
$$\mathrm{Aeq} \cdot x = \mathrm{beq}$$
$$\mathrm{lb} \leqslant x \leqslant \mathrm{ub}$$

其中，$c(x)\leqslant 0$ 表示关于 x 的非线性不等式约束；$\mathrm{ceq}(x)=0$ 表示关于 x 的非线性等式约束；$A \cdot x\leqslant b$表示关于 x 的线性不等式约束；$\mathrm{Aeq} \cdot x=\mathrm{beq}$ 表示关于 x 的线性等式约束；lb 是 x 的下界；ub 是 x 的上界。

由于 MATLAB 相关的优化函数中只有等式约束和小于或等于约束用于统一处理，所以其他形式的不等式约束，都需要通过小于或等于约束进行转换或者一定精度的近似转换，转变为优化函数中对应的参数值。

14.2.4　输入参数

这里的输入参数是指非自变量参数。输入这类参数可以采用三种传入方式：第一种是通过匿名函数（Anonymous Functions）的方式传入参数；第二种是通过内联函数（Nested Functions）的方式传入参数；第三种是通过全局变量的方式传入参数。从使用角度考虑，推荐使用第一种方式，其他两种方式都将参数作为全局变量使用，变量的生存周期延长，同时存在全局变量在子函数中被修改的风险。

14.2.5　参数设置

优化参数设置，包括设置优化方法、迭代收敛条件、迭代计算方式等基本信息。在优化策略的选择和迭代收敛条件中参数存在默认设置，但是迭代方式计算需要提供接口函数实现，如雅克比矩阵计算和迭代计算改正数等。

迭代收敛条件也分为多种方式，如变量改正数阈值、函数改正数阈值、最大迭代次数阈值。这样能保证计算过程中，一旦满足收敛条件，程序能够顺利结束迭代过程，防止无限循环计算。

14.2.6　优化结果

由于优化问题不一定都能够得到符合条件的优化结果，所以在优化问题结束时，函数返回值也被标记了多种返回状态。通过返回状态，可以得到当前计算的终止状态，一共存在 8 种优化状态。

返回值为 1 时，表明函数收敛到一个解。

返回值为 2 时，表明变量 x 的变化小于设定的阈值。

返回值为 3 时，表明残差值的变化小于设定的阈值。

返回值为 4 时，表明搜索方向的梯度小于设定的阈值。

返回值为 0 时，表明迭代次数超过限制，可能出现两种情况：算法迭代次数超过最大迭代次数；函数计算次数超过最大函数计算次数。

返回值为 −1 时，表明输出函数终止算法计算。

返回值为 −2 时，表明问题不可实行，边界矛盾。

返回值为 −4 时，表明线性搜索无法充分降低当前搜索方向的残差。

14.3 函数介绍

下面介绍几种常见的 MATLAB 优化函数。这些函数的用法基本保持了较强的相似性，并且存在一些相同的基本参数设置，这里一并提及：

- fun 是目标函数句柄。
- x0 是自变量初始值，当存在多个自变量时，x0 为向量。
- options 是优化参数结构体，包含了优化方法、迭代收敛条件设置、迭代计算方式等一些优化参数。
- problem 是优化问题结构体，包含了几个固定的域，如目标函数 objective、初始值 x0、解决方法 solver、优化参数 options。解决方法 solver 是字符串，在这个函数中固定为 'fminunc'，其他参数与其他用法一致。
- x 为输出的最优解。
- fval 为最优解对应的函数解。
- exitflag 对应当前最优解的状态。
- output 为一个包含输出结果信息的结构体。

还有一些其他输出变量，如下所示：

- grad 为函数在当前解的梯度，只在单观测函数中出现；
- lamda 为函数在当前解的拉格朗日乘数项，只在多观测函数中出现；
- jacobian 为函数在当前解的雅克比矩阵，只在多观测函数中出现；
- hessain 为函数在当前解的海森矩阵。

其中梯度和海森矩阵都用于迭代计算过程。

14.3.1 函数 fzero 与函数 fsolve

函数 fzero 用于单变量非线性函数的解。函数 fsolve 用于多变量非线性函数的解。

函数 fzero 的用法如下：

```
x = fzero(fun,x0)
x = fzero(fun,x0,options)
[x,fval] = fzero(...)
[x,fval,exitflag] = fzero(...)
[x,fval,exitflag,output] = fzero(...)
```

需要留意的是，函数 fzero 中初始值 x0 有两种特殊情况：当 x0 为数值时，fzero 将其作为初始值使用；当 x0 为 2 个长度的矢量时，fzero 将其作为解的区间。

函数 fsolve 的用法如下：

```
x = fsolve(fun,x0)
x = fsolve(fun,x0,options)
x = fsolve(problem)
[x,fval] = fsolve(fun,x0)
[x,fval,exitflag] = fsolve(...)
[x,fval,exitflag,output] = fsolve(...)
[x,fval,exitflag,output,jacobian] = fsolve(...)
```

【例 14.3.1】 利用函数 fzero 计算特定目标方程零值。

代码如下：

```
x = fzero(@sin,3)
x =
3.1416

x = fzero(@cos,[1 2])
x =
1.5708
```

【例 14.3.2】 利用函数 fsolve 计算特定目标方程最优解。

目标方程为

$$\begin{cases} 2x_1 + x_2 = e^{-x_1} \\ -x_1 + 2x_2 = e^{-x_2} \end{cases}$$

转换为标准形式后，方程为

$$\begin{cases} 2x_1 + x_2 - e^{-x_1} = 0 \\ -x_1 + 2x_2 - e^{-x_2} = 0 \end{cases}$$

建立目标函数 m 文件(myfun. m)：

```
function F = myfun(x)
F = [2 * x(1) - x(2) - exp( - x(1));
      - x(1) + 2 * x(2) - exp( - x(2))];
end
```

给定初始值[−5,5]，然后调用函数 fsolve：

```
x0 = [ - 5; - 5];                % Make a starting guess at the solution
options = optimset('Display','iter');    % Option to display output
[x,fval] = fsolve(@myfun,x0,options)   % Call solver
```

输出结果如下：

```
Iteration Func - count   f(x)            step      optimality      radius
    0         3        23535.6                     2.29e + 004       1
    1         6        6001.72             1       5.75e + 003       1
    2         9        1573.51             1       1.47e + 003       1
    3        12        427.226            1            388          1
    4        15        119.763            1            107          1
    5        18        33.5206            1           30.8          1
    6        21        8.35208            1           9.05          1
    7        24        1.21394            1           2.26          1
    8        27        0.016329     0.759511          0.206         2.5
    9        30   3.51575e - 006    0.111927        0.00294         2.5
   10        33   1.64763e - 013  0.00169132      6.36e - 007       2.5

Equation solved.
```

```
fsolve completed because the vector of function values is near zero
as measured by the default value of the function tolerance, and
the problem appears regular as measured by the gradient.

x =
    0.5671
    0.5671
fval =
  1.0e-006 *
       -0.4059
       -0.4059
```

【例 14.3.3】 利用函数 fsolve 计算矩阵形式目标方程的最优解。

目标方程为

$$X \cdot X \cdot X = \begin{bmatrix} 1 & 2 \\ 3 & 4 \end{bmatrix}$$

建立目标函数 m 文件(myfun.m)：

```
function F = myfun(x)
F = x*x*x-[1,2;3,4];
end
```

设置初始矩阵值为[0,0;0,0]并优化参数，然后调用函数 fsolve：

```
x0 = ones(2,2);   % Make a starting guess at the solution
options = optimset('Display','off');   % Turn off display
[x,Fval,exitflag] = fsolve(@myfun,x0,options)
x =
    -0.1291    0.8602
     1.2903    1.1612
Fval =
  1.0e-009 *
  -0.1621    0.0780
   0.1167   -0.0465
exitflag =
     1
```

14.3.2 函数 fminunc

函数 fminunc 用于找出多变量函数无约束条件的最小值。用法如下：

```
x = fminunc(fun,x0)
x = fminunc(fun,x0,options)
x = fminunc(problem)
[x,fval] = fminunc(...)
[x,fval,exitflag] = fminunc(...)
[x,fval,exitflag,output] = fminunc(...)
[x,fval,exitflag,output,grad] = fminunc(...)
[x,fval,exitflag,output,grad,hessian]= fminunc(...)
```

【例 14.3.4】 利用函数 fminunc 计算矩阵形式目标方程的最优解。

首先建立一个关于目标函数的 m 文件(myfun.m)：

```
function f = myfun(x)
f = 3*x(1)^2 + 2*x(1)*x(2) + x(2)^2;      % Cost function
end
```

然后调用函数 fminunc 找出目标函数在[1,1]附近的最优解和最小值：

```
x0 = [1,1];
[x,fval] = fminunc(@myfun,x0);
```

经过若干次迭代后，返回最优解和最优解对应的最小函数值：

```
x,fval
x =
  1.0e-006 *
    0.2541    -0.2029
fval =
  1.3173e-013
```

如果在目标函数中提供梯度的计算，则代码如下：

```
function [f,g] = myfun(x)
f = 3*x(1)^2 + 2*x(1)*x(2) + x(2)^2;     % Cost function
if nargout > 1
   g(1) = 6*x(1)+2*x(2);
   g(2) = 2*x(1)+2*x(2);
end
```

再次调用函数 fminunc 找出目标函数在[1,1]附近的最优解和最小值：

```
options = optimset('GradObj','on');
x0 = [1,1];
[x,fval] = fminunc(@myfun,x0,options);
```

经过若干次迭代后，返回的最优解和最优解对应的最小函数值：

```
x,fval
x =
  1.0e-015 *
    0.1110    -0.8882
fval =
  6.2862e-031
```

不难发现，使用了梯度的优化策略，在计算精度上有了明显的进步，程序的收敛速度也得到了提升。

输入参数 fun 除了可以用普通的函数句柄外，还可以采用匿名函数句柄：

```
f = @(x)sin(x)+3;
x = fminunc(f,4)
x =
    4.7124
```

14.3.3　函数 fminbnd

函数 fminbnd 用于找出多变量函数有边界限制条件的最小值。用法如下：

```
x = fminbnd(fun,x1,x2)
x = fminbnd(fun,x1,x2,options)
[x,fval] = fminbnd(...)
[x,fval,exitflag] = fminbnd(...)
[x,fval,exitflag,output] = fminbnd(...)
```

【例 14.3.5】　利用函数 fminbnd 计算矩阵形式目标方程的最优解。

```
f = @(x)x.^3-2*x-5;
[x,fval] = fminbnd(f, 0, 2)
x =
0.8165
```

```
fval =
 - 6.0887
```

当目标函数中还存在额外的输入参数，但又不能通过函数 fminbnd 直接传入，则可以采用如下的匿名函数方式传入额外参数，

建立一个关于带额外参数 a 的目标函数 m 文件(myfun.m)：

```
function f = myfun(x,a)
f = (x - a)^2;
end
```

然后在命令窗口中给 a 赋值，并调用函数 fminbnd：

```
a = 1.5;
x = fminbnd(@(x) myfun(x,a),0,1);
```

这样就能够既保证 a 有足够的灵活性，也使得 a 可以不通过函数 fminbnd 传入。

14.3.4 函数 fmincon 与函数 linprog

函数 fmincon 用于多变量函数非线性约束下的目标最小的最优解计算。

函数 linprog 用于多变量函数线性约束下的目标最小的最优解计算。

函数 fmincon 的用法如下：

```
x = fmincon(fun,x0,A,b)
x = fmincon(fun,x0,A,b,Aeq,beq)
x = fmincon(fun,x0,A,b,Aeq,beq,lb,ub)
x = fmincon(fun,x0,A,b,Aeq,beq,lb,ub,nonlcon)
x = fmincon(fun,x0,A,b,Aeq,beq,lb,ub,nonlcon,options)
x = fmincon(problem)
[x,fval] = fmincon(...)
[x,fval,exitflag] = fmincon(...)
[x,fval,exitflag,output] = fmincon(...)
[x,fval,exitflag,output,lambda] = fmincon(...)
[x,fval,exitflag,output,lambda,grad] = fmincon(...)
[x,fval,exitflag,output,lambda,grad,hessian] = fmincon(...)
```

函数 linprog 的用法如下：

```
x = linprog(f,A,b)
x = linprog(f,A,b,Aeq,beq)
x = linprog(f,A,b,Aeq,beq,lb,ub)
x = linprog(f,A,b,Aeq,beq,lb,ub,x0)
x = linprog(f,A,b,Aeq,beq,lb,ub,x0,options)
x = linprog(problem)
[x,fval] = linprog(...)
[x,fval,exitflag] = linprog(...)
[x,fval,exitflag,output] = linprog(...)
[x,fval,exitflag,output,lambda] = linprog(...)
```

从用法上看，线性规划函数 linprog 和 fmincon 有许多相似之处。

函数 fmincon 虽然包含了非线性约束，但同时也包含了线性约束，所以从范围上看 fmincon 的约束条件类型，是包括 linprog 的约束类型的。

同时，比较函数 fmincon 和 linprog 可以发现，fmincon 必须要有初始值 x0 的输入，而 linprog 不一定需要输入初始值 x0。

【例 14.3.6】 利用函数 fmincon 计算矩阵形式目标方程的最优解。

目标函数为

$$f(x) = -x_1x_2x_3$$

约束条件为

$$0 \leqslant x_1 + 2x_2 + 2x_3 \leqslant 72$$

这里约束条件可以转化为

$$\begin{cases} -x_1 - 2x_2 - 2x_3 \leqslant 0 \\ x_1 + 2x_2 + 2x_3 \leqslant 72 \end{cases}$$

目标函数形式为：

```
function f = myfun(x)
f = - x(1) * x(2) * x(3);
end
```

再转换为输入参数：

```
A = [-1  -2  -2;
      1   2   2];
b = [0;72];
```

初始值设置为[10,10,10]，调用函数 fmincon：

```
x0 = [10;10;10];     % Starting guess at the solution
[x,fval] = fmincon(@myfun,x0,A,b)
x =
    24.0000
    12.0000
    12.0000
fval =
   - 3.4560e + 03
```

【例 14.3.7】 利用函数 linprog 计算线性目标函数最优解。

目标函数为

$$f(x) = -5x_1 - 4x_2 - 6x_3$$

约束条件为

$$\begin{cases} x_1 - x_2 + x_3 \leqslant 20 \\ 3x_1 + 2x_2 + 4x_3 \leqslant 42 \\ 3x_1 + 2x_2 \leqslant 30 \\ 0 \leqslant x_1 \\ 0 \leqslant x_2 \\ 0 \leqslant x_3 \end{cases}$$

转化为输入参数：

```
f = [-5; -4; -6];
A =[1  -1  1
    3   2  4
    3   2  0];
b = [20; 42; 30];
lb = zeros(3,1);
```

调用函数 linprog：

```
[x,fval,exitflag,output,lambda] = linprog(f,A,b,[],[],lb);
x,lambda.ineqlin,lambda.lower
x =
     0.0000
    15.0000
     3.0000
```

14.3.5 函数 fminsearch

函数 fminsearch 用于多变量非约束条件下最小的最优解计算，采用非导数算法。

函数 fminsearch 的用法如下：

```
x = fminsearch(fun,x0)
x = fminsearch(fun,x0,options)
[x,fval] = fminsearch(...)
[x,fval,exitflag] = fminsearch(...)
[x,fval,exitflag,output] = fminsearch(...)
```

【例 14.3.8】 利用函数 fminsearch 计算多变量非约束条件的目标函数最优解。

目标函数为

$$f(x) = 100\,(x_2 - x_1^2)^2 + (1 - x_1)^2$$

采用匿名函数表示：

```
banana = @(x)100 * (x(2) - x(1)^2)^2 + (1 - x(1))^2;
```

以[−1.2,1]为初始点，调用函数 fminsearch：

```
[x,fval] = fminsearch(banana,[-1.2, 1])
x =
    1.0000    1.0000
fval =
    8.1777e-010
```

14.3.6 函数 lsqlin 与函数 lsqnonlin

函数 lsqlin 用于线性约束条件下的线性最小二乘问题。

函数 lsqnonlin 用于无约束条件下的非线性最小二乘问题。

函数 lsqlin 的用法如下：

```
x = lsqlin(C,d,A,b)
x = lsqlin(C,d,A,b,Aeq,beq)
x = lsqlin(C,d,A,b,Aeq,beq,lb,ub)
x = lsqlin(C,d,A,b,Aeq,beq,lb,ub,x0)
x = lsqlin(C,d,A,b,Aeq,beq,lb,ub,x0,options)
x = lsqlin(problem)
[x,resnorm] = lsqlin(...)
[x,resnorm,residual] = lsqlin(...)
[x,resnorm,residual,exitflag] = lsqlin(...)
[x,resnorm,residual,exitflag,output]= lsqlin(...)
[x,resnorm,residual,exitflag,output,lambda] = lsqlin(...)
```

函数 lsqnonlin 的用法如下：

```
x = lsqnonlin(fun,x0)
x = lsqnonlin(fun,x0,lb,ub)
x = lsqnonlin(fun,x0,lb,ub,options)
x = lsqnonlin(problem)
[x,resnorm] = lsqnonlin(...)
[x,resnorm,residual] = lsqnonlin(...)
[x,resnorm,residual,exitflag] = lsqnonlin(...)
[x,resnorm,residual,exitflag,output]= lsqnonlin(...)
[x,resnorm,residual,exitflag,output,lambda] = lsqnonlin(...)
[x,resnorm,residual,exitflag,output,lambda,jacobian] = lsqnonlin(...)
```

【例 14.3.9】 利用函数 lsqlin 计算线性约束条件下的线性最小二乘的目标函数最优解。

输入最小二乘参数和线性约束参数：

```
C = [
    0.9501    0.7620    0.6153    0.4057
    0.2311    0.4564    0.7919    0.9354
    0.6068    0.0185    0.9218    0.9169
    0.4859    0.8214    0.7382    0.4102
    0.8912    0.4447    0.1762    0.8936];
d = [
    0.0578
    0.3528
    0.8131
    0.0098
    0.1388];
A =[
    0.2027    0.2721    0.7467    0.4659
    0.1987    0.1988    0.4450    0.4186
    0.6037    0.0152    0.9318    0.8462];
b =[
    0.5251
    0.2026
    0.6721];
lb = -0.1 * ones(4,1);
ub = 2 * ones(4,1);
```

调用函数 lsqlin：

```
x = lsqlin(C,d,A,b,[ ],[ ],lb,ub);
x =
   -0.1000
   -0.1000
    0.2152
    0.3502
```

【例 14.3.10】 利用函数 lsqnonlin 计算无约束条件下的非线性最小二乘的目标函数最优解。

定义最小二乘的目标函数：

$$F_k(x) = 2 + 2k - e^{kx_1} - e^{kx_2} (k = 1,2,\cdots,10)$$

目标函数写为 m 文件(myfun.m)：

```
function F = myfun(x)
k = 1:10;
F = 2 + 2 * k - exp(k * x(1)) - exp(k * x(2));
end
```

设置初始值为[0.3,0.4]，调用函数 lsqnonlin：

```
x0 = [0.3 0.4]                        % Starting guess
[x,resnorm] = lsqnonlin(@myfun,x0)    % Invoke optimizer
x =
    0.2578   0.2578
resnorm =
    124.3622
```

14.3.7　函数 bintprog 与函数 intlinprog

函数 bintprog 用于解决 0,1 类型的整数线性最优问题。函数 bitprog 默认所有未知数的解只存在两种形式：0 和 1。由于这种解的局限性，所以新版本被功能更为强大的函数 intlinprog 所取代。

函数 intlinprog 用于解决整数线性优化问题，可以允许部分或者全部未知数的取值为整数。在此基础上，求解目标方程和约束条件下的最优解。

函数 bintprog 的用法如下：

```
x = bintprog(f)
x = bintprog(f,A,b)
x = bintprog(f,A,b,Aeq,beq)
x = bintprog(f,A,b,Aeq,beq,x0)
x = bintprog(f,A,b,Aeq,Beq,x0,options)
x = bintprog(problem)
[x,fval] = bintprog(...)
[x,fval,exitflag] = bintprog(...)
[x,fval,exitflag,output] = bintprog(...)
```

函数 intlinprog 用法如下：

```
x = intlinprog(f,intcon,A,b)
x = intlinprog(f,intcon,A,b,Aeq,beq)
x = intlinprog(f,intcon,A,b,Aeq,beq,lb,ub)
x = intlinprog(f,intcon,A,b,Aeq,beq,lb,ub,options)
x = intlinprog(problem)
[x,fval,exitflag,output] = intlinprog(...)
```

可以看出，函数 bintprog 可以设置初始值，而 intlinprog 不存在初始值的设置。变量 intcon 表示整数自变量在所有自变量中的线性索引位置。

以下函数 bintprog 的示例摘自 MATLAB 帮助文档函数 bintprog。

【例 14.3.11】 利用函数 bintprog 计算 0,1 类型的整数线性的目标函数最优解。

目标函数为

$$f(x_i) = -9x_1 - 5x_2 - 6x_3 - 4x_4$$

约束条件为

$$\begin{cases} 6x_1 + 3x_2 + 5x_3 + 2x_4 \leqslant 9 \\ x_3 + x_4 \leqslant 1 \\ -x_1 + x_3 \leqslant 0 \\ -x_2 + x_4 \leqslant 0 \end{cases}$$

函数 bintprog 中对应的参数可以设置为

```
f = [-9; -5; -6; -4];
A = [6 3 5 2; 0 0 1 1; -1 0 1 0; 0 -1 0 1];
b = [9; 1; 0; 0];
```

调用函数 intlinprog 及其结果如下：

```
x = bintprog(f,A,b)
Optimization terminated.
x =
     1
     1
     0
     0
```

【例 14.3.12】 利用函数 intlinprog 计算整数线性的目标函数最优解。

目标函数为

$$f(x_i) = 8x_1 + x_2$$

约束条件为

$$\begin{cases} x_2 \in \mathbf{Z} \\ x_1 + 2x_2 \geqslant -14 \\ -4x_1 - x_2 \leqslant -33 \\ 2x_1 + x_2 \leqslant 20 \end{cases}$$

其中 **Z** 表示整数。

约束条件可以转换为

$$\begin{cases} x_2 \in \mathbf{Z} \\ -x_1 - 2x_2 \leqslant 14 \\ -4x_1 - x_2 \leqslant -33 \\ 2x_1 + x_2 \leqslant 20 \end{cases}$$

函数 intlinprog 中对应的参数可以设置为

```
f = [8;1];
intcon = 2;
A = [-1,-2;-4,-1;2,1];
b = [14;-33;20];
```

调用函数 intlinprog 及其结果如下：

```
x = intlinprog(f,intcon,A,b)
LP:Optimal Objective value is 59.000000
Optimal solution found.
Intlinprog stopped at the root node because the objective value is within a gap tolerance of the op-
timal value;
options.TolGapAbs = 0 (the default value). The intcon variables are integer within tolerance.
options.TolInteger = 1e-05 (the default value).
X =
    6.5000
    7.0000
```

14.4 回归分析

回归模型描述一个输出变量，和一个或多个预测变量之间的关系。统计和机器学习的工具箱中的回归分析包含了线性回归模型、非线性回归模型、逐步回归模型和混合效应模型。一旦适应一个模型，可以使用它来预测或模拟反应，评估模型拟合。

14.4.1 线性回归

模型中描述的线性回归模型都是基于一定的假设，如观测误差为随机误差，分布形式为正态分布。如果误差的分布是不对称的或存在粗差，模型的假设是无效的，那么参数估计、置信区间以及其他计算统计量将变得不可靠。这也是提出稳健拟合的原因。稳健拟合的方法比普通最小二乘法，对数据小部分的大变化表现得更不敏感。

稳健回归的工作原理其实就是选权迭代的思想。通过给每个数据点分配一个权重的方法来进行稳健回归。权重计算是自动完成的，反复使用的过程称为迭代加权最小二乘法。在第一次迭代中，每个点被分配的平等权和模型系数估计使用普通最小二乘法。在随后的迭代计算权重过程中，根据每次模型的残余误差统计，将偏离模型较大的残余误差对应的观测方程设置较小的权重。经过调整权重后，重新采用加权最小二乘法，计算模型系数。迭代过程将一直持续到残余误差在一个容许的范围内，最终结果将趋于稳定。

【例 14.4.1】 稳健回归消除粗差影响。

```
% 数据准备
load moore
X = [moore(:,1:5)];
y = moore(:,6);
% 拟合非稳健模型和稳健模型
mdl = fitlm(X,y); % not robust
mdlr = fitlm(X,y,'RobustOpts','on');
% 检查模型残差
subplot(1,2,1);plotResiduals(mdl,'probability')
subplot(1,2,2);plotResiduals(mdlr,'probability')   % 见图 14.4.1
```

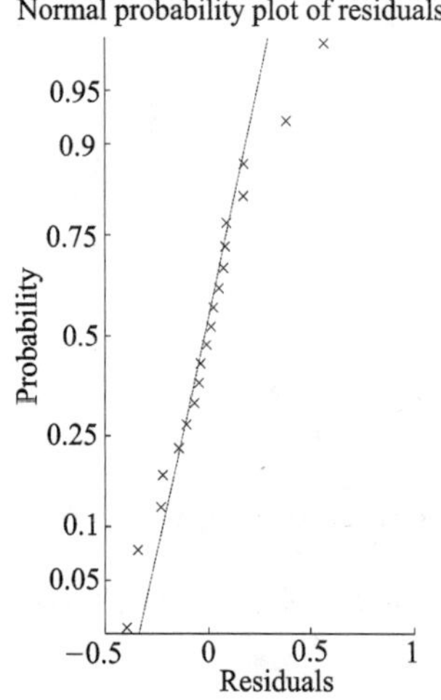

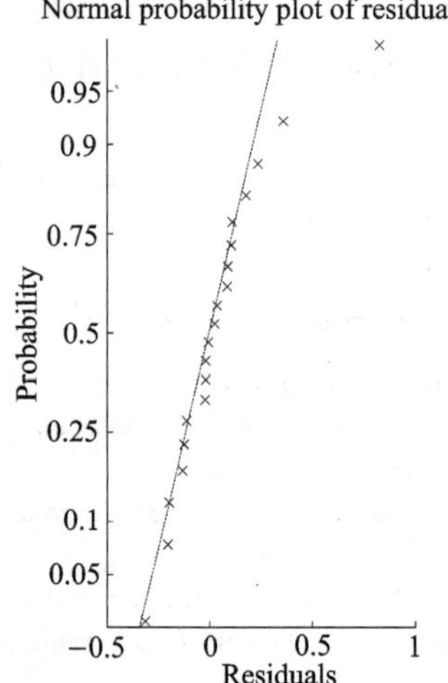

图 14.4.1 非稳健模型和稳健模型残差

```
% 移除标准模型以外的点
[~,outlier] = max(mdlr.Residuals.Raw);
mdlr.Robust.Weights(outlier)
ans =
    0.0246
median(mdlr.Robust.Weights)
ans =
    0.9718
```

14.4.2 广义线性回归

在广义线性回归中，MATLAB 提供了类 GeneralizedLinearModel。这里只简单介绍一下岭回归。其他类型的回归方法，可以通过 MATLAB 帮助文档查阅。

岭回归是通过对法方程对角线元素增加微小量，改变原法方程的病态性，使有偏估计的结果更趋近真实解。岭回归的方式在 MATLAB 中对应的函数为 ridge，其用法如下所示：

```
b = ridge(y,X,k)
b = ridge(y,X,k,scaled)
```

其中，y 为观测值向量，大小为 $m\times 1$，m 表示观测方程个数。X 为误差方程矩阵，大小为 $m\times n$，m 表示观测方程个数，n 表示未知数个数。k 表示法方程对角线添加的微小量。scaled 取值为 0 或者 1，取 1 时与 ridge(y,X,k)用法一致；取 0 时，还会对取值 1 时的结果做额外处

理。取值为 0 时，在显示矩阵相同规模的系数(如岭迹)时，结果更有用；取值为 1 时，对于预测结果更有用。

【例 14.4.2】 利用函数 ridge 作岭估计及分析。

```
load acetylene
subplot(1,3,1)
plot(x1,x2,'.')
xlabel('x1'); ylabel('x2'); grid on; axis square
subplot(1,3,2)
plot(x1,x3,'.')
xlabel('x1'); ylabel('x3'); grid on; axis square
subplot(1,3,3)
plot(x2,x3,'.')
xlabel('x2'); ylabel('x3'); grid on; axis square   % 见图 14.4.2
```

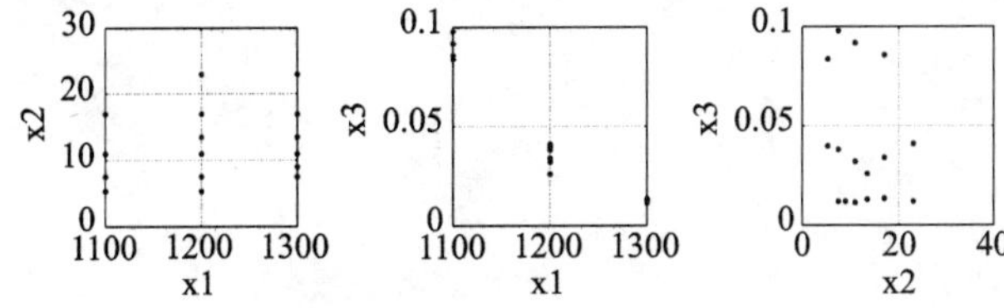

图 14.4.2　不同系数岭估计结果

```
X = [x1 x2 x3];
D = x2fx(X,'interaction');
D(:,1) = []; % No constant term
k = 0:1e-5:5e-3;
b = ridge(y,D,k);
figure
plot(k,b,'LineWidth',2)
ylim([-100 100])
grid on
xlabel('Ridge Parameter')
ylabel('Standardized Coefficient')
title('{\bf Ridge Trace}')
legend('x1','x2','x3','x1x2','x1x3','x2x3')   % 见图 14.4.3
```

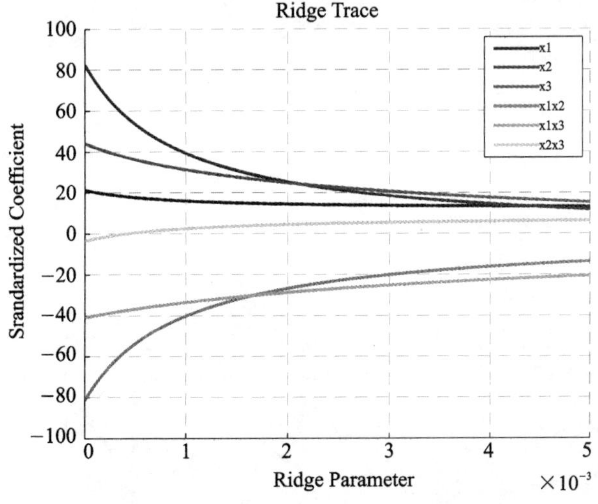

图 14.4.3　岭估计系数相关性检查

若您对此书内容有任何疑问，可以凭在线交流卡登录MATLAB中文论坛与作者交流。

14.5 本章小结

本章主要介绍了常见的几种优化方法，分析了算法的适用场景和用法举例。关于使用MATLAB数值优化工具箱的优化步骤，作了简单的用法介绍。顺便对工具箱中的常见函数，讲解了对应的使用方法，以及各个函数参数的意义，并且针对相类似的函数作了一定的比较。

第 15 章 自动微分

在第 14 章讲到的关于优化问题的参数设置中，有一种算法是置信区域反射(trust-region-reflective)。在 MATLAB 优化问题中，这种算法默认关闭了雅克比矩阵进行优化运算，也就是 options. Jacobian 在默认状态下是关闭的状态(off)。但同时也提供了设置优化参数，通过自行提供雅克比矩阵，进行优化计算的另外一种方式。此时需要设置优化参数 options. Jacobian 为使用的状态(on)，并提供最优化函数的雅克比矩阵，以及如何使用雅克比矩阵的函数。如果要通过这种方式进行计算，就必须计算雅克比矩阵。于是就引出了一个问题——如何得到雅克比矩阵？而雅克比矩阵是由一个或多个原函数关于各个未知数的导数组成的一个偏导数矩阵。要计算出雅克比矩阵，就必须计算出原函数关于未知数的偏导数。

此外，在一系列摄影测量的平差问题中，无论是投影变换、直接线性变换、共线方程、有理多项式模型等，这些模型形式并非线性方程，需要线性化得到误差方程。线性化误差方程的过程中，往往是通过人为计算出泰勒公式的一次展开式后，再通过程序语言编写到代码中。这里需要说明的是，当观测模型越简单时，这里的泰勒一次展开式就越容易；当观测模型越复杂，并且需要满足不断变化的要求时，代码的编写和验证将是一个痛苦而繁杂的过程。如果有一种方法，能够将原函数自动生成其对应的一次泰勒展开式的结果，就可以省略人为计算的过程。而一次泰勒展开式，也是需要计算原函数关于未知数的偏导数。

根据以上列举的一些原因，如果程序能够自动计算原函数关于未知数的导数，将是一个非常有意义的过程。庆幸的是，在 MATLAB 中提供了符号数学工具箱(Symbolic Math Toolbox)，帮助完成这些看上去不可能完成的任务。符号数学工具箱提供了强大的符号代数运算功能。它支持代数符号化，函数、表达式都可以符号化，同时，经过符号化的代数表达式或者函数又能进行一些代数运算，如计算导数、积分、级数展开、极限、代数变换、方程的代数解、计算雅克比矩阵等一系列复杂的计算。不仅如此，还能将这些计算结果用可视化的方式显示出来，最后还提供将这些计算的代数结果，通过自动生成代码的方式表达出来。从根本意义上解决了计算机处理符号代数的部分问题。

15.1 自动微分的方法

15.1.1 代数解

符号数学工具箱为自动微分，甚至更多的代数运算提供了终极的解决方案，但只适用于在 MATLAB 中用作科学计算，无法转换为通用工具使用。尤其在编译程序时，符号数学工具箱中的函数库将与 MATLAB 底层工具箱相冲突，只能将应用局限于 MATLAB 中。同时因为考虑了更多的代数运算，使得面向处理的问题更宽泛，解决问题的办法也更局限。如果只需要解决函数求偏导的问题，并不局限于计算出代数意义上偏导函数的表达式，在未知数取任意值时可以计算得到函数关于未知数的偏导数数值，那么问题将变得更简单。

15.1.2 数值解

看上去两者似乎没有太大区别，既然能够计算出偏导数数值，那么对函数的偏导数代数表达式应该不会完全一无所知；但事实恰恰是如此，问题的关键也正是在这里。如果我们把计算偏导数看作是一个广义上的函数，那么给定任意一个原函数，都可以得到一个对应的关于未知数的偏导函数；但是这个偏导函数并不提供函数的代数表达，只提供数值运算功能。这一点将十分重要。

不妨举一个求导数的例子，即可解释清楚计算导数的过程。如函数 $y = x\sin x^2$ 计算 y 关于 x 在 $x = 3$ 时的导数。下面左侧计算的是函数值，右侧计算的是导函数值：

$x = 3$	$x' = 1$
$y_1 = x^2 = 9$	$y_1' = 2xx' = 6$
$y_2 = \sin y_1 = 0.4121$	$y_2' = (\cos y_1)y_1' = -5.4667$
$y = xy_2 = 1.2363$	$y' = x'y_2 + xy_2' = -15.9883$

可以看出，函数计算的每一个步骤都有一个导函数与之对应，这就是导数计算过程中链式法则所起到的作用。而其中一些导函数的计算方法，是初等函数的导数公式。这些导数公式是经过一定数学推导、需要记住的常用公式。

计算导数的过程可以看作是利用链式法则，将复杂的表达式分割为简单的初等函数，并进行导数计算，而初等函数的导数，可以通过一一列举的方式单独提供。如简单的数乘运算、乘法运算、幂运算等，在导数计算的过程中不再认为是原来的函数计算方式，而是有特定对应的导函数形式。从更抽象的代数学意义来看，导数计算过程可以看作是一个原函数值和导函数值的二元代数运算过程。其中第一元是原函数值，第二元是导函数值。第二元依赖于第一元的结果进行它对应的初等函数运算，同时第一元的初等函数运算方式不变，但第二元的初等函数运算，与第一元完全不同，它存在特定的初等函数运算形式。还是以 $y = x\sin x^2$ 举例，不妨令 $x = [3 \quad 1]$ 表示以原函数值和导函数值的二元代数式 $[3 \quad 1]$。函数式可以看作是 $y_0 = x$，其中第一元为3，表示函数值为3，第二元为1，表示导数值为1。

第一步，计算 $y_1 = x^2$。

第一元的运算方式不发生改变，仍然为幂运算，而第二元的运算规则发生了改变。此时幂运算将对应为幂函数的导数运算 $y = (x^n)' = nx^{n-1}x'$。

从形式上看，$[y_1 \quad y_1']$ 的运算过程如下所示：

$$[y_1 \quad y_1'] = ([x \quad x'])^2 = [x^2 \quad 2xx']$$

从结果上看，y_1 值的运算过程如下所示：

$$[y_1 \quad y_1'] = ([3 \quad 1])^2 = [3^2 \quad 2\times 3\times 1] = [9 \quad 6]$$

于是，$[y_1 \quad y_1']$ 的二元代数式为 $[9 \quad 6]$，表示 y_1 在 $x = 3$ 时，函数值为9，导数值为6。

第二步，计算 $y_2 = \sin y_1$。

同理，在计算正弦运算时，第一元运算方式不变，第二元以正弦函数的导数形式进行计算。此时正弦函数的导函数为

$$y = (\sin x)' = (\cos x)x'$$

从形式上看，$[y_2 \quad y_2']$ 的运算过程如下所示：

$$[y_2 \quad y_2'] = \sin[y_1 \quad y_1'] = [\sin y_1 \quad (\cos y_1)y_1']$$

从结果上看，$[y_2 \quad y_2']$ 的运算过程如下所示：

$$[y_2 \quad y_2'] = \sin[9 \quad 6] = [\sin 9 \quad (\cos 9)\cdot 6] = [0.4121 \quad -5.4667]$$

于是，$[y_2 \quad y_2']$ 的二元代数式为 $[0.4121 \quad -5.4667]$，表示 y_2 在 $x=3$ 时，函数值为 0.4121，导数值为－5.4667。

第三步，计算 $y=xy_2$。

与前两步一样，第一元计算函数乘法运算结果不变，第二元计算函数乘法对应为函数相乘的导函数运算法则，此时函数相乘的导函数运算法则为

$$y = [f_1(x)\cdot f_2(x)]' = f_1'(x)f_2(x) + f_1(x)f_2'(x)$$

从形式上看，$[y \quad y']$的运算过程如下所示：

$$[y \quad y'] = [x \quad x'][y_2 \quad y_2'] = [xy_2 \quad x'y_2 + xy_2']$$

从结果上看，$[y \quad y']$的运算过程如下所示：

$$[y \quad y'] = [3 \quad 1][0.4121 \quad -5.4667] = [1.2363 \quad -15.9883]$$

于是有了$[y \quad y']$的二元代数式为$[1.2363 \quad -15.9883]$，表示 y 在 $x=3$ 时，函数值为 1.2363，导数值为－15.9883。

最终结果：y 的函数值为 1.2363，导数值为－15.9883，但并没有计算 y 导函数的代数表达式，而是通过数值计算得到了在 $x=3$ 处 y 的导函数值。那么如何通过程序计算的方式，按照上述步骤计算出函数结果和导函数结果呢？

15.2 复数法一阶自动微分

复数微分计算一阶导数参考自 MATLAB 大师 Cleve Moler 博文 *Complex Step Differentiation*。其中详细讲述了利用复数微分的原理和用例。这里引用其中部分内容加以说明。

算法巧妙利用了实变可微函数在复平面上也具有相同的平滑特性，在求导点附近进行泰勒级数展开。不妨回顾一下函数 $F(x)$在 x_0 处的泰勒级数展开公式，如下所示：

$$F(x) = \sum_{n=0}^{\infty} \frac{F^{(n)}(x_0)}{n!}(x-x_0)^n$$

当 $x=x_0+\mathrm{i}h$（i 为虚数单位，h 为极小常量，根据 $\mathrm{i}^2=-1$）时，同理可得函数 $F(x)$在 $x=x_0+\mathrm{i}h$处的泰勒级数展开式为

$$F(x_0+\mathrm{i}h) = F(x_0) + \mathrm{i}hF'(x_0) - \frac{h^2F''(x_0)}{2!} - \frac{\mathrm{i}h^3F^{(3)}(x_0)}{3!} + \cdots$$

不难看出，函数引入复数变量后，计算结果被分为两部分，分别是实部和虚部。实部由奇数项组成，虚部由偶数项组成。原式经过整理可得

$$F'(x_0) = \frac{\mathrm{Im}[F(x_0+\mathrm{i}h)]}{h} + O(h^2)$$

其中，Im 表示虚部，$O(h^2)$表示与 h 的二阶无穷小项。

当 h 趋近于 0 时，有

$$F'(x_0) \approx \frac{\mathrm{Im}[F(x_0+\mathrm{i}h)]}{h}$$

此时当设置 $h=10^{-8}$，$F'(x)$的精度误差应该在 h^2 的数量级，也就是 10^{-16}。接下来列举博文中的例子，函数方程如下：

$$F(x) = \frac{\mathrm{e}^x}{\cos^3 x + \sin^3 x}$$

需要根据函数方程，利用复数微分计算 $F'\left(\frac{\pi}{4}\right)$ 的值。

接下来引用博文中的代码，通过上述例子说明复数法微分的计算过程。

```
function ComplexStepDifferenceDemo()
F = @(x) exp(x)./((cos(x)).^3 + (sin(x)).^3);
ezplot(F,[-pi/4,pi/2])  %显示函数局部和待求一阶微分处的点位置
axis([-pi/4,pi/2,0,6])
set(gca,'xtick',[-pi/4,0,pi/4,pi/2])
line([pi/4,pi/4],[F(pi/4),F(pi/4)],'marker','.','markersize',18)

tolNum = 16;  %误差个数
Fpc = @(x,h) imag(F(x+i*h))./h;  %复数微分法,存在误差
Fpd = @(x,h) (F(x+h) - F(x-h))./(2*h);  %函数极限法,存在误差

format long
disp('          h                 complex step      finite differerence');
h = (10.^(-(1:tolNum)))';
disp([h Fpc(pi/4,h) Fpd(pi/4,h)]);

%符号代数法,默认为真值
syms x
F = exp(x)/((cos(x))^3 + (sin(x))^3);
Fps = simple(diff(F));
exact = subs(Fps,pi/4);
flexact = double(exact);

%计算复数微分法、函数极限法与真值的差异
errs = zeros(tolNum,2);
errs(:,1) = abs(Fpc(pi/4,h) - exact);
errs(:,2) = abs(Fpd(pi/4,h) - exact);

%显示结果
figure;
%loglog(h,errs)
loglog(h,errs(:,1),'b-',h,errs(:,2),'r-.')
axis([eps 1 eps 1])
set(gca,'xdir','rev')
legend('complex step','finite difference','location','southwest')
xlabel('step size h')
ylabel('error')
end
```

打印结果如下：

```
          h                 complex step         finite differerence
   0.100000000000000    3.144276040634560    3.061511866568119
   0.010000000000000    3.102180075411270    3.101352937655877
   0.001000000000000    3.101770529535847    3.101762258158169
   0.000100000000000    3.101766435192940    3.101766352480162
   0.000010000000000    3.101766394249620    3.101766393398542
   0.000001000000000    3.101766393840188    3.101766393509564
   0.000000100000000    3.101766393836091    3.101766394841832
   0.000000010000000    3.101766393836053    3.101766443691645
   0.000000001000000    3.101766393836052    3.101766399282724
```

```
0.000000000100000   3.101766393836052   3.101763290658255
0.000000000010000   3.101766393836053   3.101785495118747
0.000000000001000   3.101766393836053   3.101963130802687
0.000000000000100   3.101766393836052   3.097522238704187
0.000000000000010   3.101766393836053   3.108624468950438
0.000000000000001   3.101766393836052   3.108624468950438
0.000000000000000   3.101766393836053   8.881784197001252
```

显示结果见图 15.2.1、图 15.2.2。

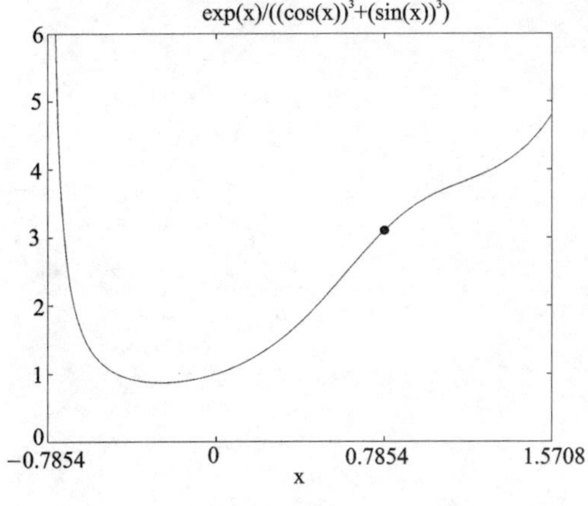

图 15.2.1 函数及微分点位置

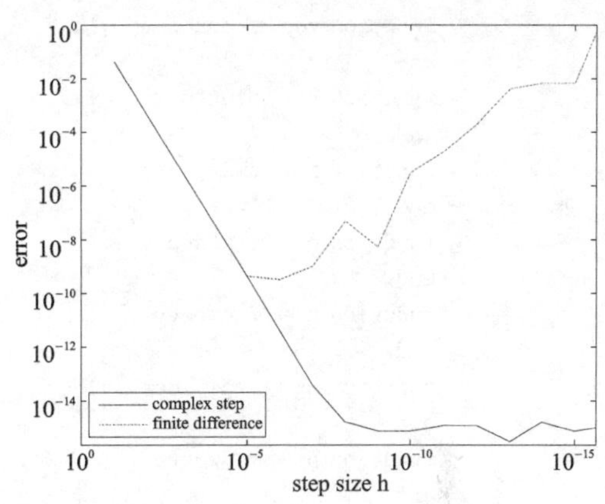

图 15.2.2 计算误差比较

15.3 面向对象的自动微分

这里采用的自动微分方法为数值解。由于在计算导函数过程中需要沿用原函数中的运算顺序和运算关系，但在计算导函数时，又不能完全按照现有的运算法则进行计算，所以必须在一定约束范围内，重载 MATLAB 中原有的运算符。这样既不丢失原有的运算符，又能灵活引入关于导数的新运算规则。

约束范围可以通过类的方式控制。在这个特定类中重载 MATLAB 的运算符。当对这个特定类进行运算符操作时，MATLAB 会通过判断运算符操作的具体类型，将不再进入 MATLAB自身的运算符函数，而进入该特定类中重载的运算符操作。如此满足在相同运算符的操作下，不仅可以得到原函数值，还能得到导函数的值。运用类的方式，也更好地封装了计算部分，也更符合面向对象编程(Object - Oriented Program，OOP)，避免发生运算符混淆。

以下介绍自动微分的使用，以及关于 MATLAB 的面向对象编程的基本结构。

这里参考了 Richard D. Neidinger 的文章 *Introduction to Automatic Differentiation and MATLAB Object-Oriented Programming*，感谢他对于自动微分思路的透彻讲解，并提供了他用 MATLAB 编写的面向对象自动微分类和算法试验的原始 m 文件，以及一些具有很强实用意义的例子。其中某些示例选自这篇文章中提供的基本算例。当然，这些例子中的具体函数也都可以灵活修改和变动，转化为其他的函数，作为自动微分的试验使用。特此说明，为了方便起见，所有示例与所提到的文献保持一致。

对这些源代码还可以做一些简单的修改，使其能够支持二维矩阵输入的方式，并不局限于一维向量的函数参数输入形式。

下面给出了文章中提到的面向对象的自动微分代码的基本结构。

```
classdef valder
    properties
        val % function value,函数值
        der % derivative value or gradient vector,导数值或者梯度值
    end
    methods
        function obj = valder(a,b)
        end
        function vec = double(obj)
        end
        function h = plus(u,v)
        end
        function h = uminus(u)
        end
        function h = minus(u,v)
        end
        function h = mtimes(u,v)
        end
        function h = mrdivide(u,v)
        end
        function h = mpower(u,v)
        end
        function h = exp(u)
        end
        function h = log(u)
        end
        function h = sqrt(u)
        end
        function h = sin(u)
        end
        function h = cos(u)
        end
        function h = tan(u)
        end
        function h = asin(u)
        end
        function h = atan(u)
        end
    end
end
```

首先,上述代码定义了一个类,名称为 valder,是一个 value 类,即每次拷贝的都是一个独立的对象。如果采用 classdef valder< handle 的方式,则表明类 valder 继承自 handle 类,也就是句柄类,每次发生拷贝的都是一个唯一的对象。当对象体积较大时,采用 handle 类比较适合。在使用上 handle 类也存在一些 value 类不具备的内置方法,功能也更加强大。在事件响应方面,也应该使用 handle 类处理。在这里可以使用 value 类,也可以使用 handle 类。需要说明的是如下结构:

```
classdef  ClassName
end
```

classdef - end 是 MATLAB 中定义类的基本结构。ClassName 表示的是一个类的名称。

其次,属性结构应该被包含在类定义中,其结构如下所示:

```
properties
  propertyName
end
```

properties - end 是 MATLAB 中定义类属性的基本结构。其中属性值还可以像 C++一样，设置为私有、保护和公有属性类型。它是通过 public、protected、private 关键字来完成对属性权限控制的，如：

```
properties (Access = public)
end
```

上述代码表明，属性可以公开获得和设置。

```
properties (GetAccess = public, SetAccess = private)
end
```

上述代码表明，属性可以公开获得，但只能在类内部设置。

```
methods
     functionName
end
```

methods - end 是 MATLAB 中定义类方法的基本结构。在 methods 属性中，可以设置 Access 属性、Hidden 属性、Sealed 属性、Static 属性等。其中，Access 属性可以设置为 public、protected、private。Hidden 属性可用于在函数列表中隐藏方法。Sealed 属性用于密封父类中的方法，不让子类重复使用相同名称的方法。Static 属性用于设置类中的静态方法，该方法不依赖类的实例化，仍然可以正常使用。

实际上，MATLAB 还提供了 events - end 结构和 enumeration - end 结构，前者用于事件反馈，后者用于枚举类型。这两者在算法使用中不多见。在面向对象编程过程中主要使用的是 properties - end 结构和 methods - end 结构。

回到面向对象的自动微分算法上来，它的属性只有简单的两个公有变量，一个是用于存储函数值的变量 val，一个是存储导函数值的变量 der。

函数中提供了与类名同名的类构造函数 obj = valder(a,b)，obj 就是类对象，a 和 b 是变量的初始值和导数值，并重载了函数 double，使其能将类对象中的 val 属性和 der 属性转换为 MATLAB 矩阵。

```
function obj = valder(a,b)
%VALDER class constructor; only the bottom case is needed.
%类 valder 的构造函数，有三种构造方式，分别是输入参数个数为 0、1、2 的情况

if nargin == 0 %never intended for use.
    obj.val = [];
    obj.der = [];
elseif nargin == 1 %c = valder(a) for constant w/ derivative 0.
    obj.val = a;
    obj.der = 0;
else
    obj.val = a; %given function value
    obj.der = b; %given derivative value or gradient vector
end
end

function vec = double(obj)
```

```
% VALDER/DOUBLE Convert valder object to vector of doubles.
% 将类 valder 的对象还原为 MATLAB 矩阵,矩阵顺序为函数值、导数值

vec = [ obj.val, obj.der ];
end
```

与此同时,类 valder 还提供了针对 MATLAB 符号的一系列重载,如 plus 是对加号"+"的重载,uminus 是对单目运算符负号"-"的重载,minus 是对双目运算符减号"-"的重载,mtimes 是对矩阵乘法符号"*"的重载,mrdivide 是对矩阵右除符号"/"的重载,mpower 是对幂运算符"^"的重载。而剩下的重载函数是对已有的 MATLAB 的运算函数的重载,如自然指数函数、自然对数函数、开平方函数、三角函数和反三角函数等。这些基本能涵盖到常见的一些初等函数。

于是通过这个类 valder,利用这些简单的初等函数的导数转换关系,就像人先记忆了这些初等函数的导数公式,再有链式法则,去推导其他由这些初等函数构成的复杂函数的导数。剩下的就是按照数学公式中推导或者记录的方式,一一将这些初等函数的导函数形式,填入这个类中对应的函数内。举两个简单的例子。

```
function h = plus(u,v)
% VALDER/PLUS overloads addition + with at least one valder object argument
% 当加号运算符左右的数据类型至少有一个为类 valder 时,重载加号"+"

if ~isa(u,'valder') % u is a scalar
    h = valder(u + v.val, v.der);        % 当 u 不是类 valder 的对象时,
                                         % u 为一个数值,v 必然是类 valder 的对象
elseif ~isa(v,'valder')                  % v is a scalar
    h = valder(u.val + v, u.der);        % 当 v 不是类 valder 的对象时,
                                         % v 是一个数值,u 必然是类 valder 的对象
else
    h = valder(u.val + v.val, u.der + v.der);   % 当 u、v 同时为类 valder 对象
end
end

function h = mtimes(u,v)
% VALDER./MTIMES overloads multiplication .* with at least one valder object argument
% 重载的是乘法符号"*"

if ~isa(u,'valder') % u is a scalar
    h = valder(u.* v.val, u.* v.der);       % 原始 m 文件中计算过程采用的是"*",
                                            % 而这里采用点乘".*",为了支持向量式输入
elseif ~isa(v,'valder') % v is a scalar
    h = valder(v.* u.val, v.* u.der);       % 原始 m 文件中计算过程采用的是"*",
                                            % 而这里采用点乘".*",为了支持向量式输入
else
    % 原始 m 文件中计算过程采用的是"*"
    % 而这里采用点乘".*",以及使用函数 bsxfun,都是为了支持向量式输入
    h = valder(u.val.* v.val,...
    bsxfun(@times,u.der,v.val) + bsxfun(@times,u.val,v.der));
end
end
```

类中的其他重载函数就不在这里一一列举,感兴趣的话可以自行推导,或者到上文提到的文献中进行查阅。需要注意的是,原始提供的自动微分 m 文件中并不支持向量式的输入,只支持单初始值输入条件。如果需要支持向量式输入,则需要考虑部分代码对向量式输入的

支持。

当完成了这些初等函数的导数运算后，可以通过 $y=x\sin(x^2)$ 验证一下自动微分结果的正确性。

```
x = valder(3,1);
y1 = x * sin(x^2)

y1 =
valder
properties:
val: 1.2364
der: - 15.9882

y2 = x * sin(x * x)

y2 =
valder
properties:
val: 1.2364
der: - 15.9882
```

由此说明两个表达式的计算结果是一致的，而且两者的结果都与推导的计算方式结果一致。实验说明了自动微分在单变量复杂函数中的应用是正确的。

15.3.1　一阶自动微分

上一步生成的类 valder，实际上已经完全可以满足单变量一阶自动微分的使用要求。无论是针对单变量函数的一阶自动微分，还是多变量函数的一阶自动微分，类 valder 都可以完全支持。下面的内容将列举单变量函数一阶自动微分的应用，以及多变量函数一阶自动微分应用。

1. 单变量函数一阶自动微分

采用类 valder 进行关于单变量函数一阶自动微分的应用。这个应用也并不陌生，还是采用优化方法中常见的牛顿法优化。问题具体如下所示：

$$f(x)=\mathrm{e}^{-\sqrt{x}}\sin[x\ln(1+x^2)]$$

首先可以利用一阶自动微分类 valder，计算出函数 $f(x)$ 关于 x 的某个范围内的函数值和导数值，再利用 MATLAB 生成并显示对应的函数图和导函数图。然后可以利用牛顿法，计算在给定的一个未知数 x 的初始解时，函数 $f(x)$ 是否正确收敛到最优解附近，从而验证类 valder 在单变量一阶自动微分的正确性和实用性。

这里也对原始的 fdf 函数作了小小的改动，使其能够支持向量化输入/输出，代码如下：

```
function vec = fdf(a)
% FDF takes a scalar and returns the double vector [ f(a), f'(a) ]
%    where f is defined in normal syntax below.
%函数 fdf 的作用是输入一个关于 x 的初始值 a
%按照给定的函数式，生成对应的函数值和导函数值
%最后函数值和导函数值按顺序存储在 vec 变量中，形式是[f(a),f'(a)]

a = a(:);   %构建一个 valder 类的对象，并初始化
n = size(a,1);
x = valder(a,ones(n,1));
```

```
y = exp( - sqrt(x)) * sin(x * log(1 + x^2));      % 按照原函数的形式写出函数，
                                                  % 通过重载运算,得到的仍然是 valder 类的对象

vec = double(y);       % 将得到的 valder 类的对象 y 转换为矩阵 vec,
                       % 调用的是 valder 类的重载方法 double
end
```

通过调用函数 fdf，并利用一阶自动微分类 valder 中的符号重载和函数重载，只需要列出原函数由初等函数构成的方式，就可以计算出函数值和导数值，完美地将原函数和导函数的内在联系用面向对象编程的方式实现出来。需要说明的是，如果需要采用新的原函数，只用修改函数 fdf 中的原函数表达式即可，十分简单通用，不需要其他额外的人工参与计算，这也是自动微分最有意义的地方。

同时，由于对一阶自动微分类 valder 作了细微改动，使其能够支持向量输入，于是可以如下编写代码计算原函数和导函数：

```
figure;
% fplot(@fdf,[0 5 -1 1]);

x = (0:1e-2:5)';
y = fdf(x);
h = newplot();
plot(x,y(:,1),'r-','parent',h);
hold on;
plot(x,y(:,2),'-.','parent',h);
set(h,'YLim',[-1 1]);

title('函数及其导函数');
legend('f(x)','f''(x)');
```

显示的函数图形如图 15.3.1 所示。

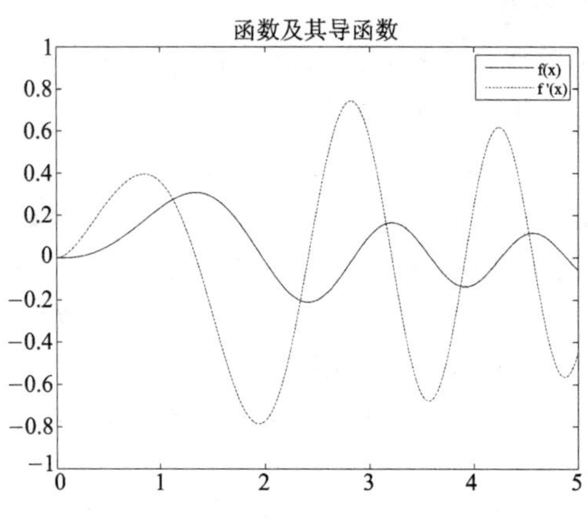

图 15.3.1　显示函数图形

通过函数图形(图 15.3.1)可以看到，在 x=5 左侧附近，存在 f(x)的一个零值点。此时可以利用优化方法里的牛顿法，计算该零值点在 x 轴上的近似位置。对于原始的基于一阶自动微分的牛顿法代码，如下所示：

```
function root = newtonfdf(a)
% NEWTON seeks a zero of the function defined in fdf using the
% initial aroot estimate and Newton's method
% (with no exception protections).
%  fdf uses @valder to return a vector of function and derivative values.
% 根据一阶自动微分类 valder,得到函数的函数值和导数值,再进行牛顿法迭代运算
% delta 表示自变量的迭代改正数
% delta 初始值设为 1,不满足设置的改正数阈值,使第一次迭代能顺利进行

delta = 1;
while abs(delta) > .000001        % 迭代终止条件,改正数小于或等于阈值.000001
     fvec = fdf(a);                % 计算函数值和导函数值
     delta = fvec(1)/fvec(2);      % value/derivative
                                   % 牛顿法迭代公式
   a = a - delta;
end
root = a;     % 牛顿法迭代出结果
end
```

函数 newtonfdf 调用了函数 fdf 来计算函数值和导数值,并根据牛顿法计算出的自变量改正数,使自变量逐步趋近真实解。迭代阈值体现为 0.000 001,当满足改正数不大于迭代阈值时,循环自动停止,牛顿法迭代收敛。

调用牛顿法函数 newtonfdf,验证函数是否正确收敛于函数的零值点处,可以参考如下命令验证:

```
x = newtonfdf(5)
x =
   4.887055967455543
fdf(x)
ans =
 - 0.000000000000000   - 0.562807188677937
```

结果表明可以验证出函数在 x=5 左侧附近的零值点位于 x=4.887 055 967 455 543 附近,x 的容许误差在 0.000 001 以内。

如果对于多个初始解的输入,即向量式输入,现有的 newtonfdf 就变得不支持了,但是仍然可以通过对函数 newtonfdf 作进一步的修改,使其能够支持向量化输入的问题。这里提供一个支持向量类型输入的参考代码,如下所示:

```
function [root,count] = newtonfdf(a)
tol = 1e-6;                      % 改正数阈值
maxCount = 1e2;                  % 最大迭代次数
n = size(a,1);                   % 输入初始值个数
loc = (1:n)';                    % 初始值位置线性索引
root = nan(n,1);                 % 初始化迭代结果的矩阵
count = nan(n,1);                % 初始化迭代结果的迭代次数矩阵
for k = 1:maxCount               % 迭代过程
    fvec = fdf(a);               % 计算函数值和导函数值
    delta = fvec(:,1) ./ fvec(:,2); % value/derivative
    % 牛顿法迭代改正数
    ind = abs(delta) > tol;              % 判断是否满足改正数阈值
    goodLoc = loc(~ind);                 % 记录满足改正数阈值对应的原始线性索引
    root(goodLoc) = a(~ind);             % 设置最终未知数矩阵对应索引的值
```

```
                    % 为当前迭代满足阈值条件的值
        count(goodLoc) = k; % 设置最终迭代次数矩阵对应索引的值为当前迭代次数
        loc = loc(ind); % 计算不满足改正数阈值条件的原始线性索引
        if  isempty(loc) % 判断不满足条件的线性索引是否为空,为空时,跳出循环
            break;
    end
        a = a(ind) - delta(ind); % 根据牛顿法迭代公式,计算不满足阈值条件的初始值改正后的
                                 % 新初始值
    end
    end
```

这个函数不仅支持向量式输入,还增加了输入向量中各元素所对应的迭代次数统计。在函数计算过程中,统一了因为输入向量初始值的不同,可能引起对应不同次数收敛的情况。先收敛的数据先跳出计算迭代过程,直至所有数据收敛或者迭代超过最大迭代次数限制。

完成这个函数后,可以试验一下向量式输入,及其各自对应的收敛结果。不妨采用如下命令:

```
x = (0:5)';
[x,count] = newtonfdf(x)

x =
                         0
   0.000002012819376
   1.975817550513798
   2.845630206439440
   3.585401303251035
   4.887055967440699

count =
     1
    31
     3
     4
     5
     4

px = (0:1e-3:5)';
pVec = fdf(px);
vec = fdf(x);
figure;plot(px, pVec(:,1),'-');
hold on;plot(x, vec(:,1),'r*');
title('x 初始值分别为 0、1、2、3、4、5 的函数解');      % 见图 15.3.2
```

结果说明,对于输入初始值 0、1、2、3、4、5,对应收敛的结果是不完全相同的,只有输入 0 和 1,收敛结果都接近于 0;初始值 0 经过 1 次迭代就收敛了,而初始值 1 却经过 31 次迭代才收敛到 0。初始值 2 经过 3 次迭代收敛到 1.975 8,初始值 3 经过 4 次迭代收敛到了 2.845 6,初始值 4 经过 5 次迭代收敛到 3.585 4,初始值 5 经过 4 次迭代收敛到 4.887 1。

由此可见,初始值在函数有多个解的情况下,对于收敛结果是有一定影响的,迭代过程会慢慢趋近于一个相对接近的解。

2. 多变量函数一阶自动微分

与单变量函数一阶自动微分类似,同样可以采用一阶自动微分类 valder。针对多变量的情况,只需要将多变量的初始导数值修改为导数值向量,即可对多变量函数支持。举一个简单

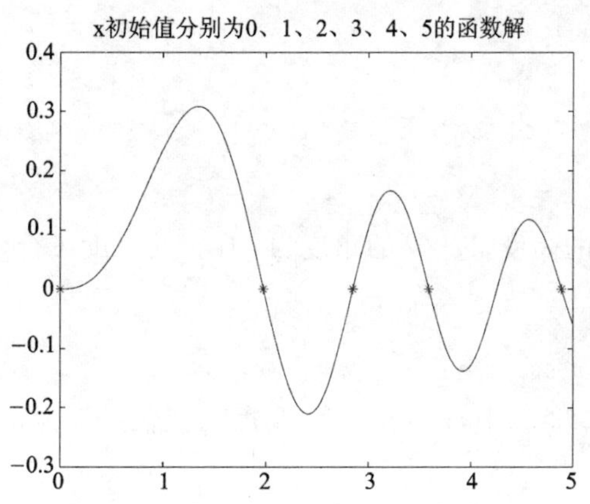

图 15.3.2　不同初始值的函数解

示例说明一下，函数为 $f(x,y)=\sin(xy)$，求 $f(x,y)$ 关于 $x=3$ 和 $y=5$ 的偏导数。

```
x = valder(3,[1,0]);
y = valder(5,[0,1]);
f1 = x * y
f1 =
  Properties:
    val: 15
der: [5 3]
f = sin(f1)
f =
  Properties:
    val: 0.650287840157117
der: [ - 3.798439564294107  - 2.279063738576464]
```

经过比较发现，只有 valder 类的域 der 的形式从原来的数值转变为矩阵，代表了多个变量的一阶偏导数。由于多变量的一阶偏导数彼此之间相互独立，所以在计算偏导数的过程中可以将 der 中各个不同的偏导数，按相同的导数计算规律进行整合处理，并且不会影响最终一阶偏导数的结果，只是 valder 类中域 der 的形式发生了变化，从数值变为了矩阵，计算方式与数值的情况完全一致。因此也就可以将单变量一阶自动微分推广至多变量的情况。

再举一个多变量的例子，来验证多变量函数一阶自动微分。这个问题很有意思，一个网球发球的水平范围可由如下所示的公式模拟：

$$f(\alpha,v,h)=\frac{v^2\cos^2\alpha}{32}\left(\tan\alpha+\sqrt{\tan^2\alpha+\frac{64h}{v^2\cos^2\alpha}}\right)$$

其中，α 是初始的角度，单位是 rad；v 是初始的速度，单位是 ft/s；h 是高度，单位是 ft。通常，角度的单位更常用的是度(°)。

下面是这个问题的多变量函数一阶自动微分的原始代码：

```
function vec = fgradf(a0,v0,h0)
% FGRADF takes 3 scalars and returns the double vector
%    [ f(a,b,c), df/dx(a,b,c), df/dy(a,b,c), df/dz(a,b,c) ]
%    where f is defined in normal syntax below.
%    This example is range of a tennis serve.
a = valder(a0,[1 0 0]); % angle in degrees
v = valder(v0,[0 1 0]); % velocity in ft/sec
h = valder(h0,[0 0 1]); % height in ft
```

```
rad = a * pi/180;
tana = tan(rad);
vhor = (v * cos(rad))^2;
f = (vhor/32) * (tana + sqrt(tana^2 + 64 * h/vhor)); % horizontal range
vec = double(f);
end
```

假设网球在离地 9 ft 的高度，以 20°的角度、44 ft/s 的速度飞行，输入命令如下所示：

```
vec = fgradf(20,44,9)
ans =
56.0461 1.0717 1.9505 1.4596
```

结果表明，网球飞行大约 56 ft，角度、速度、高度的变化量都为正，任何一项的增长都会增加水平范围。

多变量函数一阶自动微分，除了可以处理单函数外，对于多函数同样也可以正常处理；同样采用牛顿法进行验证。与单变量不同的是，当时的牛顿法采用的是梯度计算，对于多函数问题，这里将采用雅克比矩阵进行计算。利用雅克比矩阵的牛顿法计算，如下所示：

```
function root = newtonFJF(A)
% NEWTONFJF seeks a zero of the function defined in FJF using the initial A
% root estimate and Newton's method (with no exception protections).
% FJF returns the value and Jacobian of a function F:R^n - >R^n where
% A is a nx1 matrix input, F is nx1 matrix output and J is nxn Jacobian.
% 输入 A 是一个 n×1 的矩阵，是初始值
% 输出 F 也是 n×1 的矩阵，是函数值
% J 是 n×n 的雅克比矩阵，是偏导函数矩阵

delta = 1;
while max(abs(delta)) > .000001
    [F,J] = FJF(A);
    delta = J\F;    % solves the linear system JX = F for X
    % 解线性方程 JX = F,X 是未知数
    A = A - delta;
end
root = A;
end
```

与单变量单函数牛顿法不同的是，多变量多函数牛顿法的迭代改正数，形式从数值改变成了矩阵，计算过程中也运用了雅克比矩阵(Jacobian)。每一步计算的改正数也是经过多个变量在多个函数中互相约束得到的。这里的函数 FJF 还没有写完，需要根据函数和未知数具体情况来编写。这里给出一组未知数和函数，如下所示：

$$\begin{cases} 3x - \cos(yz) - \dfrac{1}{2} = 0 \\ x^2 - 81\,(y + 0.1)^2 + \sin z + 1.06 = 0 \\ e^{-xy} + 20z + \dfrac{10\pi - 3}{3} = 0 \end{cases}$$

利用字节自动微分类 valder，可以很容易得到函数 FJF 的具体形式，包含计算函数值以及偏导数值。由于是多个函数，函数值按函数顺序组成一个矩阵，偏导数值也按顺序组成雅克比矩阵。函数 FJF 参考代码如下所示：

```
function [F, J] = FJF(A)
% FJF returns the value and Jacobian of a function F:R^3 - >R^3.
% A is a 3x1 matrix input, F is 3x1 matrix output and J is 3x3 Jacobian.

%输入 A 是 3×1 矩阵,是初始值
%输出 F 是 3×1 矩阵,是函数值
%J 是 3×3 的雅克比矩阵

x = valder(A(1),[1 0 0]);
y = valder(A(2),[0 1 0]);
z = valder(A(3),[0 0 1]);
f1 = 3 * x - cos(y * z) - 1/2;
f2 = x^2 - 81 * (y + 0.1)^2 + sin(z) + 1.06;
f3 = exp( - x * y) + 20 * z + (10 * pi - 3)/3;
values = [double(f1); double(f2); double(f3)];
F = values(:,1);
J = values(:,2:4);
end
```

再通过多变量多函数的牛顿法解方程,利用函数 newtonFJF 调用对应问题的函数 FJF,在给定的初始值条件下,计算出符合容许误差阈值的解。调用命令如下:

```
newtonFJF([.1;.1; - .1])
ans =
0.500000000000000
0.000000000000000
- 0.523598775598299
```

初始值[0.1;0.1;−0.1] 经过 5 次迭代计算,得到了最终结果,与初始值为[1;1;−1]经过 8 次迭代得到接近的结果。当然方程的解还不止这一组,还有一个解在点[−0.2;−0.2;−0.2]的附近。

15.3.2 高阶自动微分

讨论完了单变量和多变量一阶自动微分之后,接下来需要讨论的是高阶自动微分的情况。对于一个存在 n 阶导数的函数都可以进行泰勒级数(Taylor Series)展开。根据泰勒级数展开,泰勒级数展开项系数与函数高阶导数之间存在固定系数比例关系,如果已知泰勒级数展开项系数,也就等价于已知函数高阶导数。

如果沿用之前的一阶自动微分类,也能进行一些有趣的尝试。如输入如下命令:

```
x = valder(valder(valder(3,1),1),1);
f = x * sin(x * x);
f.der.der.der
ans =
    495.9280
```

结果是函数 $y=x\sin(x^2)$ 在 $x=3$ 处的三阶微分结果。对于二阶微分结果,在 f.val.der.der、f.der.val.der、f.der.der.val 三个地方都可以得到。实际上,结果 f 构成了一个记录函数值和导数值的二叉树,但是这样的结果存在冗余存储,并且不能直观地表达高阶微分结果。因此,又引入了新的计算方法和对应的类。

与一阶自动微分相比,高阶自动微分与之相同的是,同样采用的是之前所提到的链式法则;与之不同的是,高阶微分运用了多项式乘法和莱布尼茨公式进行计算。

首先可以了解多项式乘法的计算过程,计算过程并不复杂,只是需要避过一些思维或者直觉的误区。原理如下：

$$u(x) = u_0 + u_1(x-a) + u_2(x-a)^2 + \cdots + u_n(x-a)^n + \cdots$$

$$v(x) = v_0 + v_1(x-a) + v_2(x-a)^2 + \cdots + v_n(x-a)^n + \cdots$$

$$h(x) = h_0 + h_1(x-a) + h_2(x-a)^2 + \cdots + h_n(x-a)^n + \cdots$$

当 $h(x)=u(x)v(x)$ 时，$h(x)$ 的第 k 项系数为

$$h_k = u_0 v_k + u_1 v_{k-1} + \cdots + u_k v_0$$

用矩阵乘法表示，即

$$h_k = [u_0 \quad u_1 \quad \cdots \quad u_k]\begin{bmatrix} v_k \\ v_{k-1} \\ \vdots \\ v_0 \end{bmatrix} \tag{15.3.1}$$

变量 h、u、v 表示各个多项式的系数，下标对应第 n 次项系数。

需要注意的是，勿将函数 h 的第 k 项系数，当作函数 u 的第 k 项系数和函数 v 的第 k 项系数之积。

当 $h(x)=\dfrac{u(x)}{v(x)}$ 时，$h(x)$ 的第 k 项系数是多少呢？实际上，也可以间接用到上面提到的多项式乘法，只是形式发生了一些变化，即 $u(x)=h(x)v(x)$，由多项式乘法可得

$$u_k = [h_0 \quad h_1 \quad \cdots \quad h_k]\begin{bmatrix} v_k \\ v_{k-1} \\ \vdots \\ v_0 \end{bmatrix}$$

$$h_k = \frac{1}{v_0}\left(u_k - [h_0 \quad h_1 \quad \cdots \quad h_{k-1}]\begin{bmatrix} v_k \\ v_{k-1} \\ \vdots \\ v_1 \end{bmatrix}\right) \tag{15.3.2}$$

式中，变量 h_i、u_i、v_i 表示各阶多项式系数；T 表示矩阵转置。

这里也就得到了函数 h 的第 k 项的递推公式，但其中含隐含需要知道函数 h 的前 $k-1$ 项的系数。不用担心，可以从第 0 项开始计算：

$$h_0 = \frac{u_0}{v_0}$$

$$h_1 = \frac{u_1 - h_0 v_1}{v_0}$$

$$h_2 = \frac{u_2 - [h_0 \quad h_1]\begin{bmatrix} v_2 \\ v_1 \end{bmatrix}}{v_0}$$

$$\vdots$$

也就是说，函数 h 的 $k-1$ 项都可以由前 $k-1$ 步计算出来。这种计算形式与线性代数中格拉姆-施密特正交化方法(Gram-Schmidt process)有点类似，巧妙地利用了之前得到的前 $k-1$ 项结果，直接再用于下一步计算第 k 项系数，就像是要想推倒最后一张多米诺骨牌必须先推倒之前的所有骨牌一样。将多项式法则运用到导数范围内也同样适用。如果新的等式为

$$h'(x) = u'(x)v(x)$$

同样,依据多项式乘法可以得到

$$h_k = \frac{1}{k}[u_0 \quad 2u_1 \quad \cdots \quad ku_k]\begin{bmatrix} v_k \\ v_{k-1} \\ \vdots \\ v_0 \end{bmatrix} \tag{15.3.3}$$

这些公式在介绍自动微分的过程中会用到。这里举一个简单的算例,作为对这些公式的应用举例,希望通过这个例子能够帮助理解多项式乘法。问题来源于偶然发现。

【题目】 已知正弦函数 sin(x)的泰勒级数公式和余弦函数 cos(x)的泰勒级数公式,而且也知道正切函数 tan(x)等于正弦函数 sin(x)与余弦函数 cos(x)之比。要求有两个:第一部分要求用 MATLAB 写一个函数,计算正切函数 tan(x)的第 n 项的泰勒级数值;第二部分要求写一个 m 文件,用到第一部分完成的函数,画出 x 所对应的泰勒级数的前 6 项,并且与真正的正切函数 tan(x)比较,其中 x 为[－pi,pi]被等分的 100 个点组成的向量。

要求很清楚,必须使用正切函数 tan(x)的泰勒级数完成第二部分。实际上第一部分也隐藏了一个前提,就是不能直接使用正切函数 tan(x)的在数学中的泰勒公式。

由此,使我想到了另外一个有趣的编程问题——计算斐波那契数列(Fibonacci Sequence)的第 n 项。常规的递归或者迭代的方式就不再赘述了,当然,如果知道严格数学意义上斐波那契数列的通项公式计算,又在没有特别严格的要求时,也可以采用如下计算方式:

$$F_n = \frac{\left(\frac{1+\sqrt{5}}{2}\right)^n - \left(\frac{1-\sqrt{5}}{2}\right)^n}{\sqrt{5}}$$

当然回到这个题目中,题设的本意也是不希望直接采用正切函数 tan(x)在数学意义中的泰勒公式,而是希望通过 tan(x) ＝ sin(x)/cos(x),以及 sin(x)与 cos(x)的泰勒级数,计算出 tan(x)的泰勒级数。

首先还是可以按照题设,写出 sin(x)和 cos(x)的泰勒展开系数代码:

```
function y = mySinTaylorSeries(x,n)
% sin(x) Taylor 级数
xNum = length(x);
y = zeros(xNum, n + 1);
% 奇数
iOrder = 1:2:n;
a = bsxfun(@power, -1, (iOrder - 1)/2 );
b = bsxfun(@power, x, iOrder);
c = factorial(iOrder);
b = bsxfun(@times, a, b);
y(:,iOrder + 1) = bsxfun(@rdivide, b, c);
end

function y = myCosTaylorSeries(x,n)
% cos(x) Taylor 级数
xNum = length(x);
y = zeros(xNum, n + 1);
% 偶数
iOrder = 0:2:n;
a = bsxfun(@power, -1, iOrder / 2);
```

```
b = bsxfun(@power, x, iOrder);
c = factorial(iOrder);
b = bsxfun(@times, a, b);
y(:,iOrder + 1) = bsxfun(@rdivide, b, c);
end
```

这里提前考虑到了输入数据可能是向量的情况，为后续的向量式计算做好了铺垫工作。关于tan(x)的泰勒级数计算，就必须根据sin(x)和cos(x)的泰勒级数，以及多项式乘法。需要注意的是，第n阶tan(x)的泰勒级数并不等于sin(x)第n阶泰勒级数与cos(x)第n阶泰勒级数之比。

```
function cn = myTanTaylorSeries(x,n)
% tan(x) Taylor Series
xNum = length(x);
cn = nan(xNum,n + 1);
an = mySinTaylorSeries(x, n);
bn = myCosTaylorSeries(x, n);
cn(:,1) = an(:,1) ./ bn(:,1);
for k = 1:n
    cn(:,k + 1) = ( an(:,k + 1) - sum( bn(:,2:k + 1) .* cn(:,k: - 1:1),2) ) ./ bn(:,1);
end
end
```

最后就可以对比tan(x)与其前n项泰勒级数之和，n可以灵活设置，这里暂时设置为10，代码如下所示：

```
function myTanTaylorSeriesDemo()
xRange = [ - pi,pi]; % 定义域
num = 100; % 定义域等分数
n = 10; % 阶数

x = linspace(xRange(1),xRange(2),num);
x = x';
tanx = myTanTaylorSeries(x,n); % 0,1,...,n Taylor 级数
tanx = cumsum(tanx,2); % 按第二维累积求和
figure; % 显示在 xRange 范围内 tan(x)
h = ezplot(@tan,xRange);
set(h, 'Color', 'm');
cmap = jet(n);
for k = 1:size(cmap,1) % 显示在 xRange 范围内 tan(x)前 n 项泰勒级数之和
    hold on;
    plot(x,tanx(:,k),'color',cmap(k,:));
end
title('正弦函数的泰勒级数逼近');
end
```

结果函数图像如图15.3.3所示。

从函数图像中不难看出，随着泰勒级数的增多，前n项泰勒级数之和越接近真正的tan(x)。

1. 单变量函数高阶自动微分

单变量函数高阶自动微分也可以用一个类表示，与一阶自动微分类valder相同，也有一个成员变量存储函数值，一个成员变量存储泰勒级数展开项系数值。代码形式如下所示：

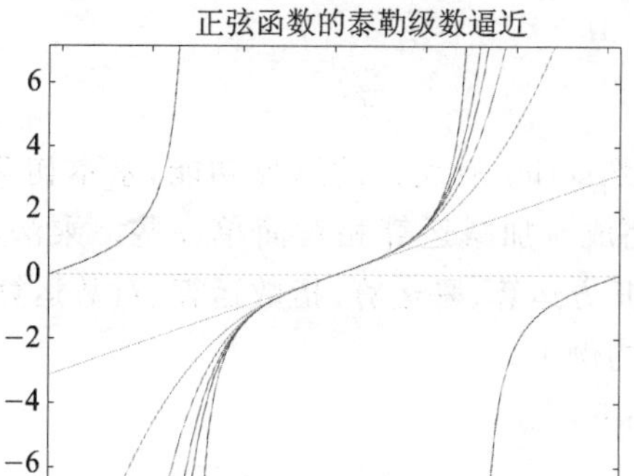

图 15.3.3 正弦函数逼近图

```
classdef series
properties
val % function value (constant term),存储函数值
coef % vector of Taylor coefficients, linear to highest term,存储高阶导数值
end
methods
   %构造函数
   function obj = series(a,der,order)
     % SERIES series class constructor
     % f = series(a,der,order) creates a series object
     % for a Talyor polynomial with constant term a,
     % following % coefficient(s) in der, and zeros thru degree order.
     % h = series(a,der) will assume that der contains all
     % desired coefficients.
     % x = series(a,1,order) creates a series for variable x at value a.
         if nargin = = 0 % never intended for use.
             obj.val = [];
             obj.coef = [];
         elseif isa(a,'series')   % pass through if already a series object.
             obj = a;
         elseif nargin = = 1   % never intended for use.
             obj.val = a;
             obj.coef = [];
         else
             obj.val = a;
             obj.coef = der;
             if nargin >= 3
                 obj.coef = [obj.coef, zeros(1,order - length(der))];
             end
         end
     end

     %类对象转换为矩阵形式
     function vector = double(obj)
        % SERIES/DOUBLE Convert series object to vector of doubles
        %    containing all the series coefficient values.
        vector = [ obj.val, obj.coef ];
     end
   %基本运算支持
   function h = plus(u,v)
```

```
    end
  end
end
```

这里没有完全写完级数类 series 所支持的运算功能，基本初等函数运算和一阶自动微分类 valder 一样，都需要补充完成。加减运算相对简单一些。乘法和除法运算，需要之前提到的多项式乘法的正反用法。开方运算、幂运算、指数运算、对数运算，可以借助存在导函数的多项式乘法。下面举两个简单的例子。

一个是开方运算，公式如下：

$$h(x) = \sqrt{u(x)}$$

转换关系后可以得到

$$u(x) = h(x)h(x)$$

由公式(15.3.2)得到函数 $h(x)$ 各阶泰勒展开系数计算公式，具体公式如下：

$$h_0 = \sqrt{u_0}$$

$$h_1 = \frac{u_1}{2h_0}$$

$$h_2 = \frac{u_2 - {h_1}^2}{2h_0}$$

$$h_3 = \frac{u_3 - \begin{bmatrix} h_1 & h_2 \end{bmatrix}\begin{bmatrix} h_1 \\ h_2 \end{bmatrix}}{2h_0}$$

$$\vdots$$

这段计算过程可以用如下代码很好地抽象出来：

```
function h = sqrt(u)
% SERIES/SQRT overloads square root of a series object argument
% 重载级数类 series 的平方运算
d = length(u.coef);
h = series(sqrt(u.val),0,d);
h02 = 2 * h.val;
for k = 1:d
    h.coef(k) = (u.coef(k) - h.coef(1:k-1) * h.coef(k-1:-1:1)') / h02;
end
end
```

另一个例子是对于自然指数函数的重载，公式如下：

$$h(x) = e^{u(x)}$$

对函数 $h(x)$ 求导数，可以得到

$$h'(x) = u'(x)h(x)$$

由公式(15.3.3)得到函数 $h(x)$ 各阶泰勒展开系数计算公式：

$$h_0 = e^{u_0}$$

$$h_1 = \frac{u_1 h_0}{1}$$

$$h_2 = \frac{\begin{bmatrix} u_1 & 2u_2 \end{bmatrix}\begin{bmatrix} h_1 \\ h_0 \end{bmatrix}}{2}$$

$$h_3 = \frac{\begin{bmatrix} u_1 & 2u_2 & 3u_2 \end{bmatrix}\begin{bmatrix} h_2 \\ h_1 \\ h_0 \end{bmatrix}}{3}$$

$$\vdots$$

上面递推公式也能用如下代码抽象出来：

```
function h = exp(u)
% SERIES/EXP overloads exp with a series object argument
%重载自然指数函数
d = length(u.coef);
up = (1:d). * u.coef;   % vector of coefficients for u'(x)
hvec = [exp(u.val), zeros(1,d)]; % hvec(k+1) holds h_k coef
for k = 1:d
    hvec(k+1) = (up(1:k) * hvec(k:-1:1)') / k;
end
h = series(hvec(1), hvec(2:d+1));
end
```

此外,还有一个有趣的初等函数例子,是关于正弦函数和余弦函数的各阶导数的特殊计算方式。令

$$s(x) = \sin[u(x)]$$

$$c(x) = \cos[u(x)]$$

计算其导函数可以得到

$$s'(x) = u'(x)c(x)$$

$$c'(x) = -u'(x)s(x)$$

再由公式(15.3.3)得到

$$s_k = \frac{\begin{bmatrix} 1u_1 & 2u_2 & \cdots & ku_k \end{bmatrix} \cdot \begin{bmatrix} c_{k-1} \\ c_{k-2} \\ \vdots \\ c_0 \end{bmatrix}}{k}$$

$$c_k = \frac{-\begin{bmatrix} 1u_1 & 2u_2 & \cdots & ku_k \end{bmatrix} \cdot \begin{bmatrix} s_{k-1} \\ s_{k-2} \\ \vdots \\ s_0 \end{bmatrix}}{k}$$

关于 $s'(x)$ 和 $c'(x)$ 的各阶泰勒展开系数计算公式如下：

$$s_0 = \sin u_0$$

$$c_0 = \cos u_0$$

$$s_1 = \frac{u_1 c_0}{1}$$

$$c_1 = \frac{-u_1 s_0}{1}$$

$$s_2 = \frac{\begin{bmatrix} u_1 & 2u_2 \end{bmatrix}\begin{bmatrix} c_1 \\ c_0 \end{bmatrix}}{2}$$

$$c_2 = \frac{\begin{bmatrix} u_1 & 2u_2 \end{bmatrix}\begin{bmatrix} s_1 \\ s_0 \end{bmatrix}}{2}$$

$$\vdots$$

由于正弦函数、余弦函数在计算泰勒展开系数的过程中，需要互相反复计算，所以在设计代码时，会将两者统一在一起，再分开使用。如下所示：

```
function [s, c] = sincos(u)
% SERIES/SINCOS overloads exp with a series object argument
% 因为正弦函数和余弦函数的泰勒展开系数求解过程互相依赖，所以采用一个函数计算
d = length(u.coef);
up = (1:d). * u.coef;
svec = [sin(u.val), zeros(1,d)];
cvec = [cos(u.val), zeros(1,d)];
for k = 1:d
svec(k+1) = ( up(1:k) * cvec(k: -1:1)' ) / k;
cvec(k+1) = -( up(1:k) * svec(k: -1:1)' ) / k;
end
s = series(svec(1), svec(2:d+1));
c = series(cvec(1), cvec(2:d+1));
end

function h = sin(u)
% SERIES/SIN overloads sine with a series object argument
% 重载正弦函数,调用函数 sincos
[h, ~] = sincos(u); % g
end

function g = cos(u)
% SERIES/COS overloads cosine of a series object argument
% 重载余弦函数,调用函数 sincos
[~, g] = sincos(u); % h
end
```

按照上述方式，完善级数类 series 中的各个初等函数变换，可以生成对应的各阶导数值。如果需要支持向量型输入，还可以针对部分计算过程修改原始代码中不适用的部分，对原始算法进行扩展。这里不再多作赘述。

在完成泰勒级数类 series 中的所有初等函数后，可以作一些更加有趣的尝试，如下所示：

```
x = series(1,1,3);
f = x^3
f =
  Properties:
     val: 1
     coef: [3 3 1]
```

得到的结果是“f1＝x^3”关于 x 的三阶泰勒展开式系数，可以验证一下结果：

```
f0 = f(1)/0! = 1^3/0! = 1
f1 = f'(1)/1! = 3 * 1^2/1! = 3
f2 = f''(1)/2! = 6 * 1/2! = 3
f3 = f'''(1)/3! = 6/3! = 1
```

从结果上看，泰勒展开系数是完全一致的，还可以通过其他函数进行验证。

```
X = series(3,1,6);
x * sin(x * x)
ans =
properties:
val: 1.2364
coef: [ - 15.9882  - 30.4546 82.6547 145.6740  - 85.9661  - 257.6078]
```

这里计算的结果为"f=xsin(x2)"的 6 次泰勒展开系数。

除此之外，还可以通过函数曲线可视化的方式显示计算结果，比如建立一个非常复杂的函数，看看它的泰勒展开系数随着自变量的变化情况。这里提供了一个复杂的函数形式，如下所示：

$$y = \cos x \cdot \left[e^{-x\arctan\left(\frac{x}{2}\right) + \frac{\ln(1+x^2)}{1+x^4}} \right]^{\frac{1}{2}}$$

其代码形式如下：

```
y = cos(x) * sqrt(exp( - x * atan(x/2) + log(1 + x^2)/(1 + x^4)))
```

计算这个函数在 $x\in[-2,2]$区间内泰勒展开系数的变化情况。代码如下：

```
function vec = fseries3(a)
% FSERIES returns a vector of Taylor coefficients about a, through order 3.
%    f is defined in normal syntax below.
x = series(a,1,3);
y = cos(x) * sqrt(exp( - x * atan(x/2) + log(1 + x^2)/(1 + x^4)));
vec = double(y);
end
```

再利用函数 fplot 画出对应的图形，并标注出各条曲线对应的函数：

```
fplot(@fseries3,[ - 2,2, - 2,2]);
title('f(x) = cos(x) * sqrt(exp( - x * atan(x/2) + log(1 + x^2)/(1 + x^4)))');
legend('f(x)', 'f''(x)','f''''(x)/2! ','f''''''(x)/3! ');
```

结果如图 15.3.4 所示。

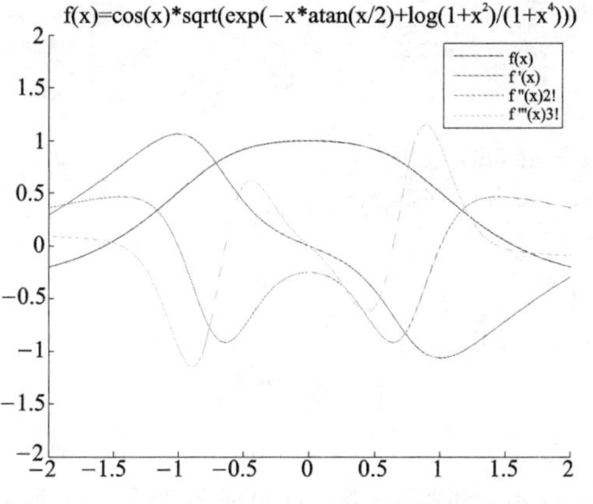

图 15.3.4　各阶导函数图

在上述代码中，函数 legend 中的单引号较多，容易引起混淆。需要注意的是，这些单引号在用法上会有所区分，表达的意义也不尽相同。用"'"分隔的几组表达式，如 'f(x)'、'f''(x)' 等，其首尾两个单引号为字符串的特定用法，表示首尾两个单引号之间的内容为字符串。某些表达式内部还有一些单引号出现。这些内部的单引号，相邻的两个为一组，表达当前字符串在此处包含一个单引号字符，一组单引号中第一个单引号的意义为转义字符，第二个单引号表示需要转义的字符是单引号。

这样不仅利于计算，还可以通过显示的方式，间接验证泰勒级数类 series 的正确性。函数曲线的显示也能更直观明显地表达出函数曲线的变化状态，也更富有趣味性。最重要的是，还能很方便地修改为任意函数，这也是自动微分最大的魅力所在。

最后需要说明的是，泰勒级数类 series 输出的结果是各阶泰勒展开系数，与各阶导数值存在一个阶乘系数的差异，两者虽然并不一定完全相等，但也相差不多。

2. 多变量函数二阶混合自动微分

对于高阶自动微分而言，除了单一变量的高阶微分外，还存在混合微分的情况。这里讨论混合微分中最简单的二阶混合微分。

从计算原理上看，二阶混合微分与单变量高阶自动微分的计算方式接近，也是利用了链式法则和多项式乘法，对初等函数的二阶混合微分进行了推导，并重载对应符号和运算的自动微分函数，从而得到二阶混合自动微分类。因为二阶混合自动微分利用了多项式乘法，而这里不涉及高次项，所以不存在展开项与混合导数值的系数问题。

与之前不同的是，二阶自动微分不仅需要函数值、二阶混合微分值，还需要计算与二阶混合微分相关的一阶微分值。所以多变量二阶混合自动微分可以参考以下代码：

```
classdef MPAD
    % Mixed partial automatic derivative
    % 二元函数的混合二阶偏导数类
    properties
        m % n - by - 4 matrix,[1 dx dy dxdy]
    end
    methods
        function obj = MPAD(varargin)
                % 将 n×4 维向量初始化为 MPAD 对象
            if isempty(varargin)
                obj.m = zeros(1,4);
            else
                obj.m = varargin{1};
            end
        end
        function matrix = double(a)
         % 将 MPAD 对象初始化为 n×4 向量
            matrix = a.m;
        end
         % 重载符号与运算
        function c = plus(a,b)
        end
    end
end
```

类 MPAD 没有沿用类 valder 和类 series 中的成员变量 val 和 der 或者 coef，而是将两者合并在一个成员变量 m 中，不再做进一步的区分，主要是个人喜好因素和代码风格的差异。代码中也没有完全写出类 MPAD 全部的重载函数，这里依次作出说明。重载的符号包含了函数 plus、uminus、minus、mtimes、mrdivide，分别对应的是加号(＋)、负号(－)、减号(－)、乘号(＊)、右除号(/)。重载的运算包含了函数 sqrt、exp、log、mpower，三角函数 sin、cos、tan、cot、sec、csc 以及反三角函数 asin、acos、atan、acot、asec、acsc 等。

利用这些重载的符号和运算，以及之前提到的链式法则和多项式乘法，按照相同的数学规律，可以补充完成类中的函数实现。这里举两个函数的例子，以示说明。一个是乘法符号重载函数 mtimes，一个是开方运算重载函数 sqrt。

```
function c = mtimes(a,b)              %乘法符号(*)重载函数 mtimes
if ~isa(a,'MPAD')
    c = bsxfun(@times,a,b.m);
elseif ~isa(b,'MPAD')
    c = bsxfun(@times,a.m,b);
else
c = [
    a.m(:,1) .* b.m(:,1), ...
    a.m(:,1) .* b.m(:,2) + a.m(:,2) .* b.m(:,1), ...
    a.m(:,1) .* b.m(:,3) + a.m(:,3) .* b.m(:,1), ...
    a.m(:,1) .* b.m(:,4) + a.m(:,2) .* b.m(:,3) + ...
    a.m(:,3) .* b.m(:,2) + a.m(:,4) .* b.m(:,1)
    ];
end
c = MPAD(c);
end

function c = sqrt(a)                  %开方运算重载函数 sqrt
c = nan(size(a.m));
c(:,1) = sqrt(a.m(:,1));
c(:,2) = a.m(:,2) ./ c(:,1) ./ 2;
c(:,3) = a.m(:,3) ./ c(:,1) ./ 2;
c(:,4) = (a.m(:,4) - c(:,2) .* c(:,3) .* 2) ./ c(:,1) ./ 2;
c = MPAD(c);
end
```

在补充完成所有类的重载函数后，可以拿对应的函数进行验证，也可以对重载后的正逆函数进行两两验证。例如初始化一个特殊的类对象 x1，先计算 y=x1^2 或者是 y=x1 * x1，然后计算 x2 = sqrt(y)，比较 x1 与 x2 是否相等或者差异很小。可能数值存在一定差异的原因是计算机对于浮点数计算存在一定的精度误差。最后还是可以通过一个实际的函数验证二阶混合自动微分的正确性。

```
function vec = fmf(a0,v0,h0)
num = length(a0);
%以角度 a,速度 v 为自变量,以高度 h 为常量
a = MPAD([a0,ones(num,1), zeros(num,1), zeros(num,1)]);
v = MPAD([v0, zeros(num,1),  ones(num,1), zeros(num,1)]);
h = MPAD([h0, zeros(num,1), zeros(num,1), zeros(num,1)]);
rad = a * pi / 180;
tana = tan(rad);
vhor = (v * cos(rad)) ^ 2;
f = (vhor / 32) * (tana + sqrt(tana ^ 2 + 64 * h / vhor));
vec = double(f);
end
```

输入如下命令，进行验证二阶混合自动微分的正确性：

```
vec = fmf(20,44,9)
vec =
  56.0461    1.0717    1.9505    0.0606
```

前三项与上文计算的一阶微分结果一致，第四项为角度 a 和速度 v 的混合偏导数值，与上

文中的第四项关于高度 h 的偏导数，含义不同，所以存在差异。代码中是直接以 a、v 作为自变量，h 为常数进行的计算，还可以通过改动三个变量 a、v、h 中任意两个为自变量，重新计算二阶混合微分再进行比较结果。这里就不再赘述，感兴趣的读者可以自行验证。

15.4 自动微分应用

自动微分的应用是十分广泛的。特别是平差计算的过程中，计算偏导数无疑是最令人头疼，同时也最容易出现计算错误的地方。在数学模型的推导过程中，由于计算的复杂性和特殊性，极其容易发生公式推导错误。自动微分不仅极大简化了观测方程与误差方程的转换过程，同时也完美地解决了求导的推导问题。

代码对于错误的发现率也无疑会上升到新的台阶，只需要检查观测方程是否写错，偏微分结果是自动生成即可。如果担心自动微分结果有误，则可以对自动微分类中的重载函数进行正逆变换，两两比对验证计算过程的正确与否。这样就将复杂的问题，化简为相对独立、容易操作而且目标明确的过程。自动微分的每一步都可以随时抽离出来进行正确性的检验。

数值自动微分不仅解决了人工计算困难并且容易出错的问题，而且还简单地抽象出自动数值计算的过程。数值自动微分在实践中，尤其是在平差优化计算中，将起到不可忽略、无可替代的作用。这里举利用自动微分计算雅克比(Jacobian)矩阵和海森(Hessian)矩阵的例子，以供参考。

15.4.1 雅克比矩阵

前面已经提到了雅克比矩阵的简单形式的求解方法。对于不同情况下的单变量、多变量函数的计算方式，也作了较明确的说明。现在讨论另外一种情况下的雅克比矩阵计算。

当雅克比矩阵中存在非常多必定为零的元素时，尽管按照上文提到的方式可以正确计算出结果，但随着方程规模的增大，矩阵耗费的内存也随着增大，计算量也会明显增加，代码的执行速度会下降。

为了克服非常多零元素的大规模矩阵在计算过程中产生的这些问题，经过不断探索和研究，有学者提出采用稀疏矩阵进行存储和计算的方式。该方式不仅能保证正确，而且还能在数据存储和计算速度上均有较大提升。所以这里讨论的雅克比矩阵，是大规模稀疏矩阵形式的雅克比矩阵。

针对大规模稀疏矩阵形式的雅克比矩阵，在摄影测量平差过程中就十分常见。如空中三角测量光束法平差，就是以每张影像的 6 个外方位元素为未知数，以同名像点所对应的物点三维坐标(X,Y,Z)为未知数，还有若干个地面控制点作为平差控制，以同名像点二维坐标(x,y)为观测值，以共线方程为约束方程，表达出了像点坐标和物点坐标之间紧密的几何关系。

假设影像个数为 m，同名像点对应的物点个数为 n，其中存在的控制点个数 p 个(假设都是平高控制点，为了方便计算)，同名像点个数为 q；一共存在两类未知数：第一类是与影像相关的外方位元素(6 个)，分别是 3 个线元素(Xs,Ys,Zs)和 3 个角元素(φ,ω,κ)；第二类是与物点相关的坐标(3 个)，为(X,Y,Z)。那么所有未知数个数加起来为 $6m+3n-3p$ 个。同时一个像点对应的共线方程有 2 个，分别对应像点的 x、y 坐标，约束方程的个数为 $2q$ 个。

首先，在问题有解的情况下，需要未知数个数小于或等于约束方程个数，即满足 $6m+3n-3p\leqslant 2q$。除此之外，也需要问题规模足够大，这样才有必要使用稀疏矩阵进行计算，也就是待求未知数个数至少成千上万计。在此基础上，再讨论误差方程中如何建立大规模稀疏矩阵的方法。

首先需要将未知数按照不同种类分别建立函数关系，如外方位元素和物点坐标须分开建立自动微分函数关系，尽管两者的函数都是采用共线方程的形式。"分开建立自动微分函数关系"是指，当以某一类未知数为函数关系中的未知数时，其他类型的未知数都设置为默认初始值。这样的好处是，每建立一类未知数的自动微分函数，就能得到该类的未知数偏微分方程，而与其他类未知数无关，也就避免了稀疏矩阵中必然为零的元素生成。另外，自动微分中可以引入向量式输入，所以更加方便了对于同一类未知数的计算过程。

其次，在依次计算完所有的类别未知数的自动微分结果矩阵后，需要计算这些矩阵中的元素对应在最终误差方程中的行列位置。没有直接采用所有自变量同时参与自动微分的方式，也就相当于将误差方程中的元素按未知数类型抽离出来。要想重新塞入到原始误差方程中，需要计算各类自动微分矩阵中元素对应于原始误差方程的位置。这里只是单纯用到了误差方程中的未知数排列规律进行位置推导和计算。

最后，利用 MATLAB 中提供的函数 sparse 构造出对应的稀疏矩阵。这里简单介绍函数 sparse 的用法。以下摘自 MATLAB 帮助文档函数 sparse。

```
S = sparse(A)
S = sparse(i,j,s,m,n,nzmax)
S = sparse(i,j,s,m,n)
S = sparse(i,j,s)
S = sparse(m,n)
```

其中，S 表示稀疏矩阵，A 表示一般矩阵，i 表示值 s 所对应的行，j 表示值 s 所对应的列，s 表示值，m 表示稀疏矩阵 S 的行，n 表示稀疏矩阵 S 的列，nzmax 表示非零元个数，作用在于申请内存。其中各个变量之间存在的关系为 S(i(k),j(k))=s(k)。

这里常用的是第三种用法，利用第二步计算的行列号，即对应变量 i、j，利用第一步计算的微分矩阵，即对应变量 s，以及根据已知条件可以计算出误差方程的行列，即对应变量 m、n。此时，就能够生成对应的雅克比矩阵，并进行后续的计算过程。

15.4.2 海森矩阵

同样的，在多变量二阶混合自动微分中，也介绍了海森矩阵中一个元素的计算方法。其他对应的元素可以采用相似的方式进行计算，这里唯一需要说明的是代码编写的技巧和方法。

通常如果为了区分变量，会采用不同的变量名称加以区分。当变量数量众多，而又需要对变量加以区分时，这时会比较苦恼。不仅需要对变量名称进行区分，同时不希望生成完全无关的变量名称。那么如何达到这样的效果呢？最开始的想法就是构造一串变量，这些变量的名称采用类似如下规律命名：a1、a2、a3、a4、a5、…、ai、…、an。然后再去参与计算。这样似乎有一个问题，就是如何将这些自动变量生成，并参与后续的计算过程。方法是采用函数 eval，可以执行字符类型的语句。

这里介绍一下函数 eval 的简单用法，也是为了解释"执行字符类型的语句"的含义。比如一个赋值语句，如下所示：

```
a = 1;
```

利用函数 eval 也可以达到相同的效果：

```
eval('a = 1;');
```

看到函数 eval 的用法，不禁联想到 m 文件的执行过程。实际上，m 文件与 txt 文件没有本质区别，都用于记录编码信息，也就是通常意义上的 ASCII 码，也可能是其他类型的编码。这里以 ASCII 码为例，将各种字符以数字的形式形成一个一一映射表，每个字符对应一个数字。txt 文件或者 m 文件，都是将输入的字符(注意不是字符串)逐个记录，只不过在 m 文件中记录的是需要符合 MATLAB 语法规范的可执行语句。在执行 m 文件的过程中，可以看作，采用函数 eval 执行 m 文件中记录的每一条语句对应的字符串。

当相似名称的变量再执行相同操作时，就可以通过循环调用函数 eval 的方式达到目的。但这样的方法太笨拙，既不方便也限制重重。更好的方法是，将这些表意不同数量众多的变量用一个矩阵或者元胞矩阵进行表示和管理。当变量类型和大小完全一致时，可以用矩阵数组或者元胞数组表示，但当变量类型和大小存在不一致时，就必须用元胞数组表示。

需要注意的是，采用矩阵表示时，通常要从后往前初始化，这是因为如果从前往后初始化，则矩阵大小会不断增加，影响执行效率。采用元胞数组在使用上更简单一些，不用考虑内存扩增的问题，只要个数一定，就可以直接初始化元胞数组大小的内存以供使用。

下面列举一个计算海森矩阵的简单例子，作为参考使用。海森矩阵是由一个函数关于多个变量的所有二阶导数形成的特殊矩阵，其中对角线为单变量的二阶导数，其他部分为混合二阶导数。对于一般函数，海森矩阵中沿对角线方向对称。

参考代码如下所示：

```
function h = myHessianMatrix(a0,v0,h0)
seriesParamNum = 3;          % 泰勒级数微分类 series 关于 Hessian 矩阵的变量参数个数,
                             % 包含 0 阶,1 阶 dx,2 阶 d2x,一共 3 个参数
mpadParamNum = 4;            % 二阶混合微分类 MPAD 关于 Hessian 矩阵的变量参数个数,
                             % 包含 0 阶,1 阶 dx,1 阶 dy,2 阶混合 dxdy,一共 4 个参数

mx = [a0,v0,h0];  % 为了后续方便使用,合并所有参数为一个矩阵 mx
groupNum = size(mx,1);  % 计算输入的参数组数

xNum = size(mx,2);  % 计算未知数个数
h = nan([xNum,xNum,groupNum]);  % 存放 Hessian 矩阵的变量 h

m0 = zeros(groupNum, seriesParamNum - 1);  % 微分部分初始化为 0

cx = cell(xNum,1);  % 建立泰勒级数微分类的变量对象,初始化为常量对象
for k = 1:xNum
    cx{k} = series(mx(:,k),m0);
end

for k = 1:xNum  % 按变量顺序循环计算函数对应的二阶导数
    temp = cx{k};  % 原始常量存储到临时变量 temp
    m1 = m0;  % 修改对应常量对象为变量对象
    m1(:,1) = ones(groupNum,1);
    cx{k} = series(mx(:,k),m1);

    f = TennisFunction(cx{1},cx{2},cx{3});  % 特定函数
    vec = double(f);  % 类对象转换为矩阵

    h(k,k,:) = vec(:,seriesParamNum) * 2;  % 将泰勒展开系数换算到二阶导数,
                                           % 存放到 Hessian 矩阵的对角线位置
    cx{k} = temp;  % 修改对应变量对象为常量对象
```

```
end

m0 = zeros(groupNum, mpadParamNum - 1);   %微分部分初始化为 0
for k = 1:xNum  %建立二阶混合微分类的变量对象,初始化为常量对象
    cx{k} = MPAD([mx(:,k),m0]);
end
cmb = nchoosek(1:xNum,2);   %计算两两混合的组合种类
cmbNum = size(cmb,1);   %计算两两混合的组合个数
for k = 1:cmbNum
    id1 = cmb(k,1);
    id2 = cmb(k,2);
    temp1 = cx{id1};   %原始常量对象存储到临时变量 temp1,temp2
    temp2 = cx{id2};

    m1 = m0;   %修改对应常量对象为变量对象
    m1(:,id1) = ones(groupNum,1);
    cx{id1} = MPAD([mx(:,id1),m1]);

    m1 = m0;   %修改对应常量对象为变量对象
    m1(:,id2) = ones(groupNum,1);
    cx{id2} = MPAD([mx(:,id2),m1]);

    f = TennisFunction(cx{1},cx{2},cx{3});   %特定函数

    vec = double(f);   %类对象转换为矩阵
    h(id1,id2,:) = vec(:,mpadParamNum);      %将二阶混合微分,
                                             %存放到 Hessian 矩阵的非对角线位置,
                                             %利用 Hessian 矩阵对称性
    h(id2,id1,:) = vec(:,mpadParamNum);
    cx{id1} = temp1;   %修改对应变量对象为常量对象
    cx{id2} = temp2;
end
end

function f = TennisFunction(a,v,h)
%特定函数
rad = a * pi / 180;
tana = tan(rad);
vhor = (v * cos(rad)) ^ 2;
f = (vhor / 32) * (tana + sqrt(tana ^ 2 + 64 * h / vhor));
end
```

输入命令计算海森矩阵的结果,命令形式如下所示:

```
h = myHessianMatrix(20,44,9)
h =
  -0.027232535265033   0.060587254632079    1.459568111795208
   0.060587254632079   0.034587941286502    1.459568111795208
   1.459568111795208   1.459568111795208   -0.05820309668061
```

15.5 本章小结

本章主要介绍了自动微分的方法、面向对象的自动微分技术;讲解了自动微分的原理和基本实现方法,从单变量函数一阶自动微分过渡到多变量函数的一阶自动微分,从一阶自动微分过渡到高阶自动微分,从单变量自动微分过渡到二阶混合自动微分,其中涉及一些简单的数学原理和算法思想。还介绍了自动微分在雅克比矩阵和海森矩阵两大数学矩阵上的具体应用及计算。

参考文献

[1] 王之卓. 摄影测量原理[M]. 武汉:武汉大学出版社,2007.

[2] 王之卓. 摄影测量原理续编[M]. 武汉:武汉大学出版社,2007.

[3] 李德仁,郑肇葆. 解析摄影测量学[M]. 北京:测绘出版社,1992.

[4] 张祖勋,张剑清. 数字摄影测量学[M]. 武汉:武汉大学出版社,2002.

[5] 孙家抦. 遥感原理与应用[M]. 武汉:武汉大学出版社,2009.

[6] 贾永红. 数字图像处理[M]. 武汉:武汉大学出版社,2010.

[7] Richards J A. 遥感数字图像分析导论[M]. 张钧萍,等译. 北京:电子工业出版社,2015.

[8] Gonzalez Rafael C,Woods R E. 数字图像处理[M]. 阮秋琦,等译. 北京:电子工业出版社,2011.

[9] 孔祥元. 大地测量学基础[M]. 武汉:武汉大学出版社,2010.

[10] 周建兴,岂兴明,矫津毅,等. MATLAB 从入门到精通[M]. 北京:人民邮电出版社,2008.

[11] Lowe D G. Three-dimensional object recognition from single two-dimensional images [J]. Artificial Intelligence,1987,313: 355-395.

[12] Lowe D G. Fitting parameterized three-dimensional models to images[J]. IEEE Trans. on Pattern Analysis and Machine Intelligence,1991,13(5): 441-450.

[13] Lowe D G. Object recognition from local scale-invariant features[J]. IEEE International Conference on Computer Vision,1999,2(2): 1150-1157.

[14] Lowe D G. Distinctive Image Features from Scale-Invariant Keypoints[J]. International Journal of Computer Vision,2004,60(2): 91-110.

[15] Lowe D G. Local Feature View Clustering for 3D Object Recognition[J]. IEEE Computer Society Conference on Computer Vision & Pattern Recognition,2001,1: 682-688.

[16] Neidinger R D. An Efficient Method for the Numerical Evaluation of Partial Derivatives of Arbitrary Order [J]. ACM Transactions on Mathematical Software, 1992, 18: 159-173.

[17] Neidinger R D. Introduction to Automatic Differentiation and MATLAB Object-Oriented Programming[J]. SIAM Review,2010,52(3): 545-563.

[18] Christianson B. Automatic Hessians by reverse accumulation[J]. IMA Journal of Numerical Analysis,1992,12: 135-150.

[19] Corliss G F,Griewank A,Henneberger P. High-order stiff ODE solvers via automatic differentiation and rational prediction[J]. Lecture Notes in Computer Science,1997: 114-125.

[20] Gebremedhin A H,Manne F,Pothen A. What color is your Jacobian? Graph coloring for computing derivatives[J]. SIAM Review,2005, 47: 629-705.

[21] Gebremedhin A H, Tarafdar A, Pothen A, et al. Efficient computation of sparse Hessians using coloring and automatic differentiation[J]. INFORMS Journal on Computing, 2009, 21: 209-223.

[22] Gower R M, Mello M P. A new framework for the computation of Hessians[J]. Optimization Methods and Software, 2012, 27: 251-273.

[23] Griewank A, Juedes D, Utke J. ADOL-C, a package for the automatic differentiation of algorithms written in C/C++[J]. ACM Transactions on Mathematical Software, 1996, 22: 131-167.

[24] Griewank A, Naumann U. Accumulating Jacobians as chained sparse matrix products [J]. Mathematical Programming, 2003, 95: 555-571.

[25] Griewank A, Walther A, Utke J. Evaluating higher derivative tensors by forward propagation of univariate Taylor series[J]. Mathematics of Computation, 2000, 69: 1117-1130.

[26] Guckenheimer J, Meloon B. Computing periodic orbits and their bifurcations with automatic differentiation[J]. SIAM Journal on Scientific Computing, 2000, 22: 951-985.

[27] Forth S A. An efficient overloaded implementation of forward mode automatic differentiation in MATLAB[J]. ACM Trans. Math. Software, 2006, 32: 195-222.

[28] Forth S A, Tadjouddine M, Pryce J D, et al. Reid Jacobian code generated by source transformation and vertex elimination can be as efficient as hand-coding[J]. ACM Trans. Math. Software, 2004, 30: 266-299.